THE 4-HOUR WORKWEEK

擺脫朝九晚五的窮忙生活，
晉身「新富族」！

Escape 9-5, Live Anywhere, and Join the New Rich
by Timothy Ferriss

一週工作4小時

［全新增訂版］

提摩西·費里斯——著　蔣宜臻——譯

開始打造屬於你自己的奢華人生！

驚人而神奇，從迷你退休到外包人生，
應有盡有。無論你是做牛做馬的薪水族，
還是財星五百大公司的執行長，這本書都會改變你的人生！
——《有錢人就做這件事》作者／菲爾·湯恩

提摩西二十九年的人生，
比蘋果電腦執行長史蒂夫·賈伯斯五十一年的人生還要多采多姿！
——「矽谷觀察者」網站記者兼發行人／湯姆·佛瑞斯基

如果你想現在就實現你的夢想，
而不是等到二十或三十年後，立刻買下這本書！
——矽谷創業家協會會長／蘿拉·羅登

讀這本書就像在你的收入後面加幾個零。提摩西將生活型態提升到新的層次——聽他的話！

——麥肯錫公司顧問／麥克・可寧

一場全新的競賽，強烈推薦！

——華頓商學院院長／斯圖爾特・D・佛德曼

《一週工作4小時》為一個老問題提出新的解決辦法：我們如何為了生活而工作？如何防止我們的生活全都投注在工作上？無限選擇的世界正等待那些讀過這本書並得到啟發的人！

——世界排名第一的中小企業專家／麥克・格柏

提摩西・費里斯既是科學家，也是冒險獵人，他創造了通往新世界的地圖。我無法放下這本書，我從沒看過像這樣的東西！

——布洛克投資集團董事長兼執行長／查爾斯・布洛克

這本激勵人心的書讓你面對最重要的問題：你想從工作和生活中獲得什麼？為什麼？提姆・費里斯是「花更少的時間做更多事」的專家，他提供了讓你實現夢想的秘密！

——《小，是我故意的》作者／鮑・柏林罕

這本書早該出了！這是遲來的行動人生宣言，
而提摩西・費里斯則是最理想的代言人，他將會掀起風潮！
——《心靈雞湯》共同作者／傑克・坎菲爾

多虧了提摩西・費里斯，我現在能花更多時間旅行、和家人相處……
這本書非常神奇，而且很實用！
——《我的大英百科狂想曲》作者／AJ・賈柯布

提摩西是數位時代的印第安那瓊斯！……照他的話做，你就能活得像百萬富翁！
——UBS世界總部衍生金融商品交易專家／艾伯特・波普

提姆・費里斯的書讓我們獲得簡化生活的勇氣……其實遠比這還要多，
它挑戰了讀者有必要認真考慮卻很少問過自己的問題：你想從生活中得到什麼？
——雅虎新聞專欄作家／羅夫・波茨

如果你想要活出你自己，這本書就是你的藍圖！
——「動機通信」創辦人之一／麥克・梅波

獻給我的父母
唐納與法蘭西斯・費里斯
他們教導家中的搗蛋鬼：走出自己的路是好事
我愛你們，沒有你們，沒有今日的我

CONTENTS

STEP 3

自動入帳

STEP 4

自由逍遙

更多精采內容

增訂版序

《一週工作4小時》投稿二十七間出版社，總共被二十六間出版社退件。

這本書賣出後，洽談中的一個行銷通路——某間大書店——的總裁，用電子郵件寄了暢銷書紀錄的統計資料給我，向我說明這本書不會大賣。

所以，我用盡所有我知道的辦法。在我寫這本書時，想像的讀者是我兩個好朋友，為他們釋疑解惑，這些疑惑也是曾困擾我已久的問題，而我將重點放在在世界各地都適用於我的另類方案。

我當然也試圖打造讓這本書自然而然爬上排行榜的「環境」，但我知道要成功的機率不太高。我只能祈禱一切能如我所願，也做好最壞的打算。

二〇〇七年五月二號，我的編輯打手機給我。

「提姆，你登上排行榜了。」

那時是紐約市的下午五點多，我已經累壞了。這本書在五天前上市，我從今早六點就開始接受廣播電台訪問，二十多場連續不斷，到現在才結束。我不打算巡迴各地打書，而是偏好在兩天內完成「一大批」的廣播訪問。

「海瑟，我愛妳，但別跟我亂開玩笑。」

「我沒開玩笑，你真的上排行榜了，恭喜你成為《紐約時報》暢銷排行榜作家。」

我靠著牆壁，身體慢慢往下滑，坐到地板上。我闔上雙眼，嘴角上揚，深吸一口氣。要開始改變了。

所有事情都要開始改變了。

從杜拜到柏林都適用的生活型態規劃

《一週工作4小時》現在已翻譯成三十五種語言，盤據暢銷書排行榜達兩年以上，每個月都創造新的成功故事及新發現。

從《經濟學人》到《紐約時報風格時尚誌》的封面，從杜拜街頭到柏林的咖啡店，生活型態規劃已經跨越文化，成為世界潮流。在各種我無法想像的環境，本書的原始概念以各種我從未想過的方法，被拆解、改進和試驗。

如果這套方法這麼有效，何必出新版本呢？因為我知道好可以更好，而且我還少了一個重要成分：你的參與。

增訂版加入一百多頁的新內容，包括最新的尖端科技、實地測試過的資源，最重要的是各地讀者的成功案例分享——從四百多頁的讀者投書中挑選出來的真實故事。

家庭或是學生？執行長或專業浪人？應有盡有。你應該能從中選出你可以複製的案例。

你需要和老闆談遠距辦公的範本嗎？或是在阿根廷帶薪逍遙一年？這一次，所有答案都在裡頭。

在「生活型態規劃」部落格（www.fourhourblog.com）的實驗在《一週工作4小時》上市時上線，不到六個月，這個部落格從全球一億兩千萬個部落格脫穎而出，成為前一千大部落格。成千上萬的讀者分享他們用哪些神奇的工具和方法，創造出出乎意料的驚人成果。這個部落格已實現我的期望，成為實驗室，我鼓勵你們加入這個實驗室。

新增的「熱門好文」章節，收錄了「生活型態規劃」部落格的實驗中最受歡迎的文章。在部落格上，你可以找到各方人士的推薦，從華倫·巴菲特（我真的找到他，而且我會告訴你我怎麼辦到的）到天才棋王喬希·維茲勤。這是想達成事半功倍的目標者的實驗遊樂場。

本書不是「修訂版」

這本書並非因原版已經不再適用而出的「修訂版」。第一刷的拼字錯誤和小錯已經在美國地區的四十多刷修正過了。這次是首次大改版，但不是因為你預期的理由。

自從二〇〇七年四月，世界已有劇烈的變化。銀行倒閉，退休金和年金基金淨值蒸發，職缺以破紀錄的速度消失。本書讀者和懷疑論者都有同樣的問題：《一週工作4小時》的原則和方法還能在經濟蕭條的環境運作嗎？

可以，還適用。

事實上，在經濟危機前，我在課堂上所提出的問題已經不是假設性的，包括「如果你永遠無法退休，你的優先順序和決定會有什麼改變？」數百萬人看到他們的存款投資淨值下跌達百分之四十以上，開始尋找其他選項。他們能將退休生活均勻分配在人生各階段，讓退休生活不再那麼難以負擔嗎？他們能每年有幾個月搬去其他地方住，像是哥斯大黎加或是泰國，讓他們縮水的存款產出倍增的生活效益？將他們的服務賣給英國的公司，賺進比較強勁的外幣？這些問題的答案是：可以，特別是在這時候。

以生活型態規劃取代多階段的職涯規劃的概念是有道理的。這種方式更為靈活，你可以測試不同的生活型態，不用將人生押在十或二十年的退休計畫上，最後卻因你無法控制的市場波動因素而成空。因為許多正統的選擇（曾經安全的選項）已經失敗了，現在的人更願意探索另類的選擇（也比較能接受別人做出另類的選擇）。

當所見所及的人事物都行不通了，嘗試常規之外的小實驗需要付出甚麼代價？通常的情況是毫無代價。將時間快轉到二〇一一年，面試官將會問為何你在二〇〇九的經歷出現不尋常的空白？

「每個人都被資遣了，我把握這個千載難逢的機會環遊世界，棒透了。」

面試官八成會問你怎麼辦到的。本書的劇本仍然可派上用場。

臉書和LinkedIn在二〇〇〇年後的網路泡沫化時代興起，其他在經濟蕭條時期誕生的結晶包括：大富翁、蘋果電腦、克利夫有機食品、Scrabble拼字遊戲、肯德基、達美樂、聯邦快遞和微軟。這並非偶然，因為經濟蕭條造成生產設備跌價，優秀的自由工作者願意降價以求，以及價格殺到見骨的廣告優惠方案——經濟榮景時，這一切都無法奢想。

不論是一年的休假，新的創業點子，在企業巨獸中重建你的生活，或是你順延到「未來某一天」的夢想，這時正是測試另類選項的最佳時機。

最慘會有甚麼後果？

當你開始看到你的舒適圈之外的無窮可能性時，我鼓勵你記住這個常被忽略的問題。集體恐慌的時期，提供你小試身手的良機。

我很榮幸能伴隨世界各地的讀者度過過去的兩年，我相當享受編寫新版的過程，希望你在閱讀時也有相同感受。

我是讀者們的謙卑門生，也會繼續向各位學習。

誠摯溫馨的祝福

提摩西・費里斯

二〇〇九年四月二十一日於加州舊金山

First and Foremost
開卷必讀

問與答——給有疑慮的讀者

這種生活型態適合你嗎？多數人在跨出決定性的一步，加入新富階級之前，常出現以下疑問：

我需要辭職嗎？我必須冒險嗎？

兩者皆非。只要發揮絕地武士的冥想功力，跳脫辦公室的雜務與壓力，著手規劃足以資助你的生活型態的事業類型，任何等級的舒適生活，都有達成的方法。財星五百大公司的職員如何花了一個月的時間，探索中國埋藏的商機寶藏，並利用科技掩飾他的行為？要如何輕鬆兼差，無須管理，就能每月賺進八萬美金？這本書會告訴你。

我得是單身的年輕小夥子嗎？

不必。本書寫給厭惡延後規劃人生的人；寫給想要享受人生，不想再延期的人。書中的個案研究包括開著藍寶堅尼跑車的二十一歲年輕人，以及帶著兩個孩子、環遊世界五個月的單親媽媽。如果你已經受夠固定的標準選項，準備進入有無限可能的世界，本書正是為你而寫。

真的要旅行嗎？我只想要有更多自己的時間。

不。這只是一個選擇。本書的目標是創造任你運用的自由時間與空間。

我得要天生家境富裕嗎？

不。我父母的總年收入從未超過五萬美金，我從十四歲就開始工作。我不是生在洛克斐勒家族，你也不需生在有錢人家。

我得有常春藤名校的學歷嗎？

不。本書提出的範例大多都沒上過任何世界名校，有些人還是輟學生。頂尖學術教育是很棒，但不是從名校畢業也有些沒人注意到的好處。頂尖學校的畢業生魚貫進入每週工作時數八十小時的高薪行業，認為摧殘靈魂十五到三十年的事業生涯是既定的人生路程。我怎麼知道？我親身體驗過，也親眼見識這些傷害。本書要推翻這個迷思。

我的故事與你爲何需要這本書

「每當發現自己屬於多數陣營時，就是你停下來三思的時候。」

——馬克・吐溫

「所有量入為出的人都缺乏想像力。」

——奧斯卡・王爾德／愛爾蘭劇作小說家

我的雙手又冒汗了。

我低頭瞪著地板，躲開刺眼的天花板燈光。我理應是全世界的佼佼者，現在卻絲毫不覺如此。我們與另外九對參賽者排成一列時，我的舞伴艾莉西亞不斷調整站姿。我們都是從四大洲的二十九個國家，從一千多位競爭者中挑選出來的。這是世界探戈冠軍盃準決賽的最後一天，我們準備要在裁判、電視攝影機，以及全場歡呼的觀眾前，進行最後一回合的競賽。其他參賽者與搭檔合作的年資平均是十五年，至於我們，總共只有五個月，每天六小時不間斷的練習。終於來到大展身手的時候。

「你還好吧？」艾莉西亞以濃厚的阿根廷腔西班牙語問我。她是經驗豐富的專業舞者。

「好極了，棒透了。現在只要盡情享受音樂，忘掉觀眾——根本沒有觀眾。」

這句話不太正確。很難想像農業展覽館能擠進五萬個觀眾，即使這是布宜諾斯艾利斯最大的展覽館。在香菸煙霧的籠罩中，幾乎無法看清觀眾席上的茫茫人海，每吋地面都塞滿了人，唯有正中央三十吋寬乘四十吋長的神聖空間除外。我整理一下條紋西裝，不斷拉扯口袋的藍色絲質手帕，動作頻頻，透露我的焦慮不安。

「你很緊張嗎？」

「我不緊張，我只是興奮。我打算盡情跳舞，讓一切順其自然。」

「一百五十二號，輪到你們了。」工作人員提醒我們，現在要輪到我們上場。在我們踏上硬質木板的舞台時，我低聲向艾莉西亞說了我們倆才知道的笑話：Tranquilo——放輕鬆。她笑了。此刻我不禁想到：如果在一年多前，我沒有辭掉美國的工作，我現在到底會在做什麼？

這個念頭來得快，去得也快。司儀拿起麥克風，群眾也跟著大聲喝采。「第一百五十二號參賽者：來自布宜諾斯艾利斯的提摩西．費里斯與艾莉西亞．莫迪！」

我們上場了，而我意氣風發。

最近，我覺得美國人日常的寒暄問候實在很難回答，不過幸好如此，不然的話，你現在手上不會拿著這本書。

「你做什麼工作？」

假如你能找到我（很難），而且要看你在哪裡問我（我寧願你別問），我有可能騎著重型機車在歐洲奔馳，也可能在巴拿馬的私人島嶼潛水，在泰拳課的空檔間，在泰國的棕櫚樹下休息，或是在布宜諾斯艾利斯跳探戈。最棒的是，我不是億萬富翁，也不以此為目標。

我一點也不喜歡回答這類社交開場話題，因為它反映出社會的盲點，而我過去也長期受此之苦：個人的工作內容等同自我介紹。如果現在有人真的認真問我這個問題，而且非得知道我如何維持這樣的生活型態，我會直接回答：「我是毒販。」

這個答案通常會立即將氣氛降到冰點。補充一下，其實這只有說對一半。認真解釋得花掉太多時間，我要怎麼解釋，我平日的消遣跟我如何賺錢，是完全不同的兩件事？我要怎麼說明我每週工作時間不到四小時，每個月賺到的錢卻比過去一整年還要多？

破天荒的是，我要老實告訴你真相：這跟一群沉默的次文化人士有關，他們叫「新富族」。

坐擁雪屋的百萬富翁做的事，到底跟坐守辦公室隔間的人有何不同？差別在於百萬富翁奉行不同於世俗的規則。

終生高產值的員工要怎麼蹺班去環遊世界一個月，還完全不讓老闆察覺？他用科技隱藏行蹤。

黃金已經太老套。所謂的新富族，指的是拋棄延後享受的人生計畫，在當下創造奢華的生活風格，並使用新富族的貨幣：時間與機動性。這是一門藝術，也是一門科學，我們稱之為生活型態規劃。

雲遊世界三年，我見識過許多這種人，他們的世界超乎一般人想像。用不著痛恨現實生活，我要教你怎麼改變現實，稱心如意過活。聽起來很難，其實很簡單。我從被嚴重壓榨的過勞上班族，變身為新富族的一員，我的經歷聽起來像奇蹟，其實簡單就能複製——因為我已破解密碼。解答就在本書中。

人生不用過得那麼辛苦，真的不必。大多數人，包括過去的我，都浪費太多時間說服自己，人生就該過得艱苦，自甘於朝九晚五的苦工，以交換（偶爾的）閒暇週末與「敢休太久就炒了你」的難得假期。

真相跟一般人以為的截然不同——至少我力行的真相是如此，而我也會在書中分享。運用匯率差與外包生活等手法，你也能過得自在逍遙，我要教你小老百姓如何以經濟奇招，達成大多數人認為不可能的事。

若你拿起了這本書，你大概很可能就不想埋首在辦公桌前，直到六十二歲。不管你夢想的是逃脫盲目的職場競爭、實踐旅遊的美夢，或者是想悠閒過活，甚至是破世界紀錄，還是想轉換事業跑道，這本書能提供你需要的所有工具，讓夢想在當下成功，而不用等到常常是虛無縹緲的「退休期」。我們可以享受終生辛勤苦工的果實，而且不用等到結束的那天。

要怎麼做？先從大多數人忽略的簡單差別開始——我忽略了整整二十五年。

一般人不想成為百萬富翁——他們只想體驗幻想中，得花上數百萬美金才買得到的生活：滑雪小屋、管家、海外旅遊是常見的想像，也許還有躺在吊床上，在肚子上邊抹可可油，邊聽著海浪規律拍打茅草屋的露台。聽起來不錯。

銀行帳戶裡有百萬美金不是我們的夢想，我們的夢想是：假如享有完全的自由，能實現什麼樣的生活。問題是：**如果沒有先有百萬美金，要怎麼自由自在，像百萬富翁般過活？**

在過去五年，我自己解答了這個問題，而這本書將能為你解答。我會教你我如何區隔收入與時間，並在過程中創造我理想中的生活：在世界各地遊歷，享受萬物的美好、我如何從每天工作十四小時，變成每週工作四小時，收入還從每年四萬美金躍升為每月四萬美金？

先從我如何開始說起。比較奇特的是，這一切始於一堂給未來的投資銀行家的課程。

時間是二〇〇二年，我受到唸普林斯頓大學時，選修的高科技創業課程教授——明師艾德．史邱之邀，請我對班上的學生演講，談論我在現實世界的商場歷險。我感到受寵若驚。已有許多千萬富翁在那堂課上演講過，即使我開設的運動營養品公司獲利很高，但我依循的模式仍截然不同。

然而，接下來幾天，我領悟到似乎所有人都在討論要怎麼建立成功的大公司，然後賣出公司，過著富裕的生活。這的確不錯，但沒人問起或回答的問題是：為什麼當初要這麼做？他們投注人生精華，希望最終能度過幸福餘生的那一桶金子到底是什麼？

我最後研擬出的課程名稱是「販賣樂趣與利潤的禁藥」，我從最簡單的前提開始：先問幾個工作與人生等式的基本問題。

- **如果退休不是選項，你的決定會有什麼改變？**
- **如果可以不用工作四十年，預先進行迷你退休，先享受延後人生計畫的獎勵呢？**
- **真的有必要像奴隸一樣苦幹，才能過著百萬富翁的生活嗎？**

我完全沒料到這些問題對我造成了多大的影響。

不同於世俗的結論？「現實世界」的世俗規範不過是社會強加的迷思，虛幻又脆弱。這本書要教你怎麼看到和把握別人看不到的選項。

這本書有何不同？

首先，我不會花太多時間在一般人的問題上。我先假設你求「閒」若渴，恐懼失業，甚至有可能是最糟的案例——忍氣吞聲、安於現狀，做著沒什麼成就感的差事。最後一種最常見，中毒也最深。

第二，這本書不講儲蓄，也不推薦你放棄每天小酌一杯紅酒，好在五十年後坐擁百萬美金。我寧願有酒喝。我不會要你在今日的享樂，或是未來的財富之間抉擇。我相信你可以兼顧兩者，因為本書的目標是樂趣與獲利。

第三，本書談的不是怎麼找到你「夢想中的工作」。我假設對大多數人而言，也就是約六十幾億到七十億的人，都認為所謂的完美工作是花費最少時間的工作，但泰半的人永遠都無法找到能給人無限成就感的工作，所以這不是本書要談的目標，自由空閒與自動進帳才是。

我每一堂課的開場白，都是在說明成為「交易者」（dealmaker）的重要性。交易者的座右銘很簡單：現實是可以協調的。除了科學與法律外，所有規則都能被修改或打破，而且不需違法就能做到。

交易者的交易（DEAL），也是蛻變為新富族的四階段縮寫。

不管你是員工或是創業者，這些步驟與策略都能達成不可思議的結果。如果你有老闆，你能像我一般生活嗎？不行。你可以用相同原則倍增收入，將工時縮減一半，或是至少將休假增加一倍嗎？當然可以。

以下是你自我改造的步驟：

D是定義人生（Definition）。顛覆錯誤的世俗觀念，引入新的遊戲玩法與任務，取代打擊自己的原始假設，解釋相對財富與良性壓力的概念[1]。誰是新富族？他們行事的模式為何？此部分將解釋新富族的整體生活型態規劃，介紹完最基本的食譜後，我們才會加入另外三種原料。

E是排除旁騖（Elimination）。揚棄過時的時間管理概念。這一篇說明我如何用一位常被遺忘的義大利經濟學家的想法，在四十八小時內，將每日工作十二小時變成兩小時。使用違反常識的新富族技巧，讓你每個小時的工作成果倍增十倍之多：培養選擇性的無知，建立低資訊量的生活，忽略所有不重要的事。此部分提供調理奢華生活的第一項要素：時間。

A是自動進帳（Automation）。透過跨國交易、外包工作與放手管理，讓現金源源滾入。頂尖新富族的成功訣竅都在這一篇。此部分提供調理奢華生活的第二項要素：收入。

L是自由逍遙（Liberation）。這是全球化世代的行動宣言。這篇介紹迷你退休的概念，教你如何周全地遙控管理與逃離老闆。自由逍遙指的不是平價旅遊，而是如何斬斷把你綁在單一地點的羈絆。此部分給你調理奢華生活的最後一項要素：機動性。

我得補充的是，如果你每天只在辦公室待一小時，大多數老闆都不會太開心，因此，上班族在讀這份設計給創業者的ＤＥＡＬ步驟時，應該將順序調整成ＤＥＬＡ執行。若你打算保住現有的工作，你一定要先突破空間的限制，再削減百分之八十的工作時數。即使你從未想過要成為所謂的創業者，DEAL步驟還是能將你變為更純粹的創業者，更接近法國經濟學家賽依在一八〇〇年創造「創業者」（entrepreneur）一詞時的意思——將低產值的經濟資源轉入高產值的領域[2]。

最後，雖然我的建議看似不可能，甚至違背常理，但這都是我意料中的設計。請你現在認真地以水平思考法跳脫既定框架，從新的角度思考和測試我提出的概念，當作是練習。如果你有試著這麼做，你會看到兔子洞有多深，而你再也不會回頭[3]。

深吸一口氣，容我向你介紹我的世界。記住——放輕鬆，盡情享樂，讓一切順其自然。

提摩西・費里斯　於日本東京

二〇〇六年九月二十九日

【註釋】

1. 本書在介紹概念時，會定義不常見的詞彙。若有不了解的詞彙，或是需要快速查詢，請連上www.fourhourworkweek.com，查閱完整的詞彙表和運用網站上其他資源。
2. www.peter-drucker.com/books/0887306187.html。
3. 作者在此用了《愛麗絲夢遊仙境》的典故。

我的病史

「專家是在一門非常狹隘的領域，犯了所有能犯的錯誤的人。」

——尼爾斯・波耳／丹麥物理學家與諾貝爾獎得主

「他平常是瘋子，不過在他只是笨的時候，也有清醒的一面。」

——亨烈茲・海涅／德國文評家與詩人

這本書教你我使用了什麼法則，才變成以下這些人物：

- 普林斯頓大學高科技創業講座客座講師
- 史上首位得到探戈旋轉步金氏世界紀錄的美國人
- 三十多位世界紀錄保持人及奧運選手的顧問
- 《連線》雜誌選為「二〇〇八年最佳自我行銷大師」
- 美國散打全國冠軍

- 日本日光馬術弓箭手（流鏑馬）
- 政治庇護研究者與政治運動者
- 台灣MTV霹靂舞舞者
- 愛爾蘭板棍球選手
- 中國與香港的熱門連續劇《偷渡者》（Human Cargo）演員

我如何成為這些人物的過程就沒那麼光彩：

一九七七年。早產六週，存活機率只有百分之十。我活了下來，而且因為長得太快，沒辦法趴睡。眼部肌肉不平衡，讓我的雙眼轉向相反方向，我母親暱稱我為「小鮪魚」。除此之外，一切都不錯。

一九八三年。差點被幼稚園退學，原因是我拒絕學英文字母。老師不肯解釋為什麼我應該學，她只說「我是老師，我說要學就學」。我告訴她這樣太蠢了，叫她別煩我，讓我專心畫鯊魚。她把我趕到「壞寶寶桌」，強迫我吃下一塊肥皂。從此之後，我開始憎恨權威。

一九九一年。我的第一份工作。啊，還真讓人懷念。我在冰淇淋店當清潔工，領的是最低薪資。我迅速領悟到老闆的清潔方法讓工作量加倍。我用自己的方法清理，在一小時內完工，而不是八小時，將剩下的時間用在讀功夫雜誌，以及在外面練習空手道。我以破紀錄的速度在三天內被開除，老闆在我離職前的忠告是：「也許有天你會了解辛苦工作的價值。」顯然我到現在還是不了解。

一九九三年。我申請去日本當交換學生一年，那裡的人會工作至死——這種現象稱為「過勞死」。據說，日本人出生時是神道教徒，結婚時是基督教徒，死時則是佛教徒。我的結論是，大多數日本人對人生感到困惑。有天晚上，我想請寄宿家庭的媽媽隔天早上叫醒我（okosu），但我說成粗暴地強暴我（okasu）。她感到很困惑。

一九九六年。即使我的ＳＡＴ成績比平均低了百分之四十，我就讀高中的大學申請顧問要我「看清現實」，我還是摸進了普林斯頓大學。我猜自己實在不太拿手看清事實。我主修腦神經學，後來轉到東亞研究，免得得在貓腦上接電線。

一九九七年。此時大作發財夢！我創作一本有聲書，叫《我打敗了常春藤學校》，投入三個暑假打工賺到的錢，製作了五百捲卡帶，最後一捲也沒賣出去。直到二〇〇六年，整整自我欺騙九年之後，我才同意母親扔掉卡帶。年少無知的狂妄，樂趣不過如此。

一九九八年。在我的四記重拳打爆一位朋友的腦袋後，我辭掉夜店安全人員的工作，這是校園內薪資最高的工作。我轉而設計一套速讀訓練課程，在校園內貼滿醜斃的螢光綠傳單，寫著：「只要三小時，閱讀速度增加三倍！」典型的普林斯頓學生則在每張傳單上寫了「狗屁」。我招收了三十二個學生，每人付五十美金，聆聽三小時的課程。每小時五百三十三美金的收入使我相信：先找到市場再設計產品，遠比先推產品，再找市場聰明得多。兩個月之後，速讀課程讓我呵欠連連，所以我結束了課程。我痛恨銷售服務，而我需要另一個能販售的產品。

一九九八年秋天。面臨的嚴重論文爭議，與恐懼即將成為投資銀行家，導致我終止學術之路。我通知註冊組我要休學，未來再回校。父親相信我絕對不會回去，而我相信我的人生已經完蛋。我母親卻覺得沒什麼，不需大驚小怪。

一九九九年春天。在三個月的時間內，我先是在全球最大外語教材出版社貝立茲規劃課程，然後辭職，跳槽到僅有三人的政治庇護研究公司，擔任分析師，沒多久辭職。接著我又飛到台灣，想要從零開始，打造連鎖健身俱樂部，最後在華人幫派三合會的威嚇下關門。我垂頭喪氣地回到美國，決定開始學跆拳道。四週後，我以有史以來最厚顏無恥、最離經叛道的方法，贏得全國冠軍。

二〇〇〇年秋天。在重建信心與完全解決論文問題後，我回到普林斯頓。我的人生沒有結束，而且這一年休學時間其實對我也有好處。現在的二十幾歲年輕小夥子，都有如同大衛・柯瑞許[4]的能力。我的朋友以四億五千萬美金賣掉公司，而我決定搬到西岸的陽光加州，賺進我的千億財富。即便當時的就業市場景氣是有史以來最蓬勃的，我仍有辦法在畢業三個月後依然無業。我拿出王牌，連續寄給一間新公司的執行長三十二封電子郵件。他終於屈服，讓我在業務部門工作。

二〇〇一年春天。真善網路公司（TrueSAN Networks）已經從沒沒無名的十五人公司，擴張為「民間資料儲存公司的第一品牌」（以什麼標準衡量？），共有一百五十位員工（他們平常做什麼工作？）。新任的業務主管指示我翻開電話簿，「從A開頭的名字」打起，做電話銷售。我盡量委婉地詢問為什麼要用這麼智障的方式做電話銷售。他說：「因為我說了算。」這不是個好開始。

二〇〇一年秋天。每天工作十二小時達一年後，我發現自己是公司薪水第二低的人，僅高於總機。我成天拚命在網路上搜尋資訊，以慰藉自己。等找不到低級影片轉寄之後，我開始調查成立營養補充品公司的難度有多高。結果我發現，從製造到設計都可以外包。兩週後我借了五千美金的信用貸款，我的第一批貨開始生產，架構了互動網站。這也好，因為我剛好在一週後被炒魷魚。

二〇〇二至二〇〇三年。「迅思有限公司」（BrainQUICKEN LLC）的營運起飛，我現在每個月賺四萬多美金，而不是每年四萬美金。唯一的問題是我痛恨我的人生，每週工作七天，每天超過十二個小時。我覺得自己走到死路。因此，我決定放個「長假」，與家人去義大利佛羅倫斯旅遊一週，結果是每天在網咖店待十小時瘋狂工作。屎蛋！這時我開始教普林斯頓的學生，如何建立「成功的」（也就是有利潤的）公司。

二〇〇四年冬天。不可能的事成真了。有間網路商務公司與某個以色列企業集團（啊？）有興趣買下我的心血結晶「迅思」。我精簡業務，幾乎清掃門戶，好讓自己能夠一走了之。神奇的是，迅思沒有崩解，崩解的是這兩宗併購案。我又回到以前的日子。那兩間公司企圖複製我的產品，沒多久都賠了幾百萬美金。

二〇〇四年六月。我下定決心，即使我的公司就要大爆炸，我還是要放個假，以免變得跟霍華・休斯一樣精神失常。我甩開所有工作，拿著背包，驅車前往紐約甘迺迪機場，買下我看到的第一張歐洲單程機票。我在倫敦降落，打算在回到嚴酷的鹽礦前，先去西班牙充電四週。放鬆之旅開始的第一天早上，我立即精神崩潰。

二〇〇四年七月至二〇〇五年。四週變成八週。我決定要在海外無限期居留，試著考驗自己讓公司自動運作和展開全新的生活方式。我限制自己只能在週一早上收發電子郵件。我把自己當作公司瓶頸，在我移除自己後，公司利潤增加了百分之四十。如果沒有工作當藉口，搪塞自己不能實現夢想的原因，躲避人生的大哉問，你會怎麼做？顯然，你只會嚇得半死，什麼屁事都不敢做。

二〇〇六年九月。在有條理地摧毀我過去對於什麼能做、什麼不能做的預設後，我回到美國，心情有如入定禪境般出奇放鬆。「販賣樂趣與利潤的禁藥」已經發展成一門關於規劃理想生活型態的課程。我要傳達的新訊息很簡單：我看到了應許之地，那裡有好消息——你可以什麼都有。

［註釋］

4.大衛・柯瑞許（David Koresh）是美國異端教派大衛教派的領導者，死於美國政府的攻堅行動。

STEP 1

Definition 定義人生

「現實只是幻象，儘管非常持久。」

——艾伯特・愛因斯坦——

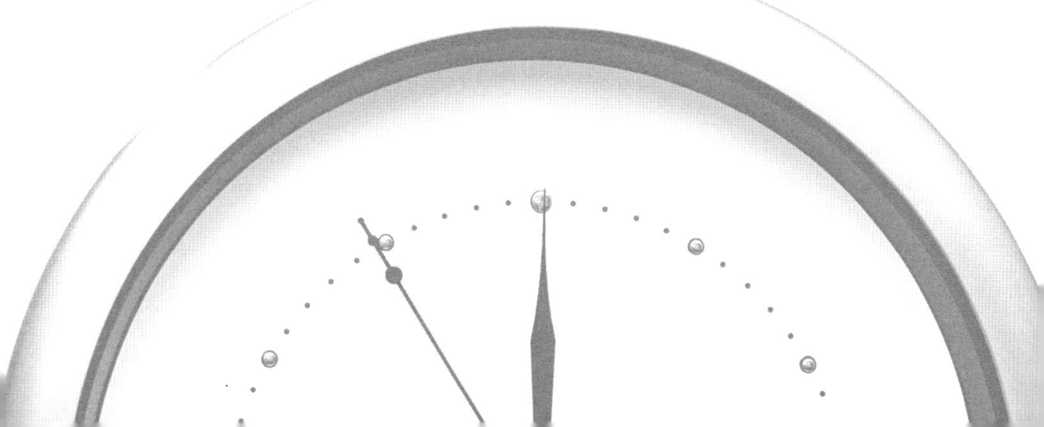

1. 忠告與對照

如何在一晚花光百萬美金

「當這些人說自己有錢，就像我們說自己『有疾』時一樣，實際上是惡疾掌控了我們。」

——塞尼加（西元前四年—西元六十五年）

「我也認為那些看似富裕的人，卻是最貧瘠的階層，他們累積了不少身外之物，卻不知如何使用，或怎麼擺脫它們，為自己打造了黃金或白銀的枷鎖。」

——亨利．大衛．梭羅（一八一七—一八六二年）

美國中部標準時間清晨一點，拉斯維加斯三萬英尺的高空

他醉到胡言亂語的朋友現在已經熟睡，頭等艙只剩我們兩人清醒。他探身過來與我握手，自我介紹，當他的手指劃過閱讀燈時，巨大的（跟卡通人物的頭一樣大）鑽石戒指，在微暗的空間中閃耀。

馬克是名副其實的大亨。他在不同時期經營過南卡羅萊納州的所有加油站、便利商店和賭場。他半笑著承認：他每次到罪惡城市，平均都會花掉五十到一百萬美金。挺不錯的。

談到我的旅行時，他在椅中坐直，但我對於他印鈔票的驚人紀錄更感興趣。

「在你做過的所有生意中，你最喜歡哪一個？」

他幾乎想都沒想，就說出答案。

「沒一個喜歡。」

他解釋他這三十多年來，都在與討厭的人相處，或是買下不需要的東西。人生變成美豔嬌妻接連換（現在是幸運兒三號）、充斥著奢華跑車與拿來炫耀的空虛商品。馬克正是所謂的行屍走肉。

這也正是我們不打算落到的處境。

蘋果與橘子的比較

所以說，到底有什麼差異？新富族（NR）充滿選擇，延後人生族（D）則將一切甜頭都留在最後，最後卻發現已經錯過人生的精華。這兩者的差別在哪？

他們的出發點就不一樣。新富族能以他們設定的目標和普羅大眾有所區別，也反映了兩者的優先取捨與生活哲學。

注意措辭的細微差異，如何讓初看很相似的目標，造成全盤改變的實現方法。這些不只限於老闆，即使是第一點，也適用於員工，我會在後面說明。

延後人生族：為自己工作。

新富族：雇別人為自己工作。

延後人生族：只有在想工作時工作。

新富族：避免為工作而工作，將必需的工作量降到最低，發揮最大的效用（最低的有效負荷量）。

延後人生族：早早在年輕時退休。

新富族：定期休長假與旅行冒險（迷你退休），將假期平均分配在一生中。認清不用工作並非目標，做自己喜歡的事才是。

延後人生族：買下你想要的所有東西。

新富族：做你想做的事，成為你想成為的人。如果過程中必須買些工具和電子器材，那就買，但這些都只是為了達到目標，或得到好處的工具，並不是重點。

延後人生族：寧當老闆，不當員工，要當發號施令的人。
新富族：不要當老闆，也不要當員工，而是擁有者。擁有火車，讓別人去確保火車準點抵達。

延後人生族：賺一大堆錢。
新富族：賺一大堆錢，以達成明確的目標，追逐具體的夢想，有時間表與步驟。你為了什麼而工作？

延後人生族：擁有更多。
新富族：擁有更高的生活品質，減少不必要的雜物。擁有龐大的財力後盾，不過很清楚大多數的物質欲望，都會將浪費時間在不重要的行為上合理化，包括購物，以及準備購物。為了添購Infiniti豪華休旅車，你花了兩週與車商殺價，得到一萬美金的折扣？這聽起來不錯，但你的人生有目標嗎？你有對世界做出任何有用的貢獻嗎？還是只是翻翻文件，敲敲鍵盤，然後回家，期待在週末大醉一場？

延後人生族：得到足夠花用一生的財富，不管是透過初次公開發行、併購、退休，或是其他的淘金方法。
新富族：想得很遠，同時也確保每天都有收入：先規劃現金流量，再去想賺一大筆錢。

延後人生族：能自由選擇不做不喜歡的事。

新富族：能自由選擇不做不喜歡的事，也有自由和決心去追求夢想，不需為工作而工作。經過多年連續工作，你通常需要用力發掘，才能找到你的熱情，重新定義你的夢想，重拾你荒廢已久的嗜好。目標不該只有摒除你厭惡的事，這頂多只會讓你變得空虛，你應該去追求和體驗世界的美好。

跳下搭錯的列車

「首要原則是絕對不要自我欺騙，否則你會成為最好騙的人。」

——理察・費曼／諾貝爾物理學獎得主

夠了就是夠了，別再汲汲營營。像無頭蒼蠅般追求金錢是蠢蛋的行為。

我曾經包下私人飛機、飛過安地斯山、馳騁世界級的滑雪道、品嘗許多世界美酒。我活得就像君王，住在隱密的度假別墅，在寬闊的泳池旁做日光浴。告訴你一個我很少透露的祕密：這些花費比美國的房租還低廉。如果你能讓自己的時間和居住的地點脫離限制，你的財富會自動倍增三到十倍。

這跟匯率沒有關係。財力雄厚與活得像百萬富翁是完全不同的兩件事。

金錢的實際價值依你能操控的W因子而倍增：做**什麼**事（What）、**何時**做（When）、在**哪裡**做（Where），以及與**誰**做（Who）。我稱此為「自由倍增因子」。

以此為標準，每週工作八十小時、年薪五十萬美金的投資銀行家，相較於工時僅有銀行家四分之一、年薪四萬美金的新富族員工，其實更沒「力量」，因為新富族能自由掌控何時、在哪、如何生活。等我們比較了工時，以及收入建立的生活型態後，你會發現前者的五十萬美金連四萬美金的價值都不到，但後者的四萬美金則比五十萬美金更有價值。

能夠選擇的能力才是真正的力量。本書要講的是如何以最少的投入與成本，看到與創造種種選項。很不可思議的是，你自然而然賺到更多錢（多了很多錢），工作量卻只有現在的一半。

所以，誰是新富族？

- 重新安排個人行事曆的員工，他談出一份遠距的工作契約，用十分之一的時間達成百分之九十的成果，因而得以自由地去各地滑雪，每月還能有兩週帶家人出門旅遊。
- 刪去獲利最少的客戶與計畫的老闆，她將所有業務外包，在世界各地旅遊，蒐集罕見的歷史文件，同時在網站上遠距工作，展示她的繪圖設計。
- 選擇孤注一擲、拿出全身家當（其實也沒多少）的學生，他建立網路影片租借服務，從一小群HDTV愛好者的利基市場，每月賺得五千美金的收入。這項每週兩小時的兼差，讓他能夠全職為動物權利奔走。

選項是無限的，但每條路的出發點都相同：取代原本的預設。

要加入這項活動，你需要學會新的詞彙，使用非世俗世界的指南針，重新校定方向。顛覆你對責任的想法，丟棄所謂「成功」的概念，我們必須改變規則。

新遊戲的新玩家：翱翔全球、無拘無束

◎義大利杜林

「我覺得文明社會的規則太多，所以我盡可能重寫規則。」──比爾·寇斯比

他在空中翻轉三百六十度時，震耳的噪音轉為寂靜。戴爾·貝格史密斯表演的後空翻很完美──滑雪板在他的頭頂交叉成X形，然後穩穩踏在地上，在他迅速滑過終點時，也在滑雪紀錄上留下一筆紀錄。

那是二〇〇六年二月十六日，他成了杜林冬季奧運的滑雪大賽金牌得主。不同於其他以滑雪為全職的參賽者，在榮耀時刻過後，他用不著回家做沒有前途的工作，也不會將這一天當成是熱愛的滑雪運動的成就高峰。畢竟，他只有二十一歲，開的已經是黑色藍寶堅尼跑車。

戴爾是加拿大人，算是有點晚才展現才華──在十三歲時找到終生職志，建立網路資

訊公司。他很幸運，有個較具經驗的導師與合夥人指引他：十五歲的哥哥傑森。他們合夥創辦公司，資助他們登上奧林匹克頒獎台的夢想。僅僅兩年後，這間公司在其領域已是世界前三大的公司。

當戴爾的隊友在滑雪道上密集訓練時，他通常在為東京的客戶買清酒。身處「辛勤工作，而非聰明工作」的世界，即使他的表現優異，教練卻逐漸覺得他花太多時間做生意，做太少訓練。

他沒有在事業或夢想間抉擇，戴爾選擇齊頭並進，揚棄「非A即B」，選擇「要A也要B」。他沒有花太多時間在事業上，相反地，他和他哥哥花太多時間在加拿大人身上。

二〇〇二年，他們搬到世界的滑雪首都澳洲。那裡的滑雪隊比較小，比較有彈性，而且教練還是傳奇運動員。短短三年，他成為澳洲公民，與前隊友正面對上，成為史上第三位贏得冬季奧運金牌的「澳洲人」。

在這個袋鼠與大浪的國度，戴爾還登上郵票。真的，就在貓王紀念郵票旁，你可以買到印有他的臉的郵票。

成名就在一瞬間。看看在你周遭的機會，你一定能找到複選的選項。

◎南太平洋新喀里多尼亞

「一旦你說想先定下來，那就會成為你一輩子的寫照。」——約翰・甘迺迪有些人仍然相信只要有多一點錢，所有事都能迎刃而解。他們任意決定目標，而且不斷改變，例如：銀行要有三十萬美金、投資組合要有百萬美金、每年要賺十萬美金，而不是五萬美金。茱莉的目標有道理多了：帶出門的孩子，要跟回家時的人數一樣多。

她躺在椅中，眼光飄過隔壁的丈夫馬克，望著走道另一邊的座位，心裡默數她已經數過數千遍的數字：一、二、三。還不錯。在十二個小時後，他們會安抵巴黎。當然，前提是新喀里多尼亞的飛機不解體。

新喀里多尼亞？

新喀里多尼亞位於熱帶的珊瑚海，是法國屬地，也是茱莉和馬克賣掉載著他們環遊世界兩萬四千多公里的帆船後，來到的地方。當然，收回投資本來就是原始計畫之一。他們順利地依照計畫旅遊，在全球探險了十五個月，從充滿小船的威尼斯水道，到玻里尼西亞部落的海岸，總共花了將近一萬九千元美金，但這比在巴黎的吃住費用還便宜得多。

大多數人會覺得這不可能做得到，不過，大多數人也不知道每年有三百多個家庭，從法國揚帆出發，進行相同的壯舉。

這趟行程是他們將近二十年的夢想，被不斷增加的責任貶到愈來愈低的順位，每天都有新的拖延理由。某天茱莉認清一件事：如果現在不出發，她可能永遠都不會動身。各種拖延藉口，不管是合理的，或不合理的，都會不斷增加，使她愈來愈難說服自己有可能逃脫。

經過一年的準備，以及與丈夫試航三十天後，他們揚帆踏上夢想一輩子的旅程。幾乎就在起錨時，茱莉領悟到，孩子並不會阻礙他們旅遊與冒險，反而更是這麼做的最佳理由。

在行前，她的三個小兒子會為小事尖叫打鬧，但學習在浮動的房間共存時，他們學會了耐心，免得將自己搞瘋，也為父母的心智健康著想。在行前，要孩子看書，簡直像要他們吞沙，但現在只剩下瞪著牆壁或是對大海發呆的選擇，讓三個孩子都愛上了閱讀。把孩子從學校抽開一學年，接觸新環境，是他們迄今為止最好的教育投資。

現在，坐在飛機中，茱莉看著機翼切過雲霧，她的心思已經飄到下個計畫——在山中找個地方滑雪一整年，用帆船課程的收入資助滑雪假期，以及更多的旅行計畫。

嘗試過一次後，她開始心癢。

生活型態規劃案例

我受夠了每天開車，橫越一個城市去托兒所接我的兒子，然後再回到冰冷的高速公路，帶著他回辦公室完成工作。我的迷你退休計畫讓我們搬到充滿生活創意的另類寄宿學校，在陽光普照的美麗佛羅里達森林裡，傍著自然的活水池塘，重新規劃孩子和工作人員的生活型態。當你搬到新的地方，你可以很容易地找到接受你孩子入學的另類學校或傳統學校。另類學校通常將自己定位為互相支援的社群，非常歡迎初來乍到者。你甚至有機會在學校工作，和孩子一起體驗新環境。——黛博拉

提醒和比較

提姆：你的書和部落格激勵我辭掉工作，寫了兩本電子書，嘗試高空跳傘，在南美洲各地自助旅行，賣掉生活中不必要的雜物，並舉辦世界頂尖約會顧問的年會（我主要的事業，已經第三年了）。最棒的是什麼呢？我現在還不到可以買酒喝的年紀呢。感謝你，兄弟！

——安東尼

2. 改變規則的規則

任何流行都是錯

「我不能給你保證成功的公式，但我可以給你失敗的公式：總是討好每個人。」

——賀伯特·貝亞·斯沃普／美國編輯與記者；首屆普立茲獎得主

「任何流行都是錯。」

——奧斯卡·王爾德／《不可兒戲》

打敗遊戲，別照著玩

一九九九年，我辭去第二份毫無成就感的工作，每天吃花生奶油三明治安慰自己，在那之後不久，我贏得了美國散打的全國冠軍。

不是因為我很會打，絕對不是。挑戰這項競賽似乎有點危險，畢竟我在朋友的慫恿下參加，只有四週準備。除此之外，我的頭像西瓜一樣大——這可是個很大的靶子。

我靠著細讀規則，找出漏洞而獲勝，總共有兩個：

1. **比賽前一天量體重**：我用脫水法，在十八個小時內減輕了十三公斤，變成七十五公斤。我現在也教導頂尖舉重選手使用此種方法。然後再大量補充水分，讓體重回到八十八公斤[5]。要打敗比你重三個等級的人很難。可憐的小傢伙。

2. **遵照小字印刷的技術規則**：如果打者在單一回合中跌落架高的賽台三次，對手就能被裁定勝利。我決定利用這條技術規則作為唯一的絕招，拚命將對手推下賽台。你大概也能想像，這招並沒有讓裁判心花怒放。

結果是？我所有的比賽都靠技巧獲勝，帶著全國冠軍頭銜回家，而百分之九十九的散打選手，即使有五到十年經驗，都無法奪冠。

但是，將對手推下賽台是否是遊走於道德邊緣？絕對不是，這不過是在遵守規則的前提下，少有的比賽策略。最重要的差異是官方規則和個人自我認定的規則的差別。想想以下這個奧林匹克官方網站（www.olympic.org）上的例子。

一九六八年的墨西哥市奧運為迪克．佛斯貝里及他著名的「佛斯貝里背越式」首次在國際賽事亮相的舞台，這個技巧在一夕之間改變了跳高運動。當時的跳高選手……將前腳提高，越過橫竿（稱作「分腿跨越」），跟跨欄類似，選手可以雙腳著地）。佛斯貝里的跳高方式是衝刺助跑到橫竿前，舉起右腳（或是前腳），然後旋轉身體，頭向前，背向飛越橫竿。當佛斯貝里越過橫竿，世界各地的教練都不可置信地搖頭時，墨西哥市的觀眾都被他的表現所俘虜，大聲喝采。橫竿逐漸拉到二・二二公尺，而佛斯貝里皆以無失誤的完美表現，跳過每個高度，最後以二・二四的個人最佳成績摘下金牌。

在一九八〇年，十六位進入奧運跳高項目決賽的選手，有十三位採用「佛斯貝里背越式」。

我當時使用的減重及推擲下台的技巧，現在已成為散打賽的標準策略。這不是我造成的，我只是先看出這是無可避免的趨勢，其他測試過這個致勝招數的選手也有同感。現在大家都這麼做了。

當不可動搖的原則被推翻，基本預設被測試時，運動也隨之改變。

生活和生活型態也是如此。

挑戰現狀 vs. 當個笨蛋

大多數人都用兩條腿在路上走路——難不成我會用兩隻手走路，會內褲外穿，好表現我的與眾不同？不，通常不會。我用兩隻腳走路，將丁字褲穿在外褲內，至今都過得很穩當。如果沒有問題，我不會做改變。

只有在比較有效率，或是比較有趣時，與眾不同才是好的。

如果大家都用相同方式界定或解決問題，結果卻不好，這時我們就該問：如果反其道而行呢？不要遵循無用的模式。如果食譜爛透了，不管你是多好的大廚，都無濟於事。

我大學畢業後做的第一份工作是資料儲存業務，當時我就發現大多數的業務開發電話無法轉給目標對象，都是因為一個理由：守門員。因此，我專挑早上八點到八點半和晚上六點到六點半打電話，只要一小時，我不僅能避開祕書，比起朝九晚五打電話的資深業務主管，我得到的會面機會更多了不只兩倍。換句話說，我用八分之一的時間，得到兩倍的成果。

從日本到摩納哥，從全球跑透透的單親媽媽到千萬富翁賽車手，成功的新富族的基本規則一致得驚人，也異於其他人的做法。

在閱讀本書時，要記得幾個基本的差別。

（一）退休是為防後患的保險

退休計畫就像壽險一樣，應該被視為是針對極糟狀況的防備措施：已經失去工作能力，需要儲備的資金才能活下來。

至少有三個理由能說明，將退休當成目標，或是最終解脫的想法有問題：

1. 假如你討厭自己的工作，可預測的是，你將體能最顛峰的時刻花在完成厭惡的工作上。這實在不可取——沒有任何報酬可以合理化你的犧牲。

2. 大多數人退休之後，甚至連每餐吃一條熱狗的生活水準都不能維持。一般而言，退休期可長達三十年，即使是百萬美金，也只能算一筆小錢，而且通貨膨脹每年還會吃掉百分之二到四的購買力。這個盤算行不通[6]。黃金歲月卻只能重溫中下階層的辛苦生活，真是辛酸的人生結局。

3.如果這個盤算真行得通，代表你是個野心勃勃、辛勤工作的機器。如果真是如此，你猜怎麼著？退休的第一週，你會無聊到想將腳踏車輪輻插進眼睛；你可能會想去找新工作，或是創立另一間公司。這不是違反了原本等待的目的嗎？

我不是說不必為最糟的狀況做準備——我將401(K)和IRA[7]提撥到最高上限，並將個人退休帳戶用於節稅上——但是，不要誤以為退休是目標。

（二）興趣與精力都是週期性的

如果我給你千萬美金，要你連續十五年，每天工作二十四小時，然後退休，你幹不幹？當然不幹——你根本做不到。你無法這樣一直工作，就像大多數人對事業生涯的定義：每天做相同的事八小時，直到你做不下去，或是有足夠的錢，提早喊停。

不然我三十歲的朋友怎麼會看起來都像是唐納．川普與瓊．瑞佛斯[8]的綜合體？恐怖極了——狂灌卡布奇諾與做不完的工作促使他們提早老化。

穿插工作與休息是生存的必需條件，更別說要健康。能力、興趣與心智耐力都有高低起伏，因此我們必須依此做計畫。

新富族的目標是在人生中平均分配「迷你退休」，而不是將休閒與享樂囤積到最後，只為了退休的愚人金。只有在你最有效率時工作，人生才會更有生產力，也更有趣。你不僅有蛋糕，而且也能吃到。

我本身的規劃是，每工作兩個月後，就到海外換個環境待一個月，或是密集學習（如探戈、搏擊等等）。

（三）做得少不代表懶

少做一點無意義的工作，好專注在對你而言更重要的事情上，這不是懶惰。大多數人無法接受這點，因為我們的文化傾向獎勵個人所做的犧牲，而非貢獻的生產力。

很少人選擇（或是有能力）衡量自己工作的成果，而是選擇衡量工作的時數。投入愈多時間代表自我價值愈高，而周遭的人也不斷鼓勵這種想法。新富族即使在公司的辦公時間較少，但生產出的有意義成果，比十二個非新富族的總和還要多。

讓我們重新定義「懶惰」——忍受理想外的生活，讓外在環境或他人左右你的人生；或是累積大量財富，卻虛度人生，像個站在辦公室窗口旁觀的局外人。你的銀行帳戶金額，或是用於處理瑣事或不重要的電子郵件的時間，都不會改變這一點。

著重於高生產力，而非忙碌上。

（四）時間點總是不對

我有次問我母親，她如何決定什麼時候生第一個孩子，也就是我。答案很簡單：「因為我們想生孩子，沒必要拖延，因為生小孩的時間點總是不對。」所以他們做了決定。

對於所有的重要大事，時間點總是糟透了。等待一個好時機辭掉工作？天上的星星永遠不會排成一直線，人生的紅綠燈也永遠不會同時轉成綠燈。世界不會跟你作對，但也不會鞠躬盡瘁，幫你排除所有障礙。條件永遠不會完美。「等到有一天」是種惡疾，害你將夢想帶入墳墓。列出優缺點的做法也一樣爛。如果這對你很重要，而且「總有一天」要實現，那就儘管去做，一路上不斷修正。

（五）請求原諒，而非准許

如果這麼做不會讓周遭的人心碎，那就儘管嘗試，再說明你的理由。無論是父母、伴侶或老闆，每個人都會很情緒化地拒絕新想法——讓他們在成為事實後學著接受。如果潛在的損害輕微，或是可以修復，不要讓別人有機會說不。大多數人會在你開始行動前迅速阻止你，但在你朝向夢想邁進時，他們反而會猶豫。學會當個麻煩製造機，等到你真的搞砸了，再說抱歉。

（六）強調優點，不要改進缺點

大多數人有幾項拿手的專長，其他項目則拙劣不堪。我很擅長創造產品和行銷，但在此之外的大多數工作，我都不拿手。

我的身體適合扛起和丟出重物，就是這樣，但我忽視這點很久。我試著游泳，但看起來就像溺水的猴子。我也去打籃球，但看起來卻像山頂洞人。然後我開始學武打，因此終於大展身手。

運用你的長才，不去修補盔甲上的所有裂縫，既有效，也有趣得多。你可以選擇以強項倍增成果；或是選擇改進缺點、逐步成長，但最多只達得到中等的能力。著重在使用最佳的武器，而非不斷修補。

（七）物極必反

擁有太多好東西有可能物極必反。太努力或擁有太多，反而會導致相反，因此：

和平主義者變成好戰者。

自由鬥士變成獨裁者。

祝福變成詛咒。

協助變成阻礙。

更多變成更少。[9]

原先渴望的事物太常出現，或出現得太多，都會變得毫無吸引力。不僅物品如此，時間也是。因此，生活型態規劃不在於創造多餘的無聊時光，那是有害的。我們要的是積極使用自由的時間，做你想做的事，而非做你覺得有義務要做的事。

（八）光是錢不能解決問題

金錢代表的購買力確實不容忽視（我也很愛錢），但不同於我們常認為的，賺到更多錢並非解答，因為這種心態有部分是懶惰作祟。「如果我有更多錢」是不斷延遲自我省思、下定決心去營造享樂人生最簡單的藉口——就是現在，別再等了。將缺錢當成代罪羔羊，讓工作占據所有時間，我們可以順理成章地阻止自己做任何改變：「約翰，我想談談我的空虛感。每天早上我打開電腦，無助感立刻襲擊我，就像打在眼睛上的一拳，但我卻有那麼多工作要做！我至少得花三小時回覆不重要的電子郵件，還得打電話給昨天回絕我的潛在客戶。我該走了！」

讓自己汲汲於追求金錢，假裝這是萬靈丹，精巧地創造不斷讓你分神的雜務，阻止你看出自己的生活有多沒意義——你內心深處知道，這不過是幻影，但既然每個人都參與了自我欺騙的遊戲，要忘掉很容易。

問題癥結不在於錢。

（九）相對收入比絕對收入更重要

營養學者對於卡路里的數值爭辯不下。一單位卡路里就是一單位嗎？就像一朵玫瑰花就是一朵玫瑰花？減重只是消耗掉比攝取量多的卡路里嗎？還是卡路里的來源也很重要？根據我與頂尖運動員的合作經驗，我知道答案是後者。

那收入呢？一塊錢就是一塊錢嗎？新富族不這麼想。

讓我們看看這個像是小學五年級的數學問題：有兩個勤奮的傢伙走向對方，A男每週走八十小時，B男每週走十小時，他們每年都賺五萬美金。他們在午夜遇見彼此時，誰會比較富裕？如果你說B，你就答對了，而這正是相對收入與絕對收入的差別。

絕對收入只使用一個神聖不變的變項衡量收入：全能的、赤裸裸的金錢。珍年收入十萬美金，所以比年收入五萬美金的約翰富有兩倍。

相對收入使用兩個變項：金錢與時間，通常是以時數計。「以年計薪」的概念不僅沒有根據，而且容易讓你自欺，我們現在來看看真實的狀況。珍每年賺十萬美金，每年工作五十週，每週兩千美金，每週工作八十小時，因此珍每小時賺二十五美金。約翰每年賺五萬美金，每年工作五十週，每週一千美金，但每週只工作十小時，因此每小時賺一百美金。以相對收入來說，約翰比珍富有四倍。

當然，相對收入必須達到能實現目標的最低水準。如果我每小時賺一百美金，但每週只工作一小時，想過超級巨星般的奢華生活等於天方夜譚。假設絕對收入是足以實現夢想的數字（不是跟瓊斯之類的鉅富比較的任意數字），相對收入則是新富族衡量財富的真正量尺。

獨立思考的頂尖新富族每小時至少賺五千美金。我從大學畢業時，時薪大約只有五美金，而現在我要幫助你接近五千美金的理想。

（十）避免惡性壓力，樂於承受良性壓力

許多享樂主義者不知道，並非所有壓力都是不好的。新富族的目標並非消除所有壓力，絕對不是。壓力有兩種類型，兩種壓力就有如狂喜（euphoria）與絕望（dysphoria）一般天差地遠。

惡性壓力（distress）指的是有害的刺激，導致你更為衰弱、自信心低落，能力也降低。惡毒的批評、嚴苛不講理的上司，以及跌個狗吃屎，都是惡性壓力的例子，也都是我們想避免的。

相反地，大多數人或許從未聽過**良性壓力**（eustress）這個字。eu的字首在希臘文的意思是「健康」，就像euphoria的用法。不斷鼓舞我們超越極限的行為典範、消掉身體游泳圈的體能訓練、讓我們更大膽的風險行為，都是良性壓力的例子——壓力使人健康，並能刺激成長。

躲避外界批評的人終將失敗。我們要做的是避免惡毒的批評，而非一概不理。同樣地，如果沒有良性壓力，我們不會進步。如果我們能創造愈多良性壓力，或用於生活，我們可以更快實現夢想，而祕訣在於辨別兩者之間的差異。

新富族積極地消滅惡性壓力，也很努力尋找良性壓力。

問題與行動

1.「認清現實」或「負責任」的想法，如何阻礙你實現自己想要的生活？

2.做你「應該」做的事，如何讓你得到的經驗比平均更少，或是讓你後悔沒做其他的事？

3.看看你正在做的工作，問自己：「如果我做出跟周遭人相反的選擇，會發生什麼事？

如果我繼續做個五年、十年或二十年，我會犧牲掉什麼？」

【註釋】

5. 許多人認為不可能如此操控體重，所以我在www.fourhourblog.com提供了照片為證。千萬不要自行嘗試，在減重過程中，都有醫療人員監控我的健康狀況。
6. 〈活得快樂〉（《巴隆雜誌》，二〇〇六三月二十日，蘇珊．麥克基著）。
7. 401(k)和IRA都是美國的退休帳戶。雇主為雇員提撥一定比例的薪水到帳戶，並提供不同風險的投資管道投資退休金。
8. 瓊．瑞佛斯（Joan Rivers）是美國長青女主持人，也是成功的企業家，現年七十四歲。
9. 引用自《少即是多》，葛地安．凡德布洛克（Goldian VandenrBroeck）著。

3. 避開子彈

界定恐懼，擺脫麻木

「失足大多是因為站著不動造成的。」
——幸運餅乾

「說出恐懼，才能消滅恐懼。」
——尤達大師／《星際大戰：帝國大反攻》

巴西里約熱內盧

離懸崖只有六公尺。

「跑！跑啊！」漢斯不懂葡萄牙文，但他很清楚對方的意思——死命地衝。他的運動鞋重重踏在崎嶇的岩石上，縱身躍下九百多公尺的山谷。

踏出最後一步時，他停止呼吸，恐慌幾乎讓他失去意識。他的視線模糊，幾乎只剩一束光，然後……他飄了起來。當他發現上升氣流抬起他的身體與飛行傘，廣闊無垠的藍天乍然填滿視野，他的恐懼已經留在山頂。在幾百公尺的天空中，看著翠綠的雨林與科帕卡巴那的白色沙灘，漢斯．基林看到了人生的光。那天是星期天。

星期一，漢斯返回洛杉磯時髦的企業園區世紀市，走進他工作的律師事務所，立即提出辭呈。將近五年的時間，他總是以相同的恐懼按下鬧鐘：我還得再做個四十、四十五年嗎？有次他在處理一件沉重繁瑣的案子，做到一半，在辦公桌底打地舖，隔天早上睜開雙眼，繼續做相同的事。那天早上，他向自己做了一個承諾：再兩次，我就要走人。他飛去巴西度假之前，同樣情況已經發生第三次。

我們都會對自己做這樣的承諾，漢斯之前也是如此，但現在情況有所不同，他已經改變。當他慢慢地在空中繞圈，往地面降落時，他領悟到一件事——當你實際冒險後，會發現風險沒有想像中可怕。他的同事說的話正如他預期：你放棄了大好的前程。他的律師生涯正在起飛——他到底還冀望什麼？

漢斯不知道他到底想要什麼，但他已經嘗過上班族的滋味。另一方面，他很清楚知道什麼事會讓他無聊到想死，而他已經受夠了。不要再活得像行屍走肉，不想在飯局中與同事互相較勁誰的車最棒，不再因為購入ＢＭＷ新車而興奮不已，直到有人又買了部更貴的賓士。這種生活都結束了。

奇異的變化立即開始——漢斯感到平靜，也對自己所做的事感到滿足，這種感覺原是遙遠的記憶，現在再度回來。他過去一直很怕飛機亂流，彷彿害怕尚未享受人生就死去，但現在他能在飛機穿過暴風雨時一如嬰兒般熟睡。很奇怪吧。

一年多後，仍有法律事務所找他去上班，但他那時已經開了奈克斯衝浪店（Nexus Surf），位在熱帶天堂巴西的佛洛里亞諾波里斯市，是當地最佳的衝浪店。他也遇見他的夢中情人，是擁有焦糖般的甜美膚色，名叫塔蒂安娜的里約熱內盧女子。他大部分時間都在棕櫚樹下悠閒地度過，或是提供客人最棒的人生體驗。這就是他過去如此害怕的生活？

現在，他常常在來衝浪的上班族身上，看到過去鬱悶又過勞的自己。在等浪時，他們會情不自禁地高喊：「老天，我希望可以過跟你一樣的生活。」他的回答總是一樣：「你可以的。」斜陽映照在水面上，烘托出極富禪意的氣氛，傳達他深知的真理：這麼做並非將自己的人生之路無止境地暫停，如果他想，他隨時可以回頭繼續事業，但這個念頭幾乎不曾在他心中出現過。

在衝浪課程後，他們划回岸上，他的客戶回復原本的自我，重拾原有的姿態。一踏到岸上，現實的利牙又咬住他們：「我想這麼做，但我沒辦法拋開一切。」他忍不住笑了。

悲觀的力量：定義噩夢

「行動不一定會帶來快樂，但沒有行動，不會有快樂。」

——前英國首相班哲明・狄斯雷利

做或是不做？試或者不試？大多數人都會說不，不管他們自認勇敢或膽小，不確定和失敗的可能性在陰影中發出的雜音總是很可怕。大多數人寧願選擇不快樂，好避開不確定。多年以來，我設定目標，下定決心改變人生走向，但毫無作為。我跟世上其他人一樣害怕，一樣沒安全感。

四年前，我意外的得到簡單的解答。那時候，我賺的錢多到不知該怎麼花——我每月約賺七萬美金，卻落入畢生中最悲慘的境地。我沒有自己的時間，工作到快累死。我創辦了自己的公司，卻發現要賣掉這間公司是不可能的事。喔，慘了。我覺得自己很笨，覺得掙脫不了，但我又認為我應該能找到出路。為什麼我那麼白癡？為什麼我不能實現我的理想？振作起來，不要再像個（填入任何髒話）！我哪根筋不對？事實是，我沒有不對。我沒有達到個人顛峰，只是已經達到事業類型的極限。駕駛不是問題，車子才是。

在草創時期犯下的錯誤讓我永遠無法賣掉公司，就算我雇用魔法精靈，將自己的腦袋連上超級電腦，都不會有任何差別，我的小寶貝天生就有嚴重的缺陷。因此，我的問題變成：我要怎麼擺脫這個突變怪物，讓它自行運作？我要怎麼扳開工作狂的束縛，克服如果我不一天工作十五小時，公司就會四分五裂的恐懼？我做出決定，我應該去旅行，休一場環遊世界的長假。

所以，我去旅行了，不是嗎？嗯，之後我會說到這部分。首先，我覺得自己應該先花六個月的時間，在恥辱、難堪與憤怒的感受間猶疑，同時像跳針般無止境地想著：為什麼我一直無法拋開一切，實現夢想中的旅程？我這段時期可真有生產力。

有一天，因為我福至心靈地想像未來還要承受多少折磨，有個寶貴的想法在心中油然升起。這一刻絕對是我的「禁止快樂，務必擔心」階段的高潮：為什麼我不乾脆讓噩夢，也就是因為這趟旅行而引發的最糟狀況發生？

當然，如果我跑去國外，我的事業可能會完蛋，而且機率頗高。也許會有封存證信函意外地沒有轉寄到我的新地址，導致我可能被告，我的公司可能會被查封。我想像自己憂鬱孤獨的在愛爾蘭某個荒涼的海岸抓腳，或許還在冰冷的風雨中痛哭，而存貨慢慢在貨架上腐壞。我的帳戶存款可能會爆減百分之八十，而我在車庫的汽車和重型機車一定會被偷。我猜當我餵剩菜給流浪狗時，大概還會有人在大樓陽台上吐口水到我頭上，而流浪狗可能會被我嚇到，一口咬在我臉上。神啊，人生真是場殘酷、艱苦的爛仗。

克服恐懼＝定義恐懼

「空出幾天，滿足於粗淡、低廉的飲食，穿著最粗糙的衣服，同時自問：『這就是我害怕的生活嗎？』」

——塞尼加

然後，奇怪的事發生了。當我不惜一切想讓自己更悲慘時，我的想法居然意外地豁然開朗。在界定我的噩夢，想像最糟的情況後，我推開了未知的不安、莫名的焦慮，我已經不那麼恐懼旅行。突然間我開始思考，如果所有麻煩都接踵而來，我能採取哪些簡單的步驟，挽回我剩餘的資源，好重回正軌？如果真的有必要，我可以暫時去當酒保付房租，或賣掉一些家具，減少外出用餐的花費。每天都有幼稚園園童經過我的公寓，我也可以偷他們的午餐錢。有很多選擇。我領悟到，要回到原點沒那麼困難，而要生存更是簡單。這些情況都不足以致命——還差得遠呢，不過是人生旅程的幾個小坑洞罷了。

我發現若以一到十的量表來說，一是一無所有，十是人生永遠改變，而我所謂的最恐怖噩夢，頂多只有三到四的短期衝擊。我相信這點適用於大多數人想像中的「靠，我的人生完蛋了」慘劇。請記住，真正的夢魘會發生的可能性只有百萬分之一。另外，我也了解到我的最佳劇本，或是有可能發生的劇本，都會對我的人生產生九或十分的永久改善。

換句話說，我冒的風險是暫時性的三到四分，不太可能造成永久傷害，卻極可能得到九或十分的永久改善，而且，如果我想的話，只要再多做點工作，就能輕易回復原有的工作狂監牢。這讓我推出一個重要的結論：風險基本上並不存在，只存在人生好轉的潛在可能，而我可以繼續原有的事業，只需再投入以前投入的精力即可。

就在此時，我下定決心起程，買了一張單程機票到歐洲。我開始計畫我的冒險，卸掉身心的包袱。我想像中的災難一件也沒有發生，我的生活自此之後幾乎有如童話故事。我的生意愈做愈好，我用盈餘支付環遊世界十五個月的愜意之旅時，根本就忘了工作的事。

揭露偽裝成樂觀的恐懼

「悲觀者說：『已經沒救了，做什麼都沒用。』而樂觀者說：『什麼都別做，一切都會好轉。』這兩種看法根本沒有不同，因為什麼也不會發生。」

——伊凡・邱納德[10]／巴塔哥尼亞運動服飾公司創辦人

恐懼有許多形式，而我們通常不稱其為恐懼。恐懼的本質令人害怕。世界上最有智慧的人會將恐懼妝點成其他模樣：樂觀的自我欺瞞。

許多不肯辭掉工作的人，總巴望他們的境遇會隨著時間或收入增加而改變。當工作只是無聊或缺乏成就感，而非煉獄時，這點似乎有效，而且也是個很誘人的幻想。煉獄般的生活會迫使你行動，但其他較輕微的狀況，只要能睿智地稍加合理化，就可以忍受。

你真的認為情況會改善？這會不會是你一廂情願的想法，頂多是不願改變的藉口？如果你充滿自信，認為絕對會改善，你會這麼質疑你的生活嗎？通常不會，你只是將對未知的恐懼偽裝成樂觀罷了。

你現在的情況比一年前、一個月前或一週前好嗎？

如果沒有，可見情況不會自行改善。如果你還在愚弄自己，立刻停止，開始計畫跳脫出現在的牢籠。別以為你會英年早逝，你的人生還很長。如果期待中的救贖沒有成真，朝九晚五地工作四到五十年，實在是久甏了，換算起來，大約是奮力工作五百個月。

你還要工作多久？或許到了你該設定停損點的時候。

奢華的生活

「你過得很舒適，但毫無樂趣。別跟我說這跟錢有關。我說的樂趣跟錢無關，這是買不到的，是給不畏艱難的人的回報。」——尚．考克多／法國詩人、小說家、拳擊經紀人與製片家，他參與的創作激發了「超現實主義」一詞的出現

時間點有時就是很完美。幾百輛車在停車場轉來轉去時，有人剛好從離入口三公尺遠的停車位開出來，而你剛好開到他的車尾旁。簡直是耶誕夜奇蹟！

其他時候，時間點可以再好一點。做愛時電話響起，似乎響半小時也不罷休，十分鐘後，快遞員也上門了。糟糕的時間點會毀掉興致。

尚馬克．哈希懷抱著熱忱的服務心態，前去西非當志工。從這點來看，他的時間點很棒。他在一九八〇年代早期抵達迦納，政變正值沸沸揚揚，通貨膨脹達到頂點，還遇到十年來最嚴重的旱災。若考慮這幾點，從比較自私的自保觀點來看，有些人會認為這個時間點糟透了。

尚馬克也錯失了一些資訊。迦納國人的餐點有了改變，而且志工團的奢侈物資已經沒了，像是麵包和乾淨的水。他這四個月的時間，必須靠玉米粉和菠菜糊的混合物過活，這可不是我們大多數人會在電影院點的餐。

「哇，我還是活下來了。」

尚馬克來不及回頭，但不要緊。花了兩週適應早餐、中餐和晚餐（迦納菜糊）後，他

已經不想逃走。基本維生的食物與好朋友其實是唯一的必需品，外人看起來像是災難的生活，卻讓他畢生首次悟出最肯定人生的光明想法：最糟的狀況其實沒有那麼糟。要享受生活，並不需要不必要的奢華物質，但你需要控制自己的時間，並明白大部分的事情沒有你想的那麼糟。

現在尚馬克四十八歲，住在安大略一間舒適的屋子裡，但即使沒有屋子，他也能過活。他有錢，但就算明天破產，他也無所謂。他最懷念的回憶仍包括那時的朋友與吃著迦納菜糊的生活。他努力為自己與家庭創造難以忘懷的時刻，完全不在意退休。他已經過了二十年半退休、身體健康的舒服日子。

不要將人生留在最後，你有千百萬種不這麼做的理由。

問題與行動

「我是個老頭子，知道世上有不少麻煩，但大多數都沒發生。」

——馬克・吐溫

如果你對採取行動依然猶豫不決，或是因為害怕未知的狀況，而不斷拖延。這裡給你一帖妙方。寫下你的答案，記住：想太久其實不怎麼有用，也不會想出什麼，倒不如隨手寫下任何念頭。直接寫下，不要刪改——以量為目標。每題花幾分鐘作答。

1.**界定你的噩夢，寫下如果你做了你考慮要做的事，會發生的最恐怖狀況。**在你想著可以做一番大改變時，哪些疑慮、恐懼與「萬一」的念頭會冒出來？仔細想像所有細節。那會是人生的末日嗎？用一到十的量表回答：如果會造成長久的衝擊，衝擊有多大？這些影響真的那麼長久嗎？你認為這些事會發生的可能性有多高？

2.**你能夠採取什麼步驟彌補傷害，或是讓事態好轉，即使只是暫時的？**方法幾乎都比你想像中的簡單。你要怎麼讓事態重回掌控？

3.**在比較可能發生的局面下，會出現什麼暫時和長久的結果或好處？**現在你已經界定了噩夢，會出現哪些比較可能或確定的結果，無論是內在的（自信、自尊等等）或外在的結果？以一到十的量表評估作答，這些較可能出現的結果會帶來什麼影響？促成還算不錯的結果的可能性有多高？沒你聰明的人是否也做過一樣的事情，而且成功？

4.**如果你今天被開除，你會做什麼事，避免財務出狀況？**想像這個情境，再次回想第一到第三個問題。如果你辭掉工作，去嘗試其他可能的方向，萬一你不得不回來，你要如何回到原來的事業軌道？

5.**你因為恐懼而拖延了什麼？**一般而言，我們害怕做的事是我們最需要做的事。要打的電話、要展開的對話，不管你要採取的行動是什麼——恐懼未知的後果，會阻止我們做必須做的事。界定最糟的狀況，接受它，做你該做的事。我要再強調一次，或許你該把這刺在額頭上：「我們害怕做的事是我們最需要做的事。」我聽過有人說，成功的人生通常能以一個人願意主動開始的不自在對話次數界定。每天下定決心做一件你害怕的事。不斷找明星與商場知名人士，請他們提供建議，已成了我的習慣。

6. **延後採取行動，對你造成什麼代價——包括經濟、情緒和健康等方面？**不要只評估採取行動後的潛在風險，評估不行動的駭人成本也同樣重要。如果你不去追求能讓你開心的事物，在一年、五年、十年後，你會在哪裡？如果任憑外在環境拘束你，在你有生之年，繼續做十年缺乏成就感的工作，你會有什麼感受？現在我們將風險重新定義為「無法取消的負面結果發生的可能性」，如果你能預見十年後的你，百分之百確信這是一條失望和悔恨的路，就會發現，不行動才是最大的風險。

7. **你還在等什麼？**如果你無法以前文推翻的時間點概念來回答這個問題，那麼答案很簡單：你很害怕，就像世上其他人一樣。評估不行動的代價，明瞭大多數的失足慘劇不太可能發生，而且也能修補，進而發展出卓越人士最重要的習慣，也是他們最喜歡做的事：行動。

[註釋]

10. www.tpl.org/tier3_cd.cfm?content_item_id=5307&folder_id=1545。

4. 重設系統

不講理也不含糊

「麻煩你告訴我，我該挑哪一條路走？」「這要看妳想去哪。」貓說。

「我不在乎……」愛麗絲說。「那妳要走哪都不打緊。」貓說。

——路易斯．卡洛爾／《愛麗絲夢遊仙境》

「講理的人會適應這個世界，不講理的人則堅持要世界適應他。因此，文明的進步都要靠不講理的人。」

——蕭伯納／《改革者箴言》

二〇〇五年春天／紐澤西普林斯頓

我得賄賂他們，不然還有什麼選擇？

他們在我身旁圍成一圈，雖然他們的名字都不同，但問的問題都一樣：「挑戰是什麼？」所有目光都集中在我身上。

我在普林斯頓大學的課程才剛在學生的熱情與積極參與中結束。我知道大多數學生離開課堂後，會立刻做出與我的教導背道而馳的事。大多數人一週會工作八十小時，成為高薪的咖啡侍者，除非我能將課堂上教的原則實際示範在生活上。

因此才有挑戰。

我提供一張來回機票，可以去世界任何地方，只要以最讓人讚賞的風格完成一項條件寬鬆的「挑戰」，就能獲得這張機票。除了結果外，還要有格調。我要有興趣的人下課後過來談談，他們現在聚在我面前，全班六十位學生，有二十位躍躍欲試。

任務的目的是測試他們的自在極限，同時強迫他們運用我教的一些策略。內容很簡單：聯絡到三位看似遙不可及的名人——珍妮佛．羅培茲、比爾．柯林頓、沙林傑[11]都可以，我不管是誰——但至少要請到一位名人回答三個問題。

對著免費的全球之旅流口水的二十位學生，有幾位完成挑戰？

實際數字是……零。一個也沒有。

藉口很多：「要找到人沒那麼簡單……」「我要交一份分量很重的報告……」「我很想完成，但我找不到門路……」其實，真正的理由只有一個，以許多不同的字眼一再重複：這是個困難的挑戰，甚至可說是不可能，也許會有其他學生勝過他們。因為所有人都高估了這場競賽的難度，最後甚至沒人出現回覆結果。

根據我立下的規則，只要有人給我一小段模糊不清的回答，我就得乖乖送出獎品。這個結果既讓我嘖嘖稱奇，也讓我感到沮喪。

隔年，結果有些不同。

我向挑戰者說了去年的故事警示他們，結果十七位中有六位在四十八小時內完成挑戰。這一班的學生比較厲害嗎？事實上，並不是。第一年的班級裡有許多更有能力的學生，但他們什麼也沒做。爆發力十足，卻缺乏引信。

第二組學生不過是接受了我在挑戰開始前說的一課，那就是……

不實際的事做起來比實際的簡單

第二組學生有人聯絡上億萬富翁，也有人與名流並肩同席，只要相信自己能做到，事情就很簡單。

高處不勝寒。世界上有百分之九十九的人深信自己無法有偉大的成就，因此以平庸為目標。因此，「實際的」目標反而競爭激烈，最耗時又費力。募集千萬美金比百萬美金簡單、在酒吧搭上滿分的美女，比搭上五位八十分的女孩簡單。

你覺得很沒安全感嗎？事實上，其他人也是，不要高估競爭，也不要低估你自己。你比你想像中的還優秀。

不合理的和不實際的目標比較容易達成，還有一個理由。

擁有無比宏遠的目標，能夠刺激腎上腺素分泌，也讓人更有抗壓性，好面對實現目標時不免會遇到的試煉與磨難。偏於實際的目標將野心限制在一般的眼界，既平淡無奇，也只能激勵你克服第一或第二道問題，在那之後你就會舉白旗投降。如果潛在的利益只有中等或一般，你投入的努力也會是如此。我願意撞穿牆壁，只求得到環遊希臘小島的遊艇之旅，但我可能不願意換掉我的早餐穀片品牌，以贏得俄亥俄州哥倫布市的週末假期。如果因為後者比較「實際」而選擇去哥倫布，就算只要跳過最低的障礙就能達成目標，我也可能意興闌珊，但想到美麗清澈的希臘海洋，以及香醇的美酒，我便願意奮戰實現，因為那是很值得的夢想。即使這兩項目標的達成難度，分別是最難的十和輕鬆的二，哥倫布市的目標也比較可能落空。

釣魚的最佳地點是最少人去的地方，當其他人只以安打為目標，球場中共同的不安感則能讓你輕鬆擊出全壘打。大目標的競爭總是少一點。

要做大事之前，要問正確的問題。

你想要什麼？先換個更好的問法

大多數人畢生都不知道他們想要什麼。我不知道我想要什麼，但是，如果你問我在未來五個月想學哪種語言，這我倒知道。這是明確與否的問題。「你想要什麼？」這問題太模糊，無法得到具有意義、能夠追求的答案。別問這個問題。

「你的目標是什麼？」同樣讓人困惑不清。要重新措辭，我們必須退開幾步，看看事情的全貌。

假設我們有十個目標，而我們要達成這些目標——什麼樣的結果是我們想要的，讓我們覺得付出的一切很值得。最常見的回答，也是我五年前可能會說的答案：快樂。我已經不相信這是個好答案。快樂可以用一瓶酒換到，而且因為過度濫用，意思已趨於含糊。有個比較明確的說法，可以反映我心目中真正的目標。

待我說來。快樂的相反是什麼？悲傷嗎？不是。就像愛與恨是一體的兩面，幸福與悲傷也是如此。因為快樂而喜極而泣，正是一個完美的例子。愛的反面是漠然，而快樂的反面則是——這才是關鍵——無聊。

興奮是比較實用的快樂同義詞，而這正是你該努力追求的，這是萬靈丹。如果有人建議你跟著「熱情」或「感覺」走，我想他們說的其實是相同的單一概念：興奮。

繞了一圈，回到我們該問的問題，我們不該問「我想要什麼？」或「我的目標是什麼？」而是「什麼事會讓我興奮？」

成人期發病的ADD病症：冒險力缺乏症候群[12]

在你大學畢業後，換了第二份工作之前，會有段合唱不斷在你的內心響起：實際點，別再裝了，人生可不是電影。

如果你只有五歲，說你想當太空人，你的父母會告訴你，你能成為任何你想當的人。這麼說沒什麼害處，就像告訴孩子耶誕老人存在一樣。如果你二十五歲，向父母宣布你要組一個馬戲團，他們的回應會大不相同：實際點，去當律師、會計或醫生，生幾個孩子，把他們養大，重複相同的人生循環。

舉例來說，假如你有辦法忽略質疑自我的聲音，自行創業，ADD仍然不會消失，它只是變成不同的樣子。

我在二〇〇一年創辦迅思有限公司時，設下了明確的目標：每天賺進一千美金，不論我那天是拿電腦狂敲頭，還是在海灘上剪指甲也一樣。公司本該是自動進帳的賺錢機器，但如果你看了我的病史，隨即就能發現，雖然我有賺到所需的收入，但這個目標直到我豁出去後才成真。為什麼？因為目標不夠明確。我沒有界定能夠取代原有工作量的替代活動，因此，即使沒有經濟需要，我還是得繼續工作。我需要覺得自己有生產力，卻缺少經營的手段。

這說明了為什麼許多人會工作至死：工作到有了多少多少錢後，我就會做想做的事。如果你沒有界定「我想要的」替代活動，你想要的金額會無限增加，以躲避空虛帶來的不確定與恐懼。

員工與創業家就是在此時變成開著紅色BMW的胖子。

開著紅色BMW敞篷車的胖子

我的人生有幾個時刻（其中一個是我被真善公司開除之前，還有在我逃離美國，以免我有天拿著烏茲衝鋒槍掃射麥當勞之前），我覺得自己未來會成為另一個大胖子，開著因為中年危機而買的ＢＭＷ。只要看看那些年紀比我大十五、二十歲的同行，不論是在相同產業的業務主管或創業者，就知道我的未來，我被嚇壞了。

我的恐懼十分強烈，而胖子的影像完美地投射這種恐懼，因此，這成了我自己和道格拉斯．普萊斯互相警戒的例子。道格拉斯是生活方式設計的同好，也是創業家，他和我在這條人生道路上，已經走了將近五年。我們面對相同的挑戰與自我懷疑，因此能看清彼此的心理弱點。我們的低潮期似乎不會重疊，讓我們成為最佳拍檔。

如果我們之中有人放低視野，失去信心，或是「接受現實」，另一個人就會透過電話或電子郵件，扮演匿名戒酒聚會的輔導人：「老兄，你要變成開著紅色ＢＭＷ敞篷車的禿頭胖子嗎？」這個想法太可怕了，所以我們都會振作起來，重拾原有的目標，立即重回正軌。最糟的可能性不是車毀人亡，而是接受現狀，忍受無止境枯燥無趣。

記住——無聊才是敵人，而非抽象的「失敗」。

修正方向：變得不實際

我一直以想像開ＢＭＷ的胖子抬起醜陋大頭的方法，來重燃生命熱情，或是修正方向。不管形式有何差異，我在世界各地遇見的許多卓越新富族，都使用相同方法：夢想的時間表——之所以如此命名，是因為時間表的標示區塊都是大多數人懷抱的夢想。

這有點像設定目標，但有幾項基本的差異：

1. 將目標從模糊的渴望變為明確的步驟。
2. 目標必須不切實際，才能有效達成。
3. 著重在擺脫工作之後，能充實空閒時間的活動。想活得像百萬富翁，就得做些有趣的事，而不是擁有讓人欣羨的物品。

現在輪到你拓展思考版圖了。

如何讓老布希或Google執行長接你的電話

以下這篇題為〈更成功地失敗〉的文章，是由亞當．哥德斯菲德執筆，探討我如何教導普林斯頓的學生聯繫上知名的商業大師和各領域名人。我做了一點編修。

許多人愛用「有關係就沒關係」的老生常談做為不行動的藉口，彷彿成功人士生下來就交到權高位重的朋友。胡扯。以下是一般人如何建立超凡的社交網絡的故事。

更成功地失敗

亞當．哥德斯菲德／著

大多數普林斯頓學生喜歡等到最後一刻才寫學科期末報告。來自洛杉磯，二〇〇七年入學的萊恩・馬里南也不例外。但當大多數大學生忙著更新臉書動態或是在YouTube看影片時，馬里南正在與蘭迪・柯米薩往返電子郵件，討論禪宗的曹洞宗門派。蘭迪是知名的克雷納拜爾創投公司（Kleiner Perkins Caufield and Byers）的合夥人。馬里南也透過電子郵件詢問Google的總裁艾瑞克・施密特，何時是他人生最愉快的時刻。（施密特的回答是：「明天。」）

在和蘭迪通信之前，馬里南從未跟蘭迪有任何聯繫。由於施密特是普林斯頓大學董事，馬里南曾經在十一月的董事會教務會議跟施密特有一面之緣。馬里南自稱自己「天性害羞」，要不是提姆・費里斯的課（提姆主動向史邱教授提議，要在他的高科技創業課程客座一次），他絕對不會膽敢隨機寄電子郵件給矽谷的兩位權重人士。費里斯向馬里南及其他四年級生下戰書，要他們聯繫高知名度的名人及執行長，問這些人自己一直想問的問題。

為了提高誘因，費里斯承諾，聯絡到最難聯絡的名人，且問了最難回答的問題的學生，可以獲得去世界任何一地的來回機票。

「我相信成功可以用你願意承受的破冰對話次數來衡量。我認為如果我能幫助學生克服他們的破冰電話或電子郵件會慘遭拒絕的恐懼，這一課將對他們一生受用無窮。」費里斯說。「你很容易低估自己，但當你看到自己的同學獲得重要人士的回應，如前總統老布希、迪士尼、康斯特網路集團（Comcast）、Google和惠普的執行長，以及數十位難以聯繫的人士，會逼迫你考慮不再自我設限。」……費里斯每學期都會教授高科技創業課的學生，如何創設公司及設計理想的生活型態。

「我天天都在參與這項競賽，」費里斯說。「我每次都這麼做：盡可能找到私人的電子信箱，一般是在他們鮮有人知的個人部落格找到，寫一封兩段或三段的郵件，解釋說我很熟悉他們的工作，然後問一個跟他們的工作或人生哲學相關的問題，這個問題必須容易回答但又很有啟發性。這封信的目標是開啟對話，好讓他們願意花時間回覆未來的來信，不是要請他們幫忙。只有在跟對方信件往返至少三、四次後，才能提出請求。」

套用馬里南的說法，他依照「費里斯的標準流程」，跟蘭迪建立起友誼。在寄給蘭迪的第一封信中，馬里南提及他讀過蘭迪在《哈佛商業評論》的一篇文章，受到激發，想問他「何時是他人生最快樂的時光？」因為蘭迪的回信提及藏傳佛教的概念，馬里南回覆「正如同文字無法描述真正的快樂，我也無法用文字表達我的感激。」他附上自己翻譯的曹洞宗前歐洲道主弟子丸泰先的法文詩，建立起和蘭迪的通信關係。蘭迪甚至在幾天後寄給馬里南《紐約時報》一篇談論快樂的文章。

聯繫施密特的難度更高。對馬里南來說，最困難的部分是取得施密特的私人電子信箱。他寄電子郵件詢問一位普林斯頓的院長，但沒收到回音。兩週後，他再寄信給同一位院長，向院長說明他之前見過施密特。院長拒絕，但馬里南不肯放棄。他寄給院長第三封信，詢問：「妳難道不曾破例嗎？」最後，院長放棄，給他施密特的電子信箱。

「我知道我有些同學靠亂槍打鳥，成功了幾次，但這不是我的作風，」馬里南解釋他為什麼這麼堅持。「我對於拒絕的應對方式是堅持不懈，不是另找門道。我的偶像貝克特曾說：『嘗試過，失敗過，都沒關係，再試一次，再次失敗，更成功地失敗。』這句話是我的座右銘。以不斷更成功地失敗的勇氣，挑戰不可能的目標，最終達成的結果將會超出想像。」

納森・卡普蘭是另一位參賽者，他對於他聯繫上前紐華克市長沙普・詹姆士的途徑感到相當自豪。因為詹姆士曾經贊助黑人民權領袖艾爾・夏普頓的競選活動，www.fundrace.org刊登了詹姆士的私宅地址。卡普蘭將詹姆士的地址輸入以地址搜尋電話的線上資料庫，取得前市長的電話。卡普蘭留下一則給詹姆士的訊息，幾天後終於能問他關於兒童教育的問題。

費里斯對於學生投入此競賽的心力感到很驕傲。「一般人都能做到令人敬佩的事，」他說。「有時候他們只是需要一點激勵。」

問題與行動

「人類存在的空洞主要是以無聊的狀態呈現。」

——維克多・弗蘭克／奧斯威辛集中營生還者、意義治療法的創始人，與《活出意義來》作者

「人生苦短，何苦委屈。」

——班哲明・狄斯雷利

夢想時間表很有趣，而且也很難。愈困難，代表你愈需要。為了節省時間，我推薦使用www.fourhourblog.com的自動計算機與表格。在完成以下步驟後，參考後面的工作表範例。

一、如果完全不會失敗的話，你會選擇做什麼？假如你比其他人還要聰明十倍，你又會做什麼？

創造兩個時間表，分別包含六個月和十二個月，依序列出你夢想擁有的五件事物（不限於物質欲望，如屋子、汽車、衣服等等），成為什麼樣的人（厲害的廚師、講流利的中文等等），以及做什麼事（去泰國旅遊、去海外尋根、賽鴕鳥等等）。如果在某些類別，你想不出自己想要什麼，其實許多人都是如此，那就想想你討厭或害怕的每件事，並且寫下相反的事。不要限制自己，不要想著如何達成，現在這並不重要。這個練習可以釋放你的壓抑。

不要評價或是愚弄自己。如果你真的想要法拉利，不需因為罪惡感，而寫下解決世界饑荒的願望。對有些人而言，他們的夢想是名氣，對其他人而言，則是財富或權勢。所有人都會有惡習和不安全感。如果有任何事可以提升你的自我價值，請寫下來。我擁有一輛重型機車，除了因為熱愛速度，這輛車也讓我覺得自己很酷。這樣做一點錯也沒有。老實寫下你的願望。

二、一片空白嗎？

儘管不斷抱怨眼前阻礙實現夢想的工作，大多數人卻難以明確形容自己的夢想，特別是

「做」的這個類別。若是如此，想想這幾個問題：

1. 如果你的帳戶內有一億美金，你平常想做什麼？
2. 什麼事會讓你很興奮地迎接新的一天到來？

不要急著回答——先想幾分鐘。如果還是沒有頭緒，填寫幾個關於「做」的問題：

- 想去旅遊的一個地方
- 在死前要做的一件事（回味一生的回憶）
- 每天做的一件事
- 每週做的一件事
- 你一直想學的一件事

三、「成為」想要成為的人，需要做什麼事？

將「成為」轉換為「做」，讓目標變得可行。找出一項代表這個角色的行動，或是代表你達成目標的一項任務。一般人通常覺得想出「成為」什麼樣的人比較簡單，但這一欄是幫助你想出「做」什麼行動的輔助欄位。以下是幾個例子：

厲害的廚師↓獨力烹飪耶誕大餐

講流利的中文↓與中國同事進行五分鐘的中文對話

四、哪四個夢想可以改變一切？

使用六個月的時間表，打上星號或標出欄位中最刺激和／或重要的夢想。你也可以使用十二個月的時間表，重複這個程序。

五、決定這些夢想的代價，計算兩個時間表的目標月收入。

如果經濟能負擔，每個月需要多少花費支撐每個夢想（房租、貸款、分期付款等等）？將收入與支出換算成每月的現金流動（收進多少錢，付出多少錢），而不是加總計算。很多東西經常比我們想像中更便宜。舉例來說，嶄新的藍寶堅尼葛洛多史派德跑車，總價是二十六萬美金，可以月付兩千八百九十七點八元美金購得。我在eBay上找到我最愛的車款奧斯頓馬汀DB9（Astin Martin DB9），已經跑了一千六百公里，月付的錢從全新的十三萬六千元，降為兩千零三點一元。來個環遊世界之旅吧，從洛杉磯→東京→新加坡→曼谷→德里（或孟買）→倫敦→法蘭克福→洛杉磯，只要一千三百九十九美金。

對於這些費用，第十四章結尾的「工具與訣竅」會有更多講解。

最後，計算若想實踐你的夢想時間表，目標月收入要達到多少。做法如下：首先，加總A欄、B欄和C欄，只計算選定的四個夢想。接著，將月支出乘以一．三（一．三代表你的支出費用，並增加百分之三十的緩衝，作為保障或儲蓄）。得出的總和是你的目標月收入，在讀本書時，隨時提醒自己這個目標。我喜歡將這個數字除以三十，便能得到我的目標日收入。我認為有每日的目標，比較好達成。本書的官方網站線上計算機會幫你計算，輕鬆完成這個步驟。

夢想時間表範例

在未來六個月，我夢想能：

步驟一：擁有

1. 奧斯頓馬汀DB9 *
2. 古董圍棋棋盤
3. 個人助理 *
4. 完整劍道裝備
5.

步驟五：成本

1. $2003/月
2.
3. $5/小時 × 80= $400
4.
5.

A= $2403

目標月收入

A+B+C+(1.3×月支出) =

月收入：$3337 + ($2600)= $5937

÷ 30

=

日收入：$197.90

步驟二：成為

1. 筋骨柔軟的人 →
2. 暢銷作家 * →
3. 講流利希臘文的人 →
4. 厲害的廚師 →
5. →

步驟四：做

1. 能夠劈腿
2. 每週賣出兩萬本書
3. 與希臘人進行十五分鐘的對話
4. 為六個人烹飪感恩節晚餐
5.

步驟五：成本

1.
2. $0（找三位不支薪的實習生聯絡媒體，不用花自己的時間）
3.
4.
5.

B= $0

現在採取的步驟

1. 找到展示間，預約試駕
2. 在三個主要網站刊登求才廣告
3. 寄給這兩到三年間的五位暢銷作家三個問題
4. 瀏覽觀光網站，找到最佳觀光季與必做的五件事

步驟三：做

1. 賣出一個電視節目
2. 去克羅埃西亞的海岸旅遊 *
3. 找到聰明美麗的女朋友
4.
5.

步驟五：成本

1.
2. 來回機票$514、住宿費$420
3.
4.
5.

C= $934

明天的步驟

1. 試駕
2. 分配給前三位應徵者一到兩小時的任務
3. 依照答案制訂計畫（行銷／公關）
4. 花三週研究機票與住宿問題，邀請朋友同行

後天的步驟

1. 決定車型、配備等細節
2. 選擇最佳人選，每週分配二十小時的工作
3. 寄發徵求實習生的電子郵件給臨近大學的英語系
4. 訂票（即使朋友拒絕，也要訂自己的票）

在未來____個月，我希望能：

目標月收入

A+B+C+(1.3×月支出)=

月收入：

÷30

=

日收入：

步驟一：擁有
1.
2.
3.
4.
5.

步驟二：成為
1.
2.
3.
4.
5.

步驟三：做
1.
2.
3.
4.
5.

步驟五：成本
1.
2.
3.
4.
5.

A=

步驟四：做
1.
2.
3.
4.
5.

步驟五：成本
1.
2.
3.
4.
5.

C=

步驟五：成本
1.
2.
3.
4.
5.

B=

現在採取的步驟
1.
2.
3.
4.

明天的步驟
1.
2.
3.
4.

後天的步驟
1.
2.
3.
4.

算出的數字幾乎都會低於你的預期，你愈將「擁有」的東西交換一生一次的「做」，數字就會不斷降低，而機動性也會助長這股風潮。即使總金額很嚇人，也不用煩惱。我協助過學生在三個月內，每月收入都能增加一萬多美金。

（造訪www.fourhourblog.com下載大張的可列印表格，以及使用線上計算機。）

夢想時間表的計算——另一個好選擇

計算每月和單次的目標的方式有很多種。我使用你的奧斯頓馬汀、個人助理的月薪、克羅埃西亞海岸之旅當例子。前兩項應該算出總費用，然後分攤至你每個月的目標收入。克羅埃西亞海岸之旅的費用應該除以從現在到起程的夢想計畫時間。

因此，若你的夢想時間表為六個月長：

奧斯頓馬汀＝每月二〇〇三美金

個人助理＝每月四〇〇美金

克羅埃西亞之旅＝總共九百三十四美金，因此是九三四除以六個月

本書的夢想時間表上的算式為：（2003+400+934）×1.3倍月支出＝目標月收入

但我認為應該是：（2003+400+934）÷6×1.3倍月支出＝目標月收入

如果寫成公式，就是：〔每月目標＋（單次目標／計畫達成時間）×1.3倍月支出〕＝目標月收入。

傑瑞德／SET顧問公司總裁

六、分別決定四個夢想在六個月內實現的三個步驟，現在就開始採取第一個步驟。

我不太相信長期規劃與遙遠的夢想。事實上，我通常設定三個月和六個月的夢想時間表。未來的變數太多，而且遙遠的未來可能成為拖延行動的藉口。因此，這個練習的目的不是列出從開始到結束的每個步驟，而是界定最終的結果，以及達成目標所需的工具（目標月收入與日收入），激勵你跨出關鍵性的第一步。跨出那一步後，剩下的就是調整時間，並達到目標月收入。在下一章，我會詳盡說明達到目標月收入的方法。

首先，先專注在關鍵性的第一步。界定能夠幫助你實現夢想的三個步驟，設定現在、明天（在早上十一點前完成）與後天（也在早上十一點前完成）要進行的簡單、定義精確的行動。

如果你已分別為這四個目標立下實現的步驟，就開始填「現在」欄位的三個行動。現在就執行，每個行動都要夠簡單，能在五分鐘內完成。如果不行，就換成更簡單的行動。如果已是半夜，你沒法打電話，那就做其他事，像是發電子郵件，將電話留到明天一早再打。

如果下一步是做相關研究，聯絡知道答案的人，不要花太多時間在書上或網路上，因為這麼做可能會讓你從無為大師變成分析大師。依我之見，最佳的第一步是找到做過相同事的人，詢問對方怎麼做到，這其實沒那麼難。

其他方案包括找訓練師、專家或業務人員，跟他們見面或通電話。你能安排一場萬一取消，會讓你覺得內疚的個人課程或會面嗎？用罪惡感驅策你自己。

「明天做」會變成「再也不做」。不管你定下的任務多小，現在就踏出第一步！

自在感挑戰

最重要的行動總是讓人不自在。

幸好，你還是有辦法習慣，進而克服不自在的感覺。我成功訓練自己提出解答，而非尋找解答；尋求我想要的回應，而非被動等待反應；態度堅定，但不會因此翻臉。要有不同於凡俗的生活型態，你就得培養出不同於凡俗的決策方式，為你自己，也為他人決策。

在這一章後，我會帶你做各種簡單的小習題，挑戰你的自在感，一關比一關困難。有些習題看似簡單，而且毫不相關（例如下一個），等到你真的親身演練後，才知道事實不是如此。將這些習題當作遊戲，緊張流汗是理所當然的——這是目的所在。大多數習題需要兩天時間，在日曆標上做習題的日子，免得忘記，還有避免同時做一項以上的自在感挑戰。

記住：提升自在感的極限與達成你要的目標，兩者間有直接的關聯。

現在開始吧。

學習凝視（兩天）

我的朋友麥克．艾斯柏發明了一個單身聯誼活動，叫做「默默凝視」，這跟快速約會類似，但是有一點根本的差異——不准說話。與會者必須直視同伴的雙眼三分鐘。如果你參加了這樣的活動，就會明白大多數人有多不習慣持續直視他人。接下來兩天，練習凝視別人的眼睛，不管是路人還是與你談話的人，直到他們移開視線為止。提示：

1. 專注在單眼上，記得要偶爾眨眼，免得看起來像變態，或是被痛扁一頓。
2. 說話時仍要保持眼神接觸，通常聆聽時比較容易保持眼神接觸。
3. 與比你高大或是比你有自信的人練習。如果有路人問你：「你他媽的瞪什麼瞪？」只要微笑說：「抱歉，我以為你是我認識的人。」

【註釋】

11.《麥田捕手》的作者，作風神秘，長期隱居。

12. ADD一般是指兒童患有的「注意力缺乏症候群」（Attention Deficit Disorder），作者刻意用相同的字首，創造了「冒險力缺乏症候群」（Adventure Deficit Disorder）的成人疾病。

STEP 2

Elimination
排除旁鶩

「人不該累積而該有所排除。
不該日增而是日減，最高的境界必定是極簡。」
——李小龍——

5. 終結時間管理

撇開迷思與義大利人的智慧

「完美不是沒有什麼好加，而是已經沒有可刪的。」

——安東尼．聖修伯里／國際郵政專機的先驅與《小王子》作者

「多費功夫在可以簡單做完的工作上，只是白費精力。」

——奧卡姆的威廉（一三〇〇—一三五〇年）／提出「奧卡姆的剃刀」[13]理論者

我對於時間管理只有一個看法：別管什麼時間管理。

嚴格來說，你一天不該做太多事，不該想將分分秒秒填滿大大小小的工作。我花了很久才悟出這點，我以前非常偏好以工作量來評估成果。

一般人最常用忙碌當擋箭牌，避免去做幾樣很重要，卻會讓人不自在的行動。想要創造「忙碌表象」，幾乎有無限的選擇：你可以打給幾百個不符資格的推銷對象，重新整理

Outlook的聯絡人，在辦公室四處走動，索取你壓根不需要的文件，或是在你該排好工作優先順序時，卻把玩黑莓機好幾個小時。

事實上，如果你想在美國企業界往上爬，在上頭的人並未認真檢查你工作的狀況下（老實點吧），你只要一手將手機抵在耳朵旁，另一手拿著文件，在辦公室四處亂跑就行了。哇，那可不是個忙碌的員工嗎？給他加薪。不幸的是，對新富族來說，這種行為無法讓你逃離辦公室，或是搭上飛往巴西的航班。不行，拿捲報紙敲醒你自己，別再做這種蠢事了。

畢竟，你還有個好得多的選擇，它不只能提升成果——而是倍增成果。信不信由你，想更有成效，一定要做得更少，這是鐵打的真理。

現在就進入精簡的世界。

如何運用生產力

既然你已經確定要怎麼運用時間，你就得空下時間好靈活運用。當然，訣竅是既有自由時間，也能維持或增加你的收入。

這一章的宗旨是將個人生產力增加一倍到五倍，若你照著指示做，你會感受到這種改變。同樣的原則適用於員工和創業者上，但是增加生產力的目的完全不同。

首先講員工。員工增加生產力是為了提供談判籌碼，以談成兩項要求：調薪與遠距工作。

回憶一下，在本書第一章提到，加入新富族的一般程序是DEAL，依順序一步步來，但是想要繼續當員工的人需要採用新的程序：DELA，是因為環境因素的關係。他們需要先擺脫辦公室的環境，才能一週工作十小時，因為辦公室環境會造成一種期望，迫使你朝九晚五忙個不停。即使你的生產力是過去的兩倍，但若你的工作時數只有同事的四分之一，你也很可能拿到資遣單。即使你一週工作十小時，而產出量等於工作四十小時者，大多數人對你的要求會是：「何不一週工作四十小時，產出八倍的成果。」這是個永無止境的循環，是你該避免的。因此，你需要先得到自由。

如果你是員工，這章會提升你的價值，讓公司難以割捨你，只能忍痛給你加薪，同意讓你遠距工作。這是你的目標。一旦目標達成後，你可以降低時數，不會受到辦公室文化的干涉，將得到的自由時間用於實現夢想時間表。

創業者的目標比較沒那麼複雜，因為他們通常是獲利增加的直接受益者。此步驟的目標是收入增加時，同時減少工作量。排除旁騖的E步驟能打下以自動進帳取代親身工作的基礎，進而讓你自由逍遙。

不管走哪一條路，以下是共通的概念。

有效 vs. 有效率

有效指的是做接近目標的事。有效率指的是以最精簡的方式執行特定任務（不管是重要或不重要的）。有效率，卻不太有效，是這個世界常見的模式。

我認為最佳的登門訪問推銷員很有效率——非常善於訪問銷售，不浪費任何時間，但這種方法極度沒效。他們如果使用比較好的工具，例如電子郵件或廣告郵件，能賣更多產品。

這也適用於每天檢查三十次電子郵件的人，他們發展出一套精密的建檔系統與複雜的技巧，確保三十封屁話都能盡快處理完。我曾經是這類專業輪轉機制的專家。如果發揮到極致，這類系統很有效率，但是無效。

謹記兩條真理：

1. 把不重要的事情做好，不會讓事情變重要。
2. 要花很多時間才能做好，也不會讓工作變得更重要。

從此刻開始，記住：你做什麼事，絕對比你怎麼做還重要。效率還是很重要，但如果沒用在正確的事上，等於徒勞無功。

要找到正確的事，我們就得到花園去。

帕列托與他的花園：八十／二十法則與免於虛耗的自由

「能衡量的事物才能管理。」

——彼得・杜拉克／管理理論家，出版三十一本書，曾獲總統自由獎章

四年前，有一位經濟學家永遠改變我的人生，很可惜我永遠沒機會請他喝一杯，因為我

親愛的維佛瑞多已經去世近一百年。

維佛瑞多．帕列托生於一八四八年，卒於一九二三年，是一位聰敏且飽受爭議的經濟學家與社會學家。工程師出身的他，第一份工作是管理礦坑，開啟他多樣的事業生涯。後來，他接替里昂．瓦爾拉斯，擔任瑞士洛桑大學的政治經濟學教授，他的論文〈政治經濟學研究〉，談及當初少有人探究的收入分布「法則」，該法則之後以他的名字命名為「帕列托法則」或是「帕列托分布」，近十年內也常被稱為「八十／二十法則」。

他用數學算式呈現社會財富極度不均，但分布趨勢可以預測——百分之八十的財富和收入由百分之二十的人口生產與擁有，這也適用於經濟學之外的領域。其實，這個法則隨處可見，舉例來說，帕列托在花園栽種的豆莢，其中的百分之二十生產了百分之八十的豆子。

帕列托的法則可以歸納如下：百分之八十的產出來自於百分之二十的投入。依照情境不同，這個法則也能換成不同說法，包括：

- **百分之八十的果來自於百分之二十的因**
- **百分之八十的成果來自於百分之二十的精力與時間**
- **百分之八十的公司利潤來自於百分之二十的產品與客戶**
- **百分之八十的股票市場獲利由百分之二十的投資人與百分之二十的投資組合賺得**

這份清單可以不斷列下去，有無限可能，而且比例甚至更不均衡，九十／十、九十五／五，以及九十九／一都不稀奇，但我們要求的最低目標是八十／二十。

我在某個夜晚讀到帕列托的著作時，當時的我像個奴隸，天天做十五小時的苦工，覺得筋疲力竭，但又茫然無助。我會在凌晨起床，打電話到英國，在朝九晚五的正常時段，處理美國的業務，然後工作到近半夜，打電話到日本和紐西蘭。我被困在沒有煞車的急馳火車裡，拚命將煤炭鏟入火爐裡，因為沒有更好的選擇。我能選擇累到倒下，或是試試看帕列托的點子，而我選擇了後者。第二天早上，我列出兩個問題，剖析我的事業和個人生活：

1. 我百分之八十的問題與苦悶是哪百分之二十造成的？

2. 我百分之八十的期望與快樂是哪百分之二十帶來的？

整整一天，我撇開所有看似緊急的要務，認真仔細地分析，發掘真相，將這些問題套用在我的朋友、客戶、廣告和休閒活動上。不要以為你做的總是對的——真相通常很難以接受。分析的目的是找出你缺乏效率之處，去除這部分，並找到你的優點，倍增你的強項。在那之後的二十四小時內，我做了幾個簡單、但十分煎熬的決定，我的人生因此永遠改變，成就我現在享受的生活型態。

我做的第一個決定，完美示範了削減雜事帶給我的報酬率有多迅速驚人：我停止聯絡百分之九十五，並開除了百分之二的客戶，只留下最佳的百分之三的營收來源，繼續經營和累積。

在我一百二十多個批發客戶中，僅僅五個就提供了百分之九十五的收入，但我花了百分之九十八的時間抓住其他客戶，而那五位客戶固定訂貨，不需任何追蹤電話、勸說或利誘。換句話說，我之所以工作，是因為我覺得有必要朝九晚五工作。我沒有領悟到朝九晚五、時時工作不是我的目標，那不過是大多數人使用的工作架構，而且人們也沒有深究究竟必要與否。我罹患非常嚴重的「為工作而工作」症候群，而這是新富族最討厭的一種心態。

我百分之百的一切問題和抱怨都源於毫無生產力的多數客戶，除了兩個例外，這兩個大客戶根本是專家中的專家，最懂得以「我放火，你滅火」的方法做生意。我冷凍所有不具生產力的客戶：如果他們訂貨，很棒，請傳真訂單過來。如果沒有，我完全不去追訂單——不打電話、不發電子郵件，什麼也不做。現在，我只剩兩位大客戶要取捨，他們是專業的難搞，但在那時貢獻了百分之十的利潤。

你總會有幾個這樣的客戶，他們會製造各種問題，讓你痛恨自己和陷入沮喪。在那時候，我承受他們各式各樣的恫嚇、汙辱，浪費時間和他們爭論、吵架，浪費我做生意的時間。做了八十／二十的分析後，我發覺這兩個傢伙幾乎一手造成我一整天的苦悶和憤怒，而且常常影響到我的私生活，我時常氣到睡不著，自虐地想著「我當時應該說『你去吃大便吧』」。我終於做出最合理的結論：我的自尊和心理健康比生意利潤重要多了。我沒有非要賺這筆錢不可，我只是覺得自己該忍受。客戶永遠都是對的，不是嗎？這不過是生意的一部分，對吧？是才有鬼。至少對新富族來說，不是。我踢走他們，熱愛過程中的每一刻。在清醒後，我與他們的第一次對話大致如下：

客戶：你他媽的搞什麼鬼？我訂購了兩箱，結果晚到了兩天（註：他用錯誤的方式，把訂單送給錯誤的人，即使我不斷提醒）。我沒看過像你們一樣散漫、白癡的人。我在這一行做了二十年，還沒遇過這麼糟的。

任何新富族（在這個案例是我）：我會殺了你。給我小心點，小心點。

我希望我真的這麼說，我已經排演這齣內心戲幾百萬次，但實際上我是這麼說的：

很難過聽到你這麼說。你知道的，我已經忍受你的汙辱很久了，我必須很遺憾地告訴你，我無法再跟你做任何生意。我建議你好好想想為什麼你這麼不快樂和憤怒。無論如何，我都祝福你。如果你想要訂購產品，我們很樂意提供，但你得約束自己，不准說髒話，不要隨意汙辱人。你有我們的傳真號碼。希望你有愉快的一天。（掛斷電話）

我一次是用電話說，另一次是寄電子郵件。結果呢？我失去了一位客戶，但另一位客戶修正態度，僅以傳真傳送訂單，訂了一次、一次又一次。問題解決了。我失去低利潤的生意，但立即快樂了十倍。

我接著找出我的五大客戶的共同特徵，在下一週又招攬到三個相似的買家。記住，累積更多客戶，不代表會有更多收入自動進帳。更多客戶非但不是目標，而且還可能會增加百分之九十的管理時間，營收卻只增加百分之一到三。不要搞錯，用最少的必要努力換得最大收入（以及數量最少的客戶），才是優先目標。我改花兩倍精力在貢獻最多營收的客戶上，專注於增加他們的訂貨數量與次數。

最後呢？我從追逐、討好一百二十位客戶，變成接受八位客戶的大訂單，而且完全不需電話哀求或是電子郵件轟炸。我的月營收在四週內從三萬美金增加到六萬美金，而我一週的工時從八十多個小時，降低到約十五小時。最重要的是，在整整兩年的時間，我首度覺得很快樂，整個人樂觀又自在。

在接下來幾週，我將八十／二十的法則用於幾十項領域，包括：

一、廣告

我找出能增加至少百分之八十營收的廣告，分析這些廣告的共通點，倍增廣告量，砍掉其餘的廣告。我的廣告成本下降超過百分之七十，而我的零售收入在八週內，從每月一萬五千美金增加到兩萬五千美金。如果我是在廣播、報紙和電視等媒體刊登廣告，而非出刊期較久的雜誌，這個數字還能立即倍增。

二、網路加盟商

我開除了兩百五十多間低營收的網路加盟商，或是冷凍它們，專注在兩間產出百分之九十營收的加盟商。我的管理時間從每週五到十小時降低到每月一小時。網路加盟商的營收在當月增加了超過百分之五十。

停下腳步，提醒自己：多半的事都無關緊要。**忙碌只是偷懶的一種形式——懶得思考和分辨自己的行動。**

忙到筋疲力竭經常跟什麼都不做一樣，欠缺生產力，而且不愉快得多。懂得選擇，做少一點，才是提高生產力之道。專注在少數重要的事，忽略其他瑣事。

當然，在你學會把麥子從麥糠挑出前，在新環境中精簡工作時（不管是新工作或是創業投資），你必須做許多嘗試，分辨出哪些是最重要的工作。把所有工作攤開，仔細檢查。這是過程的一部分，但不應該花超過一或兩個月。

我們很容易讓一堆瑣事上身，但讓自己感覺不到匆忙的訣竅在於記住「沒有時間實際上代表沒有做事的優先順序」。停下來聞聞玫瑰的香氣，或是聽我的建議。

朝九晚五的迷思與帕金森定律

「我看到有間銀行寫著『二十四小時服務』，可是我沒那麼多時間。」

——史蒂芬．萊特／喜劇演員

如果你是員工，將時間花在沒意義的事，基本上，這不是你的錯。除非你領的是佣金，否則你根本不會有動力去善用時間。全世界都同意，早上九點到下午五點之間就該辦公，而既然你在辦公時段被困在辦公室裡，就會被迫創造各種活動填滿時間。時間之所以會浪費，是因為有太多時間可揮霍。現在，談判出遠距工作的條件成了你的新目標，不再死領薪水，你該檢視現狀，變得更有效率。最佳的員工是最有籌碼的員工。

對創業者來說，浪費時間與壞習慣以及模仿有關。我也不例外。大多數創業者都曾經受雇，來自朝九晚五的文化。因此，他們沿用相同的時間表，不管是否需要在早上九點動工，或是真的需要八小時達到目標營收。這個時間表僅是集體的社會共識，是重量不重質的文化留下的遺毒。怎麼可能世界上所有人都要用八個小時完成工作？並非如此。朝九晚五的安排沒有根據。

你不需要每天工作八小時，才能變成名副其實的百萬富翁——更別說只是要能活得像個百萬富翁。每週八小時通常已過多，但我不期待你們現在就相信我。我知道你們的感覺大概和以前的我一樣：一天二十四小時根本不夠用。

先想想幾項我們大概都有同感的事。

既然我們有八小時要填滿，我們就填滿八小時。如果我們要填滿十五小時，我們也會填滿十五小時。如果我們有急事，突然要在兩小時內離開，但是有份工作非交不可，我們就會很神奇地在兩小時內完成。

這跟艾德・史邱在二〇〇〇年秋天教我的一個法則有關。

我到達教室時十分緊張，無法專心，因為占學期總分百分之二十五的期末報告要在二十四小時後交。我挑選的報告題目是訪問新創業公司的高層主管，深入分析他們的商業型態。我要訪問的公司，在最後一刻決定我不能訪問公司的兩位重要人物，也不可以使用他們的資訊，因為事關機密，而且在首次公開上市之前，他們需要格外謹慎。我玩完了。

下課後，我走向艾德，告訴他這個壞消息。

「艾德，我想我的報告需要延期。」我解釋遇到的狀況，艾德在回答前，微微一笑，完全不擔心。

「我想你不會有事的。創業家是把不可能化為可能的人，不是嗎？」

二十四小時後，在期限前的一分鐘，他的助理正要鎖上辦公室時，我交出三十頁的期末報告。我找到另一間公司當主題，訪問完後挑燈夜戰一整晚，灌了足以讓一整支奧運田徑隊失去資格的咖啡因。最後，那成為我在四年間寫得最好的報告，我得到了A。

在我離開教室前，艾德給我一個臨別建議：帕金森定律。

帕金森定律主張，隨著完成期限的長度，一項工作（認知中的）重要性與複雜性也會隨之增加，這正是十萬火急的魔法。如果只給你二十四小時完成一項工作，時間壓力會迫使你專注於任務，你別無選擇，只能做最基本的事。如果我給你一週完成相同工作，你會花六天時間將鼴鼠丘堆成一座高山。如果我給你兩個月，老天爺，它會成為龐然巨獸。在比較短的期限交出的成品，品質幾乎相等或是更高，因為更為專注的緣故。

這呈現了非常奇特的結果。兩個助長生產力的法則互成倒裝句：

1. 只做重要的工作，縮短工作時間（八十／二十法則）。
2. 縮短工作時間，只做重要的工作（帕金森定律）。

最好的方法是同時使用兩種法則：確認幾項能貢獻最多營收的重要工作，並設定非常短與明確的截止日期。

如果你沒有確認哪些是攸關的工作，也沒定下緊湊的工作開始與結束時間，瑣碎的小事就會顯得很重要。即使你知道哪些事很重要，少了截止期限創造的專注力，強加在你身上的小事（或者發明的小事，假如你是創業家的話）會不斷膨脹，浪費掉時間，最後又會有其他瑣事蹦出來，讓你一整天一事無成。寄快遞包裹、預定好幾個會面、檢查電子郵件，怎麼可能花掉八個小時？不要難過。我花了好幾個月，在各種打斷我的小事間奔波，覺得我的事業在經營我，而非我在作主。

八十／二十法則與帕金森定律這兩個基礎概念，會在這一節以不同的樣貌不斷呈現。大多數投入的勞力毫無用處，而給的時間愈多，浪費得愈多。

精簡的工作表現與時間自由從限制工作量開始。在下一章，我會端給你冠軍的早餐：低資訊的飲食。

十二個杯子蛋糕與一個問題

「熱愛忙碌不等於勤奮。」——塞尼加

◎加州山景市

「星期六是我休息的日子。」我對著一群瞪著我的陌生人說，他們是我朋友的朋友。我說的是實話。誰有辦法天天吃全麥麵包與雞肉？我不行，別那麼嚴厲。

在我吃第十二個蛋糕前，我躺在沙發上吞下第十一個蛋糕，沉浸在血糖高漲的喜悅中，直到時鐘走到半夜十二點，送我回到成人世界，以及週間的健康飲食。另一位派對客人坐在我旁邊的椅子上，喝著一杯酒，這不是他的第十二杯，也絕不是他的第一杯。我們開始聊天，一如往常，我得想盡辦法回答「你做什麼工作？」之類的問題，同樣一如往常的是，我的答案讓人納悶我是不是說謊成癖，或是個罪犯。

要如何在這麼少的時間內賺那麼多錢？這是個好問題，也是最重要的問題。

不管從哪方面來說，查尼享有一切。他婚姻幸福，有個兩歲的兒子，再三個月，還要迎接另一個新生兒。雖然他是成功的科技業業務，但也和所有人一樣，都希望年薪能多個五十萬美金。他的財務狀況很不錯。

他也知道怎麼問問題。我才剛從國外的旅行回來，正計畫要去日本遊歷。他考問我足足兩小時，不斷重複一個相同的問題：怎麼可能花這麼少時間賺這麼多錢？

「如果你有興趣，我們可以用你做個案研究，然後我會告訴你如何做到。」我提議。

查尼加入了，他最缺的正是時間。

一封電子郵件和五週的練習後，查尼有了好消息：他在上一週完成的工作，比他前四週的總和還要多，而且他星期一和五還休假，每天至少比以往多花兩小時陪伴家人。他的工時從每週四十小時，減到十八小時，產出成果多了四倍。

難道是深山隱居，或是祕密的功夫訓練，才有這樣的成果？不是。還是新發現的日式管理祕訣或是更好的軟體？也不是。我只是要他持續不斷做一件簡單的事。

一天至少三次，他要問自己以下問題：

我是在生產，還是在活動？

查尼捕捉到問題的精髓，措辭更具體：

我在虛構要做的事情，好躲避重要的事嗎？

他精簡所有填塞日子的活動，專注在結果上，而不是表現出忙碌的樣子。我們忙的常常是偽裝過的無意義工作。硬起心腸，斬除工作的虛胖外表。

你也能有蛋糕，而且也吃得到。

問題與行動

「我們為自己創造壓力，因為你覺得你必須做，非做不可。現在我已經沒有那種感覺了。」

——歐普拉／演員與脫口秀節目「歐普拉秀」主持人

擁有更多時間的訣竅是做少一點，有兩個方法可以幫你做到，要同時使用：1.寫一張很短的待辦事項清單；2.寫一張不做事項的清單。

以下提出幾個假設案例，幫助你列清單：

一、如果你心臟病發，每天只能工作兩小時，你會怎麼做？

不是五小時、四小時，也不是三小時，而是兩小時。這不是我為你設下的最終目標，但這是個開始。我已經可以聽到你在喃喃自語：這太荒謬了，根本不可能！我知道，我知道。如果我告訴你，你能活好幾個月，活動正常，但每晚只睡四小時，你會相信我嗎？大概不會。然而，數百萬的新生兒母親正是這樣生活。這個習題不是選擇性的。醫生警告你，做了血管繞道手術之後，如果前三個月沒有維持每天只工作兩小時，你就會死。你會怎麼做？

二、如果你再度心臟病發，每週只能工作兩小時，你會怎麼做？

三、如果有把槍抵著你的頭，逼你停止做五分之四的費時工作，你會刪去哪些事？

要做到簡潔，你需要堅決。如果你得停止做五分之四的費時工作，像是電子郵件、電話、對話、文書工作、開會、廣告、客戶、供應商、產品服務等，你會去除哪些，讓收入的負面影響降到最低？每個月思考一次，光這個問題就能讓你走上正軌。

四、我最常用哪三項工作填滿時間，好讓我自己覺得很有生產力？

這些工作通常用於拖延更重要的行動（通常是讓人不自在的行動，因為有失敗或被拒的可能）。不要騙自己，我們遇到相同情況時，都傾向這麼做。哪些是你的緩衝活動？

五、哪百分之二十的人創造你百分之八十的快樂並促使你不斷成長，而哪百分之二十的人導致你百分之八十的憂鬱、憤怒和猜疑？

辨認：

- 正向的朋友及耗時的朋友：誰在幫助你，而誰在傷害你。你要如何增加和前者來往的頻率，要怎麼減少或斷絕和後者來往的頻率？
- 誰對我造成的壓力，和我與對方來往的時間不成比例？如果我停止和他們來往，會發生什麼事？此項可使用界定你的恐懼的技巧。
- 我何時會覺得時間不夠用？我可以剔除哪些約定、想法和人，以解決這個問題？

我們不需要確切數據，就能知道我們花太多時間跟用悲觀、懶散，以及對自己和世界的低期望毒害我們的人相處。你通常需要開除某些朋友，或是離開某些社交圈，才能擁有你想要的生活。這並非無情，只是實際。毒害你的人不值得浪費你的時間，你不這麼做才叫被虐狂。

達到潛在的突破的最佳方法很簡單：誠實且委婉地向朋友說出你的想法，若他們反咬你一口，就證實你的觀點，你要跟戒除壞習慣一樣，放棄他們。如果他們答應要改，首先至少要花兩週時間建立對你的人生的正面影響，消除對你的心理依賴。下一個試驗階段需要訂定一定的時間，並立下幾個通過標準。

如果這個方法對你來說對立性太強，只要禮貌婉拒和他們來往。當他們打電話給你時，你正好在忙，當他們邀你出去時，你不巧已有安排。當你看到和這些人減少來往的好處，斷絕和他們所有聯繫會比較容易。

我不會騙你：這個過程很不好受，就像將毛刺從手上拔出一樣痛。但你來往最密切的朋友平均約五人，所以不要低估你的悲觀、沒抱負或散漫的朋友對你的影響力。如果對方無法讓你更強壯，就只會削弱你的能量。

拔除這些毛刺，你會感謝自己這麼做。

六、學會問：「如果這是我今天唯一完成的事，我會對這天的表現感到滿意嗎？」

不要到了辦公室，或是坐在電腦前時，卻還沒弄清楚優先的工作順序，這樣會讓你把一天花在讀無關緊要的電子郵件，將思緒弄得混亂不堪。在前一晚列出明天的待辦事項清單。我不建議使用Outlook或任何電子化表格，因為會很容易加上無限的項目。我將紙張摺成約五公分寬、九公分長的大小，可以放進口袋內，也能限制你只填幾項工作。

每天應該完成的要事不該超過兩件，絕不，除非這些事真的很有影響力，否則都可以是不必要的事。如果你無法在似乎都很重要的眾多工作間做決定，正如所有人都會遇到的狀況，可以輪流檢視每項工作，問問自己：「如果這是我今天唯一完成的事，我會對這天的表現感到滿意嗎？」

為了抵銷急迫感，問你自己：「如果我不做這件事，會有什麼後果？它值得我排開其他事來做嗎？」如果你當天沒有完成至少一件重要的事，就別將最後的工作時間用於歸還DVD，好省下遲還罰款。做完重要的事，再付罰款。

七、在電腦螢幕上貼便利貼，或是設定Outlook提醒，寫下「我是在虛構要做的事情，

好躲避重要的事嗎？」的問題，每天至少警告自己三次。

我也使用免費軟體「救援時間」（www.rescuetime.com），在我花比預期多的時間在某些常用的網站或程式（Gmail, Facebook, Outlook等等），逃避做要事時，發出警告提醒我。它還能統計你每週的時間運用模式，比較你和其他使用者的表現。

八、不要一心多用。

這點你早已知道。想要同時刷牙、講電話、回電子郵件，根本行不通。邊吃邊在網路搜尋資訊，還邊玩線上即時通？懂了吧，這根本不可能。

如果你排好優先順序，根本沒必要一心多用。這是一種「工作癖」的症狀——做多一點工作，讓自己覺得很有生產力，但其實完成的工作更少。我再重複一次：你每天最多應該只有兩項優先目標。分別做這兩件事，從開始到完成都要保持專注，不要分心。分心只會造成更多干擾，注意力分散，成果就會更差，成就感更低。

九、在巨觀和微觀的層次上使用帕金森定律。

運用帕金森定律，以更少的時間完成更多工作。縮短時程，壓縮完成期限，強迫你保持專心，防止拖延。

在巨觀的每週和每日層次上，試著在下午四點離開職場，在星期一和／或星期五休假。這會讓你專注於優先順序，也可能發展出社交生活。如果你有老闆緊盯著你，我會在後面的章節討論應對之道。

在微觀的工作層次上，限制待辦事項的數目，用短到不可能的期限強迫你立即行動，忽視其他瑣事。

如果你在線上工作或是在使用可上網的電腦，e.ggtimer.com/是個便利的倒數計時器。只要直接將你想要的時限打入網址欄位，按下Enter鍵就行了，可以不用打http://。例如：設定五分鐘：http://e.ggtimer.com/5minutes（有些瀏覽器只要打e.ggtimer.com/5min）。設定一小時三十分三十秒：http://e.ggtimer.com/1hour30minutes30seconds。設定三十秒：http://e.ggtimer.com/30（如果只輸入數字，計時器會自動以秒為單位）。

自在感挑戰

學會提議（兩天）

不要再問別人意見，主動提出方法，可以先從小事開始。如果有人要問，或問了：「要去哪裡吃飯？」「要看哪部電影？」「今晚要做什麼？」等類似問題，不要回問：「嗯，你想做什麼？」請提供答案。不要再問來問去，直接做決定。在私人與辦公場合練習。以下幾句能幫助你發言（我最愛的是第一句和最後一句）：「我能提議嗎？」「我提議……」「我想提議……」「我建議……你覺得呢？」「試試看……如果不行的話，再試其他的。」

生活型態設計實例

我是音樂家，因為CD Baby音樂網的德瑞克・西佛推薦，才讀了你的書。用帕列多法則檢視後，我發現我百分之七十八的音樂下載來自我的一張專輯，而百分之五十五的收入來自其中五首歌！我從中得知我的樂迷的喜好，我可以在我的網站表演這類型的曲子。下載是我採用的方式。iTunes賣出歌曲，CD Baby將錢直接存入我的帳戶。在錄音完成之後的流程都完全自動化。有幾個月的下載收入，已足以支應我的生活開銷。等我還清債務，我應該可以以藝術家的身分巡迴，在世界各地建立粉絲群，創造網路收入流。——維克多・強森

關於「外包」銀行業務，需要收支票的公司應該考慮保管箱的方法。幾乎所有商業銀行都有提供這項業務。你的所有支票寄到銀行的郵政信箱，銀行處理和存入支票，依你的要求，也可以寄一份已存入支票的檔案，檔案通常可以存入光碟、Excel檔或其他檔案形式，跟任何會計系統都相容，包括Excel、Quicken和SAP。相當省錢。——匿名

【註釋】

13. 奧卡姆的剃刀（Occam's Razor）理論主張研究任何現象，應將提出的假設盡量減到最少。

6. 低資訊飲食

培養選擇性的無知

「很明顯，資訊會消耗資訊接收者的注意力。因此，豐富的資訊創造了貧乏的注意力，面對消耗注意力的爆炸資訊量，我們需要有效地分配注意力。」

——赫伯特・賽門／諾貝爾經濟學獎[14]與「電腦科學界的諾貝爾獎」杜林獎得主

「過了一定年紀後，閱讀會讓心智偏離創意思考。讀太多又太少用腦的人，會染上懶得思考的壞習慣。」

——艾伯特・愛因斯坦

我希望你坐下來，拿出嘴裡的三明治免得噎到。摀住嬰兒的耳朵，我要告訴你一件讓很多人沮喪的事。

我從不看新聞，最近五年，我只買過一份報紙，在倫敦斯坦斯特德機場買的，而且是為了報紙上低卡百事可樂的折價券。

我可以宣稱自己是孟諾教徒[15]，但我查了一下，孟諾教徒的菜單上沒有百事可樂。多可惡！我竟敢自稱為了解時事與負責任的公民？我要怎麼跟上世界脈動？我等下就會回答，但先等等——還有更驚人的。我每週一檢查一次商務電子郵件，出國時則從不檢查語音信箱。絕不。

但如果有人有急事呢？從沒發生過。我的聯絡窗口知道我不會回應任何急事，所以急事對我來說並不存在，或是不會讓我知道。依照慣例，問題會自行解決或消失，前提是你清除掉自己這個資訊路障，並授權給別人。

無知是種恩賜

「有不少事是智者希望能一無所知的。」

——愛默生（一八〇三—一八八二年）

從本節開始，我要教你培養不可置信的選擇性無知能力。無知或許是種恩賜，而且也很實用。你必須學會忽視或重新導向所有不相關、不重要、無法運用的資訊和干擾，這些干擾通常兼具以上三種特性。

第一步是發展和維持低資訊的飲食。現代人吃進太多卡路里和不具營養價值的空卡路里，資訊時代的員工同樣也吃下過剩、而且來源有誤的資訊。

生活型態規劃憑藉的是大規模的行動——產出。產出增加必然會造成投入減少。多數資訊不僅耗時，和你的目標既無關聯又有害，而且也不是你所能影響的。想想你今天讀或看到的資訊，我敢擔保，你說不出哪些資訊不符合其中兩個特點。

我總是在走去吃午餐的路上，掃過報紙販賣機的頭條，如此而已。在五年間，我沒有因為選擇性的無知而遇到任何問題。這個習慣還能給你機會，閒聊時問問別人：「告訴我，最近發生什麼新鮮事？」如果很重要，你會聽到周遭的人談論。使用這種小撇步了解世界大事，比起在無謂資訊的汪洋大海迷失的人，我知道的還更多。

我認為資訊必須具備可用的價值，我每個月會讀三分之一本《回應雜誌》與一本商業雜誌《企業雜誌》，總共花約四個小時，這是我所有的實用性閱讀內容。我在睡前會讀一小時小說放鬆。

我要如何不辜負我的公民責任？我舉一個例子，說明我和其他新富族如何看待與取得資訊。即使我人在柏林，依舊參加上一次的總統選舉投票，我在幾小時內做出決定。首先，我寄電子郵件給與我見解相同、受過良好教育的美國朋友，問他們要投誰？為什麼？另外，我用行動評價候選人，而非他們說的話，所以我問我在柏林的朋友，他們可以提供美國媒體宣傳之外的見解，而且他們對候選人的評價取決於其平日的行為。最後，我看了總統候選人辯論，做出最終決定。我讓可仰賴的朋友為我分析數百小時與數百頁的媒體資訊，就像是擁有數十位個人資訊助理，而我不用付他們一毛錢。

你會說，這個例子很簡單，但是如果你想知道你朋友不知道的資訊呢？像是，將你寫的第一本書賣給世界最大的出版商？你會問這個問題可真巧。我用兩種方法：

1.根據讀者評價，以及作者是否做到我想做的事，從十二本書中挑出一本。如果這項任務在於知道「如何做到」，我只會讀談到「我如何做到」與作者經歷的部分，作者對人生的思索或未來期許都不值得花時間讀。

2.運用那本書，擬出聰穎與明確的問題，然後用電子郵件和電話聯絡十位世界各地的頂尖作家與經紀人，回應率高達百分之八十。

我只讀跟即將採取的下一步有關的書籍章節，用不到兩個小時。研擬電子郵件的內容和電話台詞，大約只花四小時，而實際的電郵往返和通話花不到一小時。親自問人的方法不只比吃到飽的資訊自助餐更有效，也更有效率，還幫我找到銷售這本書所需的盟友與明師。重新發現為人遺忘的技巧——「談話」，這真的有用。

這再度印證了「做少得多」，這句話的確有道理。

十分鐘內倍增閱讀速度

沒錯，有時你確實需要閱讀。以下是四個簡單的訣竅，讓你在十分鐘內減少傷害，閱讀速度增加至少兩倍，而且不影響吸收資訊的能力：

1.兩分鐘：用筆或手指沿著每一行劃過，盡快讀過。閱讀是一連串的快照（亦稱「掃視」），利用外物的視覺引導，防止重複閱讀相同部分。

2.三分鐘：開始讀每一行時，專注於從第一字數來的第三個字，而在每一行的結尾，專注在從最後一字倒數的第三個字。這個方法利用的是正常閱讀時浪費在空白邊緣的周圍視覺。舉例來說，即使下一行的焦點字在視角邊緣，整個句子仍算「讀過」，眼球運動也更少。

「很久**以**前，有位資訊上癮症者決**定**戒毒。」

3.兩分鐘：等你能熟練地盯住兩側數來的第三或第四個字後，試著只做兩次掃視（又稱「視線停留」），只讀行首和行尾的焦點字。熟練之後，兩側的視線範圍會愈來愈接近中間。

4.三分鐘：練習快速到無法吸收的閱讀速度，但要使用上述正確的三個技巧，讀五頁後，再用你習慣的速度閱讀。這個練習能加強你的知覺能力，提升閱讀速限，比如八十公里的時速感覺上很快，但如果你剛下高速公路，從一百一十多公里減速，八十公里時速的感覺其實非常緩慢。

計算每分鐘的閱讀字數，以及進步的速率，隨便拿一本書，數出十行的總字數，再除以十，得到每行平均字數。將平均值乘以每頁的行數，你就能得出每頁的平均字數。如果你原本一分鐘讀一．二五頁，每頁平均三百三十字，換算成每分鐘是四百一十二．五字。

如果在訓練後，你可以讀三．五頁，也就是每分鐘一千一百五十五字，你的閱讀速度已是世界前百分之一快了[16]。

問題與行動

「學會忽視是達到心靈平靜的最佳途徑。」

——羅勃．斯威爾／《計量上帝》作者

一、立即禁食媒體大餐一週

切斷資訊的臍帶後，世界甚至連嗝也沒打，更別說會停止運轉。要體認到這點，最好先當機立斷，立即行動：禁食媒體大餐一週。資訊的誘惑跟冰淇淋很像，講「嗯，我只要吃半匙」的可信度，大概跟「我只要上網一分鐘就行了」差不多。要全部放空。

如果你之後想回頭享用一萬五千卡路里的洋芋片資訊餐，可以，但先從明天開始禁食，持續至少五天，規則如下：

- **禁止報紙、雜誌、有聲書或非音樂廣播電台，可以聽音樂。**
- **禁止所有新聞網站（cnn.com、drudgereport.com、msn.com[17]等等）。**
- **禁止所有電視節目，除了每天晚上看一小時消遣。**

● **禁止讀書，除了這本書，以及睡前讀一小時的小說[18]消遣。**

● **禁止在辦公時瀏覽網站，除非是當天工作所需。必要指的是真有必要，不是看看也好。**

在禁食週，不必要的閱讀是第一號公敵。

你要在空出來的時間裡做什麼？早餐不要讀報紙，改與另一半聊天，關心孩子，或是學習本書教導的法則。在工作時間，依照這章所教的，完成優先順位的工作。如果工作完成後還有時間，做本書的習題。推薦這本書也許看似虛偽，其實不是：本書的資訊不僅重要，而且能立即運用，不用等到明天或明天之後的明天。

在每天的午餐休息時間吸收五分鐘的資訊。詢問隨時追蹤新聞的同事或餐廳服務生：「今天發生了什麼大事嗎？我沒看報紙。」等到發現答案對你毫無影響時，立即終止話題。大多數人甚至不記得他們早上花一、兩小時吸收的資訊。

務必嚴格遵守，我可以開藥方，但你要乖乖吃藥才有效。

下載火狐瀏覽器（www.firefox.com）並使用封鎖軟體「立即擋」（LeechBlock），封鎖特定網站一定時間，根據「立即擋」的網站（www.proginosko.com/leechblock.html），你一次可以封鎖最多六組網站，每組的封鎖時間和天數皆不同。你可以設定封鎖網站的時間（例如：早上九點到下午五點），超過時限（例如：每小時十分鐘），或選擇不同時間和時限的組合（例如：早上九點到下午五點，每小時十分鐘）。你可以設定延長使用時間的密碼，在你意志薄弱時拖延你。

二、養成習慣，問自己：「對我而言，這項資訊有立即、重要的用途嗎？」

資訊可以用在「某事」上還不夠——還得是立即、重要的。如果兩點皆「無」，就不需理會。如果資訊無法用在要事上，或是等你有機會用到時，卻也已忘記內容，都等於無用的資訊。

我以前習慣讀一本書或網站，為幾週或幾月後的事預作準備，等到採取行動前，我又要重讀相同資料。這樣不僅愚蠢，也很多餘。遵照你擬定的簡短待辦事項清單，邊做邊補上缺乏的資訊。專注在數位大師凱西．西雅拉（Kathy Sierra）稱之為「及時的」資訊，而不是「可能有用的」資訊。

三、練習有始無終的藝術

這一點我也花了許多時間才學會，先從不必非完成不可的事開始。

如果你讀到一篇極差的文章，扔到一邊，不要繼續讀。如果你去看的電影比《駭客任務：最終戰役》還要爛，立刻起身離開，免得死掉更多腦細胞。如果吃了半盤肋排就飽了，放下刀叉，不要再點甜點。多不代表好，如果有始無終比有始有終好十倍，立刻罷手。養成停止做無聊或沒有生產力的事，除非老闆要求你完成。

自在感挑戰

拿到電話號碼（兩天）

每天至少向兩位迷人的異性要電話號碼（試得愈多，愈不會有壓力），記得要維持眼神接觸。各位小姐，這代表妳們也要加入，即使妳已經五十多歲了也一樣。記得，真正的目標不是拿到電話號碼，而是克服開口的恐懼，結果並不重要。如果你不是單身，那就幫忙（或假裝在幫忙）綠色和平組織蒐集個人資料。號碼到手後直接扔掉。

如果想嘗試密集練習，去購物中心（我喜歡快速克服不安感），在五分鐘內連續問三個人。以下台詞供你參考，你也能依需要更動：

不好意思，我知道這聽來很怪，但如果我現在不問，我會後悔一整天。我要趕去見朋友（意思是：我有朋友，而且不是跟蹤狂），但我認為你／妳非常（極為、十分）可愛（漂亮、性感）。我能跟你／妳要電話嗎？我保證絕不是壞人，如果你／妳對我沒興趣，可以給我假的電話。

［註釋］

14. 賽門在一九七八年獲得諾貝爾獎，獎勵他在組織決策理論的成就：不管在何時做決策，都不可能有完美和完整的資訊。
15. 孟諾教派不用現代文明事物，不用電，不開車等等。
16. 若你想知道要怎麼讓閱讀速度加快一百二十七點一九倍，可連上www.pxmethod.com網頁。
17. 哈哈哈。
18. 我近十五年來只讀非小說類著作，我能以親身經驗告訴你兩件事：同時讀兩本非小說著作（本書就是一本）非常沒有效率，而比起安眠藥，小說能更有效地讓你忘懷一天的雜務。

7. 打斷干擾與拒絕的藝術

「獨立思考。當下棋的人，不當棋子。」

——名棋手雷夫・查洛爾

「開會是具成癮性、容易讓人沉迷的活動，企業等組織習慣開會，只是因為它們沒辦法自慰。」

——戴夫・貝瑞／美國幽默作家與普立茲獎得主

紐澤西州普林斯頓二〇〇〇年春

下午一點三十五分

「我想我懂了。接著，下一段說明的是……」我做了詳細的筆記，不想漏掉任何一點。

下午三點四十五分

「好，有道理，但如果我們看下個例子……」我話說到一半，停了下來。助教用雙手摀住臉。

「提姆，我想這樣就可以了。我會記住的。」他已經受夠了，我也是，但我知道我只要做一次。

在四年的大學生涯中，我立下一個政策。如果我在任何一堂課交的第一份報告或非多選題的考試沒有拿到A，在評分教授的辦公室開放時間，我會問兩到三小時的問題，等到對方回答所有問題，或是累得受不了後，我才離開。

這能達成兩項重要目標：

1. 我可以了解教授的評分標準，包括他們的偏好和厭惡。

2. 下次教授不想給我A時，也會非常審慎、小心。除非有特殊理由，他們絕對不會給我低分，因為他們很清楚我會再來敲門，逗留三個小時。

學習在必要時難搞。求學時如此，人生也是一樣，有了立場堅定的名聲，有助你獲得更好的待遇，不需每次都要爭取或哀求。

回想你在學校操場的日子，那裡總是有個小惡霸，還有無數被欺凌的小孩，但總是有個聰明的孩子死命奮戰，拳打腳踢抵禦。他們也許贏不了，但是經過一、兩次筋疲力盡的衝突後，惡霸會選擇避開他們，欺負別人比較容易。

請當那樣的孩子。

專心在重要的事情上，忽略小事之所以困難，是因為世界似乎都說好了，要給你惹一堆麻煩。幸運的是，改變幾個簡單的習慣，就能讓別人寧願不要煩你，免得痛苦。

現在，你該停止被資訊淹沒。

惡行並非都一樣

對於我們的目標來說，任何阻礙重要工作一路順利完成的事，都叫干擾，要犯有三：

1. **浪費時間的工作**：任何不重要、能忽略的事，常見的有不重要的會議、電話與電子郵件。

2. **耗時的工作**：重複的工作或要求，雖然需要完成，但常會打斷更高順位的工作。有幾項應該是你很熟悉的：閱讀與回應電子郵件、撥打與回撥電話、客戶服務（訂單狀態、產品問題等等）、財務或銷售報告、私人雜務，所有必須完成的重複工作與行動。

3. **未適當授權**：必須請示才能繼續做某些小事，以下只是幾個例子：解決客戶的問題（貨物遺失、損壞、故障等等）、聯絡客戶、請款與付款等等。

現在來看看這三個病症的解藥。

浪費時間的工作：成爲無知的人

「最佳的防禦是一記好攻擊。」

——丹・蓋保／摔角與運金牌與史上最成功的教練

浪費時間的事最容易淘汰，只要限制能聯絡上你的時間，將所有溝通往來轉為立即行動。

首先，限制收發電子郵件的時間，這是現代世界最大的干擾。

1. 關掉收信軟體的新信件通知與自動收發功能——這個功能在有人寄信給你時，會立即將信件送進你的信件匣。

2. 每天檢查電子郵件兩次，一次在中午十二點或是在午餐前，另一次在下午四點。在中午十二點與下午四點收信，最能確保你之前寄送的電子郵件已有回音。千萬不要在一大早收信[19]。相反地，在早上十一點前完成最重要的工作，不要用午餐或收電子郵件，當作拖延工作的藉口。

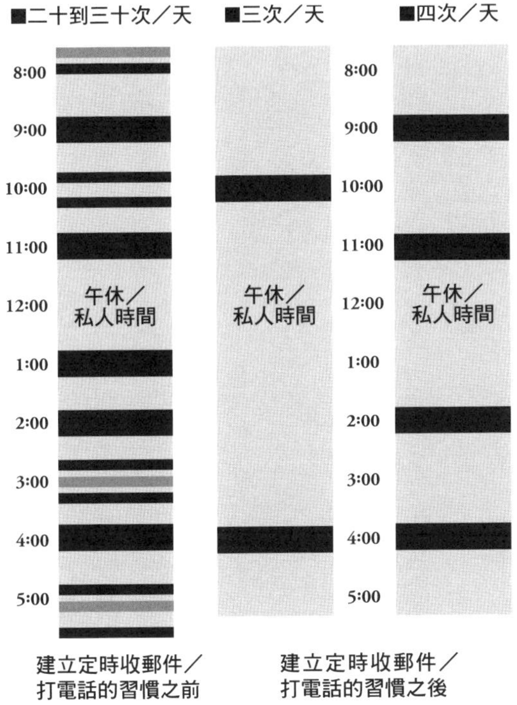

淺灰色代表可以用在高重要性的工作

（感謝珊迪亞提供圖表）

建立了一天收信兩次的習慣後，你可以寫封自動回應郵件，訓練你的老闆、同事、廠商與客戶，讓他們更有效率。我建議你不要提出定時收發信的要求。記得我們的十誡嗎？請求原諒，不要請求許可。

如果這麼做會讓你擔心，先和你的直屬上司談談，提議試行一到三天，說你有工作計畫趕著完成，但常被打斷讓你快抓狂，盡量怪罪在垃圾信件或公司之外的人身上。

你可以參考以下範本：

> 給來信的朋友（或同事）：
>
> 因為工作量頗為沉重，我現在每天檢查電子郵件兩次，美國東部時間中午十二點與下午四點（或是你所在的時區）。
>
> 若有急事（請確定真的很緊急），無法等到中午十二點或下午四點，請以電話聯絡：*****-*****。
>
> 感謝您體諒這項提升效率的新方式，讓我能更專注地為您服務。
>
> 提摩西．費里斯敬上

盡可能縮減為一天收一次信，急事其實很少發生。大多數人不善於衡量重要性，誇大小事，塞滿時間，好讓自己顯得很重要。自動回信的工具絕不會降低整體效率，反而能強迫對方評估他們打擾你的理由，幫助他們減少無意義、耗時的信件往來。

我最初也很害怕錯失緊急要事，會導致毀滅性的後果，就像你讀到這個建議時，心中可能也有的想法。結果，什麼事也沒發生。試試看，過程中若遇到不順，再一一解決。

如果你想知道我能一週收信一次，而且從未有人抱怨的個人自動回信內容，寫信到timothy@brainquicken.com。這封信件在三年間不斷修改，效果極佳。

第二步是過濾來電，減少撥出的電話。

1.可能的話，使用兩支電話：一支是辦公室電話（非緊急），一支是手機（緊急），也可以都用手機，或是將非緊急電話設為網路電話號碼，自動將電話轉到線上語音信箱（像是skype.com網路電話）。

在自動回信郵件填入手機號碼，你可以隨時接電話，除非是沒有來電號碼的電話，或者是你不想回應的電話。若你不放心，讓電話轉到語音信箱，隨時聽語音訊息，好衡量重要與否。如果可以等，就讓事情緩一緩。對方得學會等待。

辦公室電話應該設定為靜音鈴聲，全日轉語音信箱。語音信箱的錄音是常見的內容：

這是提摩西．費里斯的辦公室。

我現在每天檢查語音信箱兩次，美國東部時間中午十二點與下午四點（或是你所在的時區）。

如果您有十分緊急的要務需要處理，無法等到中午十二點或下午四點，請以電話聯絡：＊＊＊-＊＊＊-＊＊＊＊。若非急事，請留言，我會在以上兩個時間回覆。記得留下您的電子郵件信箱，方便我盡速聯絡。

感謝您體諒這項提升效率的新方式，讓我能更專注地為您服務。

祝您有愉快的一天。

2.如果有人打你的行動電話，事情應該相當緊急，因此要以緊急方式處理。不要讓對方浪費時間，關鍵在於打招呼的用詞。比較以下兩則對話：

珍（接電話者）：哈囉？

約翰（來電者）：嗨，是珍嗎？

珍：我是珍。

約翰：嗨，珍，我是約翰。

珍：喔，嗨，約翰，你好嗎？（或是）喔，嗨，約翰。最近好嗎？

講到現在，約翰一定會離題，將你帶往沒有意義的閒談，然後你需要轉回正題，探究這通電話的最終目的。以下是更好的方法：

珍：你好，我是珍。

約翰：我是約翰。

珍：嗨，約翰，我現在正在忙，請問有什麼事需要幫忙嗎？

接下來可能的談話：

約翰：喔，我可以晚點再打。

珍：不，我可以講一下電話。需要幫忙嗎？

不要鼓勵對方閒聊，不要給他們機會閒聊。讓他們立即切入正題，如果他們離題，或是不說明來意，想晚點再打來聊，要他們說出來電的目的。如果他們滔滔不絕地敘述問題，直接打斷：「（來電者姓名），抱歉打斷你，但我在五分鐘後有通電話。我能幫上你什麼忙嗎？」或者，你也能說：「（來電者姓名），抱歉打斷你，但我在五分鐘後有通電話。你能寄電子郵件給我嗎？」

第三步是成為拒絕的高手，避開會議。

二〇〇一年，我們的新業務副總裁來到真善公司的第一天，他在全公司開會時走進來扼要地宣布：「我不是來這裡交朋友的，我受雇來這裡建立一支業務團隊，銷售產品，而我打算這麼做。謝謝。」

他果真實現諾言。辦公室愛交際的員工厭惡他不多廢話的作風，但每個人都尊重他的時間。他不會無緣無故冒犯人，但他說話很直接，要周遭的人專注於工作。有些人不覺得他有領袖魅力，但所有人都覺得他效率奇高。

我記得我首次坐在他的辦公室，與他一對一面談的那天。剛完成四年學術教育的我，立即開始說明目標客戶的資料，詳述我研擬的計畫、收到的效果等等。我花了至少兩小時準備，想留下好的第一印象。他微笑地聽我講了不到兩分鐘，然後舉起一隻手。我停下來。他爽朗地大笑，說：「提摩西，我不要聽背景故事，直接告訴我，我們該怎麼做就行了。」

接下來幾週，他訓練我分辨出何時忽略了重要的事，或是著重在錯誤的事上——例如無法促使前二大或前三大客戶簽下訂單。之後我們的會談從不超過五分鐘。

從現在開始，下定決心要周遭的人保持專注，避開所有沒有明確目標的會議，不管是面對面或是遠距會議都一樣。你可以有技巧地做到，但是你要有心理準備，有些愛浪費時間的人在你公事公辦時，會覺得不受尊重。等到大家都了解你的方針就是專注工作，而且絕不改變，他們會接受事實，不再在意。不滿最終都會釋懷，不要忍受笨蛋，不然你也會被同化。

訓練周遭的人更有效率是你的責任，沒有人能夠代你做到。我的建議如下：

1.既然多數的事都不是緊急的大事，你必須引導對方接受其他溝通方法，最好的是電子郵件，接下來是電話，最後才是面對面開會。如果有人提議開會，請他們寄電子郵件，不行的話，提議以電話聯絡作為緩衝。你可以向對方提出急著要完成的工作當理由。

2.盡可能用電子郵件回覆語音留言。這樣可以訓練對方言簡意賅，幫助他們養成習慣。與電話的開場白一樣，電子郵件的內容必須能阻止任何多餘的回應。因此，如果你寫

「我們約下午四點，好嗎？」可以改成「我們約下午四點，好嗎？如果可以的話……如果不行，請給我三個你有空的時間。」

在你減少收信次數後，「如果……那麼」的討論方式變得更重要。我一週只收一次信，因此我必須格外注意如何回答，不會讓對方需要再提出「如果不行的話？」的問題，然後又要等我回答，或是還需要其他資訊。舉例來說，如果我懷疑貨物尚未送到貨運站，我會寫封電子郵件給貨運站經理，格式是：「蘇珊，妳好……請問你們收到剛出廠的貨物了嗎？如果已經送到，請告訴我……如果沒有送到，請聯絡約翰，電話＊＊＊-＊＊＊＊，電子郵件john@doe.com（我也有寄送副本給約翰），並請告訴我送貨日與貨物編號。約翰，如果貨運有任何問題，請與蘇珊聯絡，電話是＊＊＊-＊＊＊＊，她有權限代我做最高五百美金的決定。如果有緊急狀況，請撥打我的手機，但我相信你們能處理好。謝謝。」這樣寫可以防止大部分的後續問題，避免兩人分別與我聯繫，我也不必插手處理。

當你發電子郵件詢問時，養成考慮「如果……那麼」的情況，提出備用方案。

3.召開會議的目的是對已有明確定義的事做決定，而不是為了界定問題。如果有人提議見面，或是「約時間在電話上談」，請對方寄信給你，列出界定會議目標的議程表：

可以啊。你能將議程表以電子郵件寄給我嗎？讓我事先準備我們要討論的主題和問題。如果可以的話，那就太好了。先謝謝你的幫忙。

不要給他們機會推託，說「先謝謝你的幫忙」，而不是直接回絕開會，這樣你更有機會收到關於討論主題的郵件。

電子郵件可以迫使對方思考與界定，他們想從會面或電話討論中得到什麼結果。十之八九，會議都是不必要的，透過電子郵件得知需要討論的問題後，你可以直接回答。迫使他人養成習慣。有五年多的時間，我沒有召開過任何業務會議，電話遠距會議的次數也不到十二次，開會時間皆不到三十分鐘。

4.如果你非得會面或舉行電話會議，只要講三十分鐘，定下結束時間。一定要設定討論方向，盡量簡短。如果議題明確，得出結論應該花不到三十分鐘。明確說出你在幾點幾分要趕去做其他事，讓你的理由更為可信（例如三點二十分或三點三十分），強迫對方專心討論，避免交際、問候和拖延。如果你一定要出席一項長時間的會議，或是沒有設定明確主題的會議，告知會議召集人，你希望能先講完你的部分，因為你在十五分鐘後有工作要處理。如果有必要，假裝接到緊急電話，逃出會議室，讓別人轉述會議內容給你。另一個選擇是實話實說，直接講出你覺得這場會議有多沒意義。如果你選擇這條路，要先做好被開除的心理準備，或是提出其他可行方案。

5.辦公室隔間是你的聖殿——不要讓人過來串門子。有些人提議掛出「請勿打擾」之類的牌子明文宣示，但我發現除非你有辦公室，牌子都會被忽視。我的方法是戴上耳機，即使我根本沒聽音樂。如果有人無視這項不歡迎訊號，我會假裝講電話。我會將手指放在嘴唇上，說「我聽到了」之類的話，然後再對話筒說：「請你等一下好嗎？」接著轉頭對侵入者說：「嗨，需要幫忙嗎？」我不讓他們「等下再來找我」，而是強迫對方用五秒鐘說明來意，如果有必要的話，之後再寄電子郵件給我。

如果耳機的伎倆你不太在行，對於侵入者的反射性回應就得和接電話的開場白一樣：「嗨，某某某，我現在正在忙，需要幫什麼忙嗎？」如果對方無法在三十秒內說清楚，請對方寄電子郵件說明。不要一開始就請對方寄電子郵件，說：「我很樂意幫忙，但我得先完成手上的工作，你能寄封電子郵件提醒我嗎？」萬一你還是不能擊退入侵者，告訴對方你還有多少時間，這招也能用在電話上，像是：「好，我兩分鐘後要接一通電話，請告訴我有什麼問題，我能提供什麼協助？」

6. 運用「小狗成交法」訓練你的上司與他人，培養不開會的習慣。小狗成交法的命名由來，源於寵物店的銷售策略：如果有人很喜歡一隻小狗，但遲遲不肯買下小狗改變原有的生活。寵物店會提議讓客人先帶小狗回家試養，如果改變主意，他們可以退回小狗。當然，退貨很少發生。

遇到有人不願做出永久的改變時，小狗成交法能發揮寶貴的功效。請他們「試看看」，給他們嘗試後反悔的機會，好讓你得寸進尺。

比較以下兩個例子：「你一定會很愛這隻小狗。在牠十年後壽終正寢前，牠都會是你的負擔。你再也不能無憂無慮地出門度假，更有機會在各個地方撿狗屎——你覺得如何？」

vs.

「你一定會很愛這隻小狗。何不先帶牠回家，試養看看？如果你改變主意，只要把牠送回來就行了。」

現在想像你在走廊走近老闆，一手搭在他的肩膀上：

「我想要出席會議，但我有個更好的想法。乾脆別再舉行任何會議，因為開會根本是浪費時間，做不出任何有用的決定。」

vs.

「我想要出席會議，但是我忙翻了，有幾件重要的事一定要完成。我可以在外頭辦公嗎？只有今天而已，不然我也無法專心開會。我保證我會找某某某同事，了解會中的討論和決定。這樣可以嗎？」

第二種方案聽起來比較不像永遠拒絕開會，因為你故意讓提議聽起來像暫時的要求。不斷使出這一招，沒去開會時，一定要比出席會議的同事完成更多工作。盡可能玩這個消失戲法，表示你的生產力因此提升，漸進性地將請求變成永久性的改變。

模仿小孩子說：「只要這次就好！拜託！我一定會做某某事的！」父母都會受騙，因為孩子總能抓住大人的弱點。這招也可以用在老闆、廠商、客戶與全世界的人身上。

懂得用這招，但別上當。如果老闆要你加班，你若回答「下不為例」，他們以後就會視為理所當然。

耗時的工作：批次化，放心授權

「行事曆能預防手忙腳亂與突發奇想。」

——安妮・迪勒／一九七五年普立茲非小說類獎項得主

如果你從未使用商業印刷，價格與耗費的時間會讓你大吃一驚。假設印二十件訂做的四色商標圖案T恤，要花三百一十元美金，耗時一週。那麼，印三件相同的T恤要花多少時間？

三百一十元美金與一週。

這怎麼可能？很簡單——因為開模費用一模一樣。印製打版所需的材料（一百五十美金），操作印製機器的人力費用（一百美金）都相同。開模非常耗時，因此印刷量即使很小，也要像其他案子一樣排隊，導致交貨時間同樣要一週。由此可知少量造成了不經濟的情形：三件T恤的價格是單價二十美金乘以三，而非每件單價三美金乘以二十件。

因此，節省成本與時間的方案是等待大筆訂單，這個方法叫「批次生產」。批次生產也能用於處理讓人分心但必要的耗時工作，這些重複性的工作會打斷最重要的工作。

如果你一週收信與付帳單五次，每一次可能要花三十分鐘，總共回覆二十封信。如果你改成每週只做一次，回覆二十封信總共也許只花六十分鐘，而前面的作法卻得花兩個半小時。大多數人選擇前者，因為擔心會有急事。首先，真正緊急的事很少發生。第二，即使收到緊急訊息，錯過截止期限通常都能補救，或者只要花最低限度的代價彌補。

所有工作無論大小，都有不可避免的熱機時間。做一件事常常跟做一百件事相同。在重要的工作被打斷後，心理上的換檔可能要花到四十五分鐘。朝九晚五的工作時段大約有四分之一的時間（百分之二十八），都耗費在這些干擾上[20]。

這一點能夠套用於所有例行性工作，也說明了我們為什麼設定在一天的特定時間內，收信和檢查語音信箱兩次（讓信件和留言在其他時間累積）。

最近三年，我一週頂多收信一次，最久通常不會超過四週。沒有事情是不可補救的，或得花超過三百美金的代價挽回。批次的方法省掉我數百個小時不必要的工作。你的時間價值多少？

用一個假設的例子說明：

1.你的時薪是二十美金，也可說是你的時間價值。如果你的年薪是四萬美金，每年有兩週的假期，換算出的時薪正是二十美金（四萬美金除以一週四十小時，一年工作五十週的時數，等於每小時二十美金）。

2.估算如果累積所有相似的工作，加以批次處理，你能省下多少時間，並計算你能多賺多少錢，將省下的時間乘以時薪（這個例子是二十美金）：

每週省下十小時＝兩百美金

兩週省下二十小時＝四百美金

每月省下四十小時＝八百美金

3.測試以上的批次頻率，找出每個階段的問題補救成本，如果成本比省下的金額低，就將批次的時間拉長。

舉例來說，如果我每週檢查電子郵件一次，使用以上的算式計算，會發現造成我每週失去兩筆訂單，少掉八十美金的利潤。不過我會繼續每週收一次信，因為兩百美金（以省下十小時計算）扣掉八十美金，仍有一百二十美金的淨利，另外還有你在這十個小時完成其他重要工作的龐大利益。如果你將只做一件主要工作的財務和精神利益（例如談成一個大客戶，或是完成改變人生的旅遊壯舉）也算進來，批次的價值比每小時處理事務節省的成本高了許多。

如果造成的問題代價比節省的時數高，回到間隔較短的批次時間。以這個案例來說，我會從一週一次收信，改為一週兩次（不是每天），並嘗試修補，好回到一週收一次信的生活。如果能用更聰明的工作方法解決問題，就別花費更多精力工作。我不斷拉長私人雜務與業務工作的批次時間，因為我發現很少有問題發生。我現在的批次項目包括：電子郵件（星期一早上十點）、電話（完全不打）、洗衣服（隔週星期日晚上十點）、信用卡與帳單（大多是自動轉帳，但在每月的第二個星期一，回覆完電子郵件後，我會查詢帳戶餘額）、肌力訓練（每隔四天，一次訓練三十分鐘）等等。

未適當授權：規則與調整

「真正的目標是授權給員工，給他們目前狀況的一切資訊，讓他們得以完成更多工作。」

——比爾．蓋茲／微軟的共同創辦人，也是世界上最富有的人未適當授權指的是要完成一項工作前，一定要先請示或取得相關資訊，通常起源於事必躬親的管理態度，無論你是管理者或被管理者，一樣都會浪費你的時間。

如果你是員工，你的目標是獲得完整的必要資訊，盡量取得獨立的決策能力，而對創業者來說，目標是盡可能授與員工或廠商完整資訊與獨立決策的權力。

客戶服務通常是未適當授權最能見微知著的領域。我經營的迅思公司正好可以說明授權不當會造成多嚴重的問題，以及解決方法有多簡單。

在二〇〇二年，我將追蹤訂單與退貨客戶的流程外包出去，但仍然親自回答跟產品相關的問題。結果呢？我每天收到兩百封電子郵件，早上九點到下午五點的時間全花在回信上，信件量以每週百分之十的速率成長！我必須取消廣告，限制送貨量，不然倍增的客戶服務量將會敲響我的喪鐘。這不是能夠擴張的模式。記得這個詞彙，因為在後文中很重要。為什麼不能擴張？因為有個資訊與決策路障：我。

問題出在哪？收信匣裡上百封的信件內容根本與產品無關，而是外包的客服人員請示我該如何處理：

客戶說他沒有收到貨。我們該怎麼做？

客戶的貨物被海關扣押，我們可以改送到美國的地址嗎？

客戶在兩天內要收到產品，我們能用特急件寄出嗎？如果可以，我們該收多少運費？

無止無境。無數不同的狀況，讓我難以寫一份標準流程手冊，再說我也沒時間，也沒寫這類手冊的經驗。

還好其他人有經驗：外包的客服人員。我寄了一封電子郵件給所有客服，立刻將每天兩百封的電子郵件縮減到每週少於二十封：

> 各位好：
>
> 我為業務工作擬定了新的最高處理原則。
>
> 客戶滿意最重要。如果可以用一百美金以下的金額解決問題，請自行判斷，解決問題。
>
> 我現在以正式的書面許可，請你們解決所有價值一百美金以下的問題，不用聯絡我。我不再是你們的客戶，我的客戶才是你們的客戶。
>
> 不需向我請示，做你認為正確的事，如果有問題，我們會慢慢調整。謝謝各位！
>
> 提摩西

詳細分析後，我發現過去需要寄電郵請示的問題，百分之九十以上都能以二十美金以下的代價解決。剛開始的四週，我每週審查他們獨立決策的總成本，然後改成每月審查，最後改為一季一次。

人的智商很神奇，只要你授權給他們，表示你的信任，他們立刻聰明了一倍。第一個月的花費大約比我事必躬親多了兩百美金，但同時間，我每月省下超過一百小時的時間，客戶能更快獲得服務，退貨率下降到百分之三（產業平均退貨率是百分之十到十五），委外的客服廠商也不必花大量時間在我的帳戶上。整體上看來，我的業務迅速成長，利潤更高，而且大家都開心。

別人比你想像中的聰明，只要給他們機會證明。

如果你的老闆是事必躬親型，誠懇地與你的上司談，解釋你想要更有生產力，也能少打擾他。「我實在不喜歡這麼常打斷你，害你事情做到一半，我知道你手頭上有很多更重要的工作。我最近讀到一本書，讓我思考如何才能更有生產力。你有時間談談嗎？」

在這次對話之前，建立如同上例的「規則」，讓你可以更自主地工作，減少請示次數。剛開始時，上司可以每週或每天審查你的決策。提議試行一週，結尾時說：「我想試試看，你覺得我們能嘗試這個新方法一週嗎？」或用我最愛的一句話：「你覺得這樣合理嗎？」要人將事情歸類為不合理比較困難。

記住，老闆只是監督者，不是奴隸的主人。建立不斷挑戰現狀的形象，大多數人會學會少質疑你，特別是你打著提高平均時數生產力的大旗時。

如果你是事必躬親的創業者，你要認清，即使某件瑣事全世界沒人做得比你好，也不代表你要親自做。授權他人作主，不需請示你。

將規則變得對你有利：限制你能提供的時間，強迫別人先說清楚要求，才花時間處理，並將例行性的雜務批次化，避免延後著手更重要的工作。不要讓人打斷你做事。找到重心，就能找到你的生活型態。

基本原則是所有權利都要爭取得來。

在下一節的自動進帳中，我們會看到新富族如何創造無須經營的收入，移除剩下的最大障礙：自己。

問題與行動

「大家都以為當超級天才一定很棒，但他們沒想過，要忍受其他呆子有多痛苦。」

——凱文／漫畫《凱文的幻虎世界》作者

責怪呆子幹嘛來打擾你，就像是責怪小丑幹嘛嚇小孩一樣——他們沒辦法控制自己，這是他們的天性。不過，我曾經（我在騙誰啊，我現在也有）也有幾次沒事找事做。如果你跟我一樣，那我們都是偶爾耍呆的傢伙。學會辨認，並打敗想要打斷工作的衝動。

如果你有一套規則，要做到會簡單許多。你必須阻止自己和別人，避免不必要和不重要的小事干擾你，導致要事無法從頭到尾順利做完。

這一章在一定要進行的部分跟前幾章不同，因為例子和建議都在本章中舉出。因此，這一章的問題與行動只有總結，不再重複。關鍵就在本章的字裡行間，記得重讀本章，了解細部內容。

從高空俯瞰的總結複習如下：

一、利用電子郵件與電話，建立限制他人找到你的系統，擋住不必要的往來。

立刻寫好你的自動回應與語音留言內容，學會各式閃躲方法。將「你好嗎？」的問候習慣，改為「需要我幫忙嗎？」以得到對方的明確說明，記得——不要聽長篇故事。專注在立即的行動，練習打斷干擾的方法。

- 盡可能避開會議。
- 使用電子郵件解決問題，而非面對面的會議。
- 懇求不去開會（可利用小狗成交法達成）。

如果無法避開會議，記住以下幾點：

- 開會前設定清楚的會議目標。
- 設定結束時間，或是提早離開。

二、分次工作，限制暖機成本，省下更多時間完成夢想時間表的里程碑。

分次工作可以建立什麼樣的生活習慣？也就是說，有哪些工作（不論是洗衣服、採買雜貨、寄信、付款或業務報告等等）能分配到每天、每週、每月、每季或每年的特定時間做，以免浪費多餘的時間，重複這些工作。

三、建立或要求自主化的規則，偶爾審查結果即可。

如果事情出了差錯，那就移除工作中不會有致命影響的決策路障。如果你是員工，建立了足夠的自信，要求試行更有自主性的工作模式，先準備好實際的「規則」，再出其不意向老闆提出想法，想辦法成交，記得小狗成交法——將提議包裝成可反悔的短暫嘗試。

至於創業者或管理者，給別人機會證明自己。無法挽救或代價昂貴的問題極少發生，而且你絕對能省下時間。記住，利潤只有在你能花用時才有利，所以你需要時間。

工具與訣竅

削除紙張干擾，抓住重要資訊

筆記王（Evernote）：www.fourhourblog.com/evernote

這大概是去年我找到最好用的工具，幾位世界最具生產力的科技界人士推薦給我的。筆記王讓我平常所用的紙張量減少百分之九十，我的網頁瀏覽器也不再需要開多個網站視窗，這兩點都造成我很大的干擾。使用筆記王，你可以在一到三小時內，讓辦公室從雜亂無章變得窗明几淨。

不管要在哪裡截取資訊，不論使用哪種3C裝置，你都能用筆記王輕易截取，資訊截取後都可在各處搜尋到（意即：找得到）。我用筆記王做：

- 拍攝我之後想記住或找到的資料——名片、手寫便條、酒瓶標籤、收據、寫在白板上的討論內容等等。筆記王自動辨認圖片中的文字，所以內容都可搜尋（讚！）。無論用iPhone、筆記型電腦或是在網站上，你都可以搜尋內容。舉個例子，只需幾秒鐘，我可以儲存和找到任何名片上的聯絡資訊（我通常使用麥金塔電腦內建的iSight網路攝影機拍照），不用花數小時輸入所有聯絡資訊，或者從電子郵件尋找弄丟的電話號碼。省掉的時間超乎想像。

- 掃描所有合約、報章文字等等，不然這些文件都只會收在書桌上的文件夾。我使用富士通的麥金塔電腦專用迷你掃描機ScanSnap（http://bit.ly/scansnapmac），這是我找到最棒的產品，只要按一個鍵，就能在幾秒鐘將文件直接掃入筆記王。
- 拍下所有網站的快照，截取文字和連結，我在旅行時或做研究時，不用連網就能閱讀網站內容。我從此就能刪除分散各處的網站書籤、我的最愛和分頁。

過濾和避開拒接電話

中央總機（GrandCentral）：www.grandcentral.com以及

你的答錄機（YouMail）：www.youmail.com

在這年頭，你的實體住址更動的次數還比你的手機號碼（以及電子郵件）頻繁，如果你的手機號碼被公開，或是流給濫用你的號碼的人，後果不堪設想。使用中央總機網站，它會給你一組號碼，區域碼由你挑選，然後將語音留言轉寄到你的手機。我給其他人的電話都是中央總機的號碼，我的家人和密友除外。這樣做的好處有：

● 將某些來電號碼列為拒接，來電者之後打電話只會聽到「此號碼已停止使用」的語音訊息。

● 客製化不同來電者聽到的語音訊息（配偶、老闆、同事、客戶等等），當他們在留言時，你也可以聽取留言，如果留言值得打斷的話，你也可以選擇「接電話」，你也可以將對話錄下來。

● 使用非你居住地區的區域號碼，防止他人或公司找到和濫用你想保密的地址。

● 設定「請勿打擾」的時段，來電會直接轉到語音信箱，鈴聲不會響起。

● 將語音留言轉為文字簡訊，發送到你的手機。

另一個選擇是你的答錄機（YouMail），這個服務也能謄寫你的語音留言內容，以簡訊發送到你的手機。當你被困在浪費時間的會議時，卻有來電怎麼辦？沒問題：開會時透過簡訊回語音留言，你就不用會後忙著回電。

約定時間一次搞定，不再需要電子郵件往返

很少有像用電子郵件約定時間一樣耗時的事。某A：「星期二下午三點如何？」、某B：「我可以。」、某C：「我要開會。星期四如何？」、某D：「我要開電話會議，改成星期五早上十點呢？」使用以下工具可以讓約時間變得簡單、快速，不用再花一大半工作時間。

● **塗鴉日曆**（Doodle）：www.doodle.com

我找到最適合安排多人會面時間的免費工具，不需要不斷郵件往返。在三十秒內創造幾種提議選項的調查表，將連結郵寄給所有參與者。幾小時後再來檢查，你已經有了最多人能配合的時間。

- **時間駕駛**（TimeDriver）：www.timedriver.com

  讓員工和客戶依你的行程自行排定時間，這項服務跟Outlook或Google日曆整合。將「約定時間」的按鈕嵌入電子郵件內，你就不用告訴對方你何時可以打電話或開會，他們可以自己看你的公開行程，選擇時間。

選擇最佳的分次處理信件時間

Xobni：www.xobni.com/special

Xobni是將收件夾（inbox）倒過來拼創造出來的名字，這是個免費程式，可讓Outlook功能更強大。它的功能很多，但跟本章最相關的是能夠辨認「熱點」，亦即你最重要的聯絡人最頻繁來信的時段。這些「熱點」正是你分次處理信件的時間點，你重要的聯絡人（客戶、老闆等等）仍對你的回信速度滿意，即使你已經將收信時間減為一天一到三次。它也能自動動填入聯絡人欄位，從收件夾撈出信件，將其中的聯絡人電話、地址等資訊拉進聯絡人欄位。

不需進入收件夾的黑洞就能發信

不要因為你怕你忘掉甚麼事情，在下班後進入收件夾的黑洞。你應該使用以下服務，保持專注，不論是專注於完成重要的計畫，或是享受你的週末。

語音速記（Jott）：www.jott.com

只要撥打一通免費電話，就能記下你的想法、列待辦事項以及設定提醒事項。這項服務記錄謄寫你的語音留言（十五到三十秒），然後將內容寄給你指定的對象，包括你自己，或是登記在你的Google日曆上，自動排定行程。速寫板也可將留言內容的連結貼在Twitter（www.twitter.com）、Facebook（www.facebook.com）及其他網站。若你親自連結這些網站可能會浪費掉你數小時的時間。

語音記事簿（Copytalk）：www.copytalk.com

你只要口述訊息，最長一次錄四分鐘，謄寫的文字檔會在數小時內郵寄到你的電子信箱。非常適合用於腦力激盪，而且語音辨識的正確度高得驚人。

徹底避開網頁搜尋

自由應用（Freedom）：www.ibiblio.org/fred/freedom/

自由應用是免費的應用程式，能切斷蘋果電腦的網路連線，每次設定的切斷時間最少一分鐘，最多到四百八十分鐘（八小時）。自由應用可防止你因網路分心，讓你專注於完成工作。

自由應用帶給你自由，在設定的網路離線時間到期前，取消離線設定的唯一方式只有重新開機。重開機的麻煩可以降低你作弊的可能性，也會讓你更有生產力。剛開始使用時，先實驗設定較短的時間（約三十到六十分鐘）。

自在感挑戰

回頭當討厭的兩歲小鬼（兩天）

接下來兩天，學兩歲小孩向所有要求說「不」。拒絕時不要有所選擇，回絕所有不做也不會讓你立即被開除的工作。自私一點。跟上一個習題一樣，這個挑戰的重點不在結果——也就是排除所有浪費時間的工作——而是過程：

明晚／明天想看電影嗎？

你能幫我做某事嗎？

「不」應該是所有請求的預設答案。不要編出複雜的謊言，不然別人還是會繼續找你。最簡單的答案就像下列的萬用答案：「我真的不行——我現在有太多事要做。」

生活型態規劃實例

分次工作的工具——郵政信箱：或許這方式大家都知道，但說真的，跟郵遞到家相比，使用郵政信箱更能幫助你分次處理郵件。我們申請了郵政信箱，以減少在網路上外洩地址的機會，但除此之外，郵政信箱還能促使你減少收信的次數，改為分次成批處理。我們的郵局有資源回收箱，所以至少百分之六十的郵件不會跟著我們回家。有時候我一週只去檢查、處理信件一次，我發現這麼做不僅省時，我可以更果決地處理或丟棄信件，而非讀過信後擺著，以免日後會用到。——蘿拉．透納

對家庭來說，一週工作四小時不一定代表他們要去加勒比海度過四個月的帆船假期，除非那是他們的夢想，但是即使是每天晚上都能有時間在公園散步，或是一起共度週末的簡單心願，都讓身體力行本書的法則值得嘗試。

成功實踐目標的方式要多管齊下：媽媽晚上在電腦前工作時，孩子要保證不會打擾媽媽，孩子晚上由先生照顧，父母雙方每週訂好一個時間，請人幫忙顧小孩等等。最終你能獲得巨大的報酬——全家有更多時間共處。——安德麗娜．簡金斯

為什麼不將迷你退休和牙醫療程（或是一般醫療）的地理套利結合呢，省下來的錢還可用來資助你的旅費？我住在泰國四個月，做了根管治療和牙套，只花了澳洲三分之一的花費。在泰國、菲律賓、越南或是印度果阿邦，有許多專為「外籍人士」和醫療旅遊者服務的高檔牙科診所，診所醫生會講英文。歐洲很多人去波蘭或匈牙利看醫生。只要在網路搜尋「牙醫」和國家，你就會找到針對外國人的醫療廣告。當你抵達當地時，和當地外籍人士聊聊，或是在網路討論區尋找推薦的診所。我現在住在澳洲，我還是將旅遊跟年度的牙齒檢查結合，省下的錢通常可以抵來回機票的花費。即使在先進國家，醫療成本仍有顯著的落差，

例如：法國比英國便宜許多，澳洲比美國便宜。

（提姆的補充：請至en.wikipedia.org/wiki/Medical_tourism查詢醫療旅遊和地理套利的資訊。即使如美國安泰這類的大型保險集團，通常都會給付海外的治療和手術。）——匿名

[**註釋**]

19. 單這個習慣就能改變你的人生，看似小動作，但有極大的效果。
20. 《不專心的代價》（The cost of not paying attention：How Interruption Impact Knowledge Worker Productivity），Jonathan B.Spira and Joshua B. Feintuch, Bosex, 2005。

STEP
3

Automation
自動入帳

史考特：「她是你的了，所有系統都已自動化、準備就緒。
一隻猩猩和兩個實習生也能操作她！」
科克艦長：「謝謝你，史考特先生。我會盡量把這件事不想成是針對自己。」
——《星艦迷航記》——

8. 外包人生

卸下其餘重擔，品嘗地理套利[21]

「人的富裕要以他能放手不管的事情多寡衡量。」

——梭羅／自然主義者

如果由我告訴你這個故事，你不會相信我，所以我讓賈柯布來講。這還只是背景故事，為更多不可思議的事打下基礎，全都是你夢寐以求的事。

我的外包人生

《君子》雜誌特約編輯ＡＪ．**賈柯布的真實故事**（刪節號代表「過了一段時間後」）

一切都始於一個月前，我讀佛里曼的暢銷書《世界是平的》，讀到一半時。我喜歡佛里曼，雖然他很令人不解地一定要留鬍子。他的書談的是印度和中國的外包工作，不限於科技業與車廠，而是即將改變美國的所有產業，從法律到銀行到會計。

我沒有公司，我的名片甚至尚未更新。我是個在家工作的作家與編輯，通常穿著四角褲，或者，如果我想正式點，會穿企鵝圖案的睡衣長褲。然而，我心想，為什麼財星五百大的公司可以享盡一切好處？為什麼我不加入這個新世紀最大的商務潮流？為什麼不把較繁瑣的工作外包？為什麼我不能外包我的人生？

第二天，我寄電子郵件給「立基公司」（Brickwork），佛里曼在書中提到的公司。「立基公司」設在印度邦加羅爾市，提供「遠距執行助理」服務，大多數客戶都是想找人處理資料的財金公司與健康護理公司。我向他們說明，我想找人處理與《君子》雜誌相關的工作，像是研究、編排備忘錄格式等等。公司的執行長維夫克．可卡尼回答我：「能和像你這種地位的人說話真是愉快。」我立刻愛上這個決定。我從未有過任何地位。在美國，我甚至不能讓貝寧根連鎖餐廳的帶位員尊敬我，知道我在印度很有地位感覺很不錯。

幾天後，我收到新聘的「遠距執行助理」來信：

賈柯布先生，您好：

我是杭妮．巴納利。我將協助您的編輯工作與個人事務……我會配合您的要求，達成令您滿意的結果。

「令您滿意的結果」。太棒了。我以前在公司上班時有助理，但沒有一位會提到「令您滿意的結果」。事實上，如果有人用到「令您滿意的結果」一詞，下一步八成是跟人事部面談。

……

我與朋友米夏吃晚飯，他在印度長大，創立了一間軟體公司，變得令人作嘔地有錢。我告訴他我的業務外包計畫。「你應該打電話給『印度幫手』。」他說。米夏解釋，這間公司專門服務遷往海外、但父母仍住在德里或孟買的印度商人。「印度幫手」是海外的管家服務——替被遺棄的長輩們買電影票、手機和雜貨。

完美極了。這將我的外包人生推往另一個層次。我能劃分公私的勞務：杭妮負責我的公務，而印度幫手料理我的私生活——付帳單、規劃假期、線上購物。印度幫手也樂意接受外包，就這樣，賈柯布公司又多了一個後勤單位。

……

杭妮完成了第一份工作：研究《君子》雜誌選出的「世上最性感的女人」。我被指派寫這位女性的介紹文章，但我實在懶得逛垂涎她的影迷網站，蒐集她的資訊。我開啟杭妮的報告時，第一個反應是：美國人完蛋了。裡頭有圖表、各節標題，將她的寵物、三圍與最愛的食物（如劍魚）分門別類列出。如果所有邦加羅爾人都像杭妮一樣，我得為將從大學畢業的美國人捏一把冷汗。他們要對抗的是殷勤、有禮、擅長Excel的印度軍團。

……

事實上，在接下來幾天，我將一堆線上雜務外包給艾莎（印度幫手的私人服務助理）：付帳單、在drugstore.com上採買，替我的兒子買芝麻街大毛怪搔癢娃娃（事實上，那間店的大毛怪搔癢娃娃缺貨，所以她改買大毛怪公雞舞娃娃——選得好）。我要她打電話給朗訊（Cingular）電信公司，詢問我的手機資費方案。我只是猜想，但我敢打賭，她的電話是從邦加羅爾轉到紐澤西，再轉到某個在邦加羅爾的朗訊公司員工。不知為何，想到這點讓我很開心。

……

我全新的外包人生已經過了四天，當我打開電腦時，電子郵件信箱已經塞滿了海外助理的回覆。在你睡覺時，有人替你工作的感覺很奇怪。雖然奇怪，但很美妙。我流口水到枕頭上時，沒有浪費一絲時間，工作都做完了。

……

杭妮是我的守護神。以下這件事能證明：科羅拉多旅遊局不斷寄電子郵件給我（最近他們通知我科羅拉多泉市的旅遊季，邀來了世界最知名的小丑）。我請杭妮婉轉地請他們別再寄新聞稿給我。她是這麼寫的：

致科羅拉多旅遊局：

賈柯布先生時常收到科羅拉多的新聞稿，頻率實在是太高了。這些新聞確實很有趣，但完全不適合《君子》雜誌的風格。

我們也了解貴單位花了許多心力編寫、寄送這些文章，我們能理解您們的辛勞。但很不幸，我們難以撥空閱讀這些文章和郵件。

現階段，這些信件對雙方而言都沒有任何助益。因此，我們請求貴單位停止寄送郵件。我們無意看輕貴單位的編採作品。希望您們能夠理解。謝謝。

杭妮・巴納利

這是新聞史上最佳的拒絕信，極度客氣，又隱約透露出氣惱。知道科羅拉多旅遊局竟敢浪費賈柯布的寶貴時間，杭妮幾乎要暴怒。

……

我決定測試下一個理性的關係：我的婚姻。我與妻子的爭執讓我抓狂——部分是因為茱莉比我還會辯論，也許艾莎能做得更好。

哈囉，艾莎：

我太太在生我的氣，因為我忘記去自動櫃員機領錢……我在想妳是不是可以幫我告訴她我愛她，但婉轉地提醒她，她也會忘東忘西——她上個月弄丟了錢包兩次，而且還忘了替傑斯柏買指甲剪。

賈柯布

我無法告訴你送出那封信時，我有多興奮。從地球另一端的半島寄出電子郵件，跟妻子拌嘴，還有什麼方法能如此被動，卻又充滿侵略性。

第二天早上，艾莎將她寄給茱莉的信，附件寄給我。

茱莉：

我懂得妳在我忘了提錢時的不滿。我太健忘了，我真的很抱歉。

但我想這無法改變我深愛妳的事實……

深愛妳的賈柯布

PS.這封信是艾莎代賈柯布先生所發

彷彿這樣還不夠，她還寄給茱莉一張電子卡片。我點選開啟：兩隻泰迪熊彼此擁抱，上面寫著：「每次妳需要擁抱時，我永遠都在妳身邊……對不起。」

該死！我的外包助理實在太貼心了！她們保留道歉的部分，刪掉我的小牢騷。她們想要拯救我，扮演凌駕於我的超我。我覺得好無力。

另一方面，茱莉似乎挺開心的：「甜心，你真好。我原諒你。」

……

即使這三週以來有後勤部隊幫忙，我的壓力還是很大。有可能是大毛怪公雞舞娃娃的關係，我兒子愛到騎著它玩，但是到底是誰害我慢慢失常呢？不管原因為何，我決定征服另一道防線：外包我的心靈生活。

首先，我想要外包我的心理治療療程。我計畫向艾莎說明我的精神官能症狀，還有一、兩則童年故事，請她跟心理醫生談五十分鐘，再轉告我醫生的建議。聰明吧，不是嗎？我的心理醫生拒絕了，說什麼醫病倫理之類的。好吧。我叫艾莎深入研究紓解壓力的方法。她寄了一份備忘錄給我，內容極具印度風，還解說了幾個瑜伽體位法與圖片。

寫得很好，但還不夠。我決定該外包我的煩惱。最近幾週，我擔心到不斷拔頭髮，因為有件生意花了很久都沒成交。我問杭妮願不願意代我拔頭髮，一天只要幾分鐘。她覺得這是個很棒的主意。「我會天天擔心這件事，」她寫道，「別擔心了。」

外包我的精神官能症狀是這個月最成功的實驗。每次我開始煩惱時，我就會提醒自己，杭妮已經替我做了，我可以放輕鬆。我不是在開玩笑——光憑這點就物超所值。

想像一下：你想住哪裡？

「未來就在現在，只是尚未普及。」

——威廉·吉布森／《神經異魔》作者，一九八四年發明了「網域空間」（cyberspace）一詞

搶先爭睹全自動的生活。我今天早上醒來，因為是星期一，所以在享用過一頓精緻的布宜諾斯艾利斯早餐後，花了一小時收發信件。

印度的桑瑪為我找到一位失聯的高中同學，而「印度幫手」的安納古交出一份以Excel工作表寫成的研究報告，分析退休人士享受的生活，以及各個產業的平均工時。這週的訪問

也由第三位虛擬助理打理好了，她之前幫我找到日本最棒的劍道學校，還有古巴頂尖的騷莎舞老師。接著，在另一個郵件信件匣，我很開心地發現我稱職的客戶經理，田納西州的貝絲，在上週解決了將近兩打的問題——讓我們在中國與南非的大客戶深感滿意，她也和我在密西根州的會計合作，幫我報好稅。稅金會從我指定的信用卡扣款，我迅速檢查一下銀行帳戶，確認尚恩和其他負責我信用卡帳務的成員已存入比上個月更多的現金。在自動化的世界，一切都運轉得完美無瑕。

這是個晴朗的美麗日子，我面帶微笑闔上筆記型電腦。這頓供應咖啡與柳橙汁的吃到飽早餐吧，花了我四美金；而印度的外包人員每小時時薪大約四到十美金；美國的外包人員則依件計價，或是在產品送出後付款。這些人共同創造了不可思議的商場現象：赤字的現金流量是不可能發生的事。

當你賺進美金，以披索過活，用盧比付錢時，會帶來很有趣的結果，但這只是開始而已。

但我是吃人頭路的！這對我有什麼幫助？

「沒人可以給你自由，沒人可以給你平等、正義或任何權利。這些都是人天生享有的。」

——麥爾坎X／《麥爾坎X語錄》

雇用一位遠距個人助理是個巨大的分水嶺，你開始學習下指令，你是發號施令者，不再聽命於人。這個步驟是一個小訓練，讓你熟悉新富族最重要的技巧：遠距管理與溝通。

你也該學會怎麼當老闆。這不花時間、低成本，而且低風險。你現在是否「需要」幫手並不重要，這只是個練習。

這也是創業能力的試金石：你是否能管理（指揮與斥責）他人？經過適當指導與練習後，我相信你可以。大多數的創業者之所以失敗，是因為他們沒學會游泳，就一頭躍入深水中。使用虛擬助理是個簡單的練習，而且零缺點。你能在二到四週的測試期學到管理學的基礎，花費約在一百美金到四百美金之間。這是投資，不是花費，報酬率驚人，最多只要十到十四天就能回收，回收後，你的利潤就是省下更多時間。

成為新富族一員，不只要學會更聰明地工作，你還要建立一個取代你自己的系統。

這是第一項練習。

如果你不想創業，虛擬助理能將八十／二十原則發揮到極致，精簡過程。訓練別人取代你（即使這永遠都不可能會），能幫助你建立一套相當細緻的規則，減去行事曆殘存的脂肪和贅肉。剩餘的瑣事在有人受雇為你處理後，統統會消失不見。

但開銷怎麼辦？

大多數人都很難突破這一關。如果我可以做得比助理好，為什麼我還要付錢請他們？因為目標是解放你的時間，專注在更重要、更有意義的事情上。

這一章提供你低成本的練習，以超越此生活型態的障礙。要知道，就算你親自來做，可以少花一點錢，也不代表你就得花時間去做。如果你花自己的時間做，等於每小時約花二十到二十五美金，處理請別人做每小時只要十美金就能做的事。嘗試付錢請人替你做事很重要，很少人這麼做，正因如此，擁有理想生活型態的人才會寥寥無幾。

即使成本有時比你現在賺的時薪還要多，但這筆生意還是划算。假設你年薪五萬美金，換算之後，時薪是二十五美金（朝九晚五，週休二日，一年工作五十週）。如果你花時薪三十美金請一流助理，每週約省下整整八小時，你以成本四十美金（扣除掉你拿到的薪水），換到自由的一天。你願意每週花四十美金，好讓自己一週工作四天嗎？我會，我也這麼做。記住，這個假設只是最糟的狀況。

但如果這樣會惹毛你的老闆呢？

這基本上不是問題，而且預防勝於治療。如果你選擇外包的工作不會引起爭議，你沒有任何道德上或法律上的理由，需要向老闆報備。第一項方案是外派私人工作。任何時間都是時間，你花在家事和雜務的時間可以花在更好的地方。虛擬助理可以提升生活品質，讓你學習到的管理技巧也很類似。第二，你可以將無關財務資訊，或是不會洩漏公司名稱的工作外包出去。

準備建立一支助理軍團了嗎？先看看外包的黑暗面，以免你濫用權力或是浪費時間。

外包的危險：開始前的警惕

「將科技運用在工作上的第一個原則是：如果將自動化系統用於有效率的作業，將會更有效率；第二個原則是，如果將自動化系統用於沒效率的作業，將會更沒效率。」
——比爾・蓋茲

你曾經做過毫無意義的工作，處理不重要的事，或是受命要以最沒效率的方式做某件事？既沒樂趣，也沒生產力。

現在，輪到你表現智慧了。外包是進一步削減工作的方法，而不是創造更多活動，增加瑣事的原因。記得——除非工作的內容明確且重要，否則不要做。

在外包之前，先精簡事務。

不要自動化可以不用做的事，也不要委外可以自動化或刪減掉的工作，否則你只是從浪費自己的時間，改成浪費別人的時間，揮霍掉你賺來的辛苦錢。要不要變得做事更有效和有效率？記住，你現在花的是自己的錢。我希望你先習慣這個想法，這一小步的代價很低。

我有提到在外包前要先精簡事務嗎？

舉例來說，主管通常都會請助理讀電子郵件。在某些情況下，這麼做很值得。以我為例，我用垃圾郵件過濾軟體、列出常見問題的自動回應，以及自動轉寄給外包人員的機制，將我要回覆的電子郵件減少到每週十到二十封。我每週只需花三十分鐘在電子郵件上，因為我建立系統達到目標——削減事務與自動化。

我也不需要助理幫我安排會議或遠距會議，因為我已經去除了所有會議。如果我在某個月需要舉行二十分鐘的電話會議，我會寄一封僅有兩行的電子郵件約好時間。

第一個原則是：在找助理之前，先界定好規則與程序。雇人依照設計良好的程序工作，生產力才能倍增，因為程序設計不良而雇人幫忙，反而會使問題倍增。

菜單：充滿可能性的世界

「我沒興致撿拾某個自認是主子的傢伙扔出的憐憫剩菜。我要全套的權利菜單。」

——屠圖主教／南非神職人員與社會運動者

因此，下一個問題是：「你該外包什麼工作？」這是個好問題，但我不想回答。現在我要看「惡搞之家」卡通。

老實說，要寫怎麼樣才能不工作，是項工程浩大的工作。立基公司的麗堤卡和「印度幫手」的凡琪能寫得更好，所以我只提兩項原則，將勞神費力的細節留給她們。

第一條黃金守則：每項委外的工作都必須是耗時的工作，而且清楚界定。如果你像無頭蒼蠅一樣亂竄，找個虛擬助理代你亂竄，並不會改變宇宙的秩序。

第二條黃金守則：放鬆點，你也可以從中找點樂子。找個在邦加羅爾或在上海的人寄電子郵件給你的朋友，請對方扮演個人管家的角色，代你約定午餐時間等等。找口音濃重的虛擬助理，偶爾打幾通未顯示號碼的電話胡言亂語，騷擾你的老闆。有效率不代表隨時都要很嚴肅。換個口味來當家作主很好玩。紓解胸口的鬱悶，免得罹患精神官能症。

學霍華·休斯搞怪

古怪億萬富翁——電影《神鬼玩家》描寫的製片家霍華·休斯，以愛指派奇怪的工作給助理聞名。以下有幾項你可以考慮[22]。

1.休斯在第一次墜機後，向他的朋友透露，他相信自己能痊癒，要歸功於橘子汁的療效。他認為橘子汁暴露在空氣時會降低功效，因此他命令新鮮橘子要在他面前切片、榨汁。

2.休斯享受拉斯維加斯的夜生活時，命令助理去搭訕他喜歡的女性。如果這位女性同意與休斯同座，助理會拿出棄權書與合約請她簽名。

3.休斯有位全年無休待命的理髮師，但是一年才修剪頭髮和指甲一次。

4.在休斯長住於旅館時，謠傳他指示助理，每天下午四點將一個起司漢堡放在閣樓套房外的一棵樹下，不管他在不在房內。

世界充滿無限可能！如同福特的T型汽車汽車給了大眾個人專屬的交通工具，虛擬助理則讓男女老少都能像億萬富翁般耍怪癖。這才叫進步嘛！

現在，無須多說，我要將麥克風交給我的助理。注意，「印度幫手」負責私人雜務與公事，立基公司只做公事。先從重要但無聊的工作開始，迅速地從超群的工作講到荒謬的工作。為了保持原貌，我沒有更正任何以下的用字。

凡琪：不要自我設限，只要問我們事情是否可能做到。我們曾籌辦派對、安排外燴、研究暑期課程、清理帳本，依照藍圖創造３Ｄ圖檔草圖。只要問一聲，我們可以為你找到你家附近有招待小孩的餐廳，讓你為兒子慶生。我們為你找到價格與籌辦生日派對，讓你將時間用在工作上或陪孩子。

我們不能做什麼？我們不能做需要親自到場的工作，但你會很訝異現在這個年代，這種工作有多少。

以下是我們最常處理的工作：

- 安排訪問與會議
- 網路研究
- 會議、雜事、工作提醒與追蹤
- 線上購物
- 撰寫法律文件
- 不需專業設計師的網站維護（網站設計、刊登、上傳檔案）
- 監控、編輯與刊登線上討論的言論

- 在網站上刊登徵人啟事
- 撰寫文件
- 校對與編輯文件的拼字與格式
- 部落格更新的資料搜尋
- 更新客戶關係管理軟體的資料庫
- 管理人才招募過程
- 更新收據與收取款項
- 錄製語音留言

立基公司的麗堤卡加上以下幾點：

- 市場研究
- 財務研究
- 企劃書
- 產業分析
- 市場評估報告
- 簡報準備
- 編寫報告與電子報
- 法律研究

- 分析
- 網站開發
- 搜尋引擎最佳化
- 維護與更新資料庫
- 信用評分
- 管理採購程序

凡琪：我們有個健忘的客戶，他要我們隨時打電話提醒他事情。還有位個人服務的客戶，要我們每天早上叫醒他。我們辛苦搜尋，幫人找到在卡崔娜颶風後失去聯絡的親友。我們還替客戶找工作！最好玩的一樣是：有個客戶有件真的很喜歡的褲子，卻已經斷貨。他把褲子寄到邦加羅爾（從倫敦），用低於原價許多的價格，做了一模一樣的複製品。

客戶向「印度幫手」提出的個人服務要求包括：

- 提醒一位熱血沸騰的客戶付累積的停車罰單，以及不要超速和累積更多停車罰單。
- 向客戶的配偶道歉與送花。
- 設計節食計畫，定時提醒客戶，依照節食計畫訂購食物。
- 替一位客戶找工作，他因為這一年來外包個人工作而被炒魷魚。我們為他搜尋工作機會，寫履歷表，潤飾履歷，在三十天內為他找到工作。

- 修補在瑞士日內瓦的屋子破掉的窗戶。
- 聽取老師在語音留言說明的家庭作業內容，以電子郵件寄給客戶（孩子的父母）。
- 研究鞋帶的綁法對孩子的意義（客戶的兒子）。
- 在客戶還沒出發時，就替他在另一個城市找到停車位。
- 訂購家庭用的垃圾桶。
- 取得在特定地點某天某時的氣象報告，必須是具公信力的報導，而且時間在五年前。這項資訊是一項訴訟的輔助證據。
- 代替客戶與客戶的父母聊天。

讀者大衛．克羅斯提供另一個外包的實例，他雇用一位私家主廚，每餐平均成本五美金。光想像這其後代表的可能性，就足以讓人流口水。他解釋：

我想要找人烹飪我喜愛的食物。我本身是主廚，但我平常很忙碌，而且我是全家唯一真的懂得烹飪的人。我常常沒時間準備我覺得健康的食物，所以我寫了以下的徵人啟事，上傳到Craiglist分類廣告網站。

我的選擇範圍極小，非常明確，廣告刊出兩個月以來只有兩人應徵。其中一位只符合百分之二十的條件，但我們還是錄取了，他是奎師那意識協會（Hare Krishna）的長年信徒，在印度住過，他的菜單範例證明他知道該怎麼做，所以我們開始試用他。

他端出的料理的確棒透了，每小時時薪也極為合理。我和妻子都只要繞路五分鐘，就能領取我們的餐點，現在我每餐只要花不到五美金，就能嚐到美味的印度料理，滋味不輸任何餐廳。

現在我要擴及到其他料理：泰國菜、義大利菜、中國菜等等，這代表當我有時間煮飯時，我會更享受煮飯這件事，因為我不再是唯一能煮飯的人。

徵求印度／亞洲蔬食料理廚師

日期：二〇〇七年六月七日北美太平洋夏令時區下午十二點二十五分

大家好，

我們是非常國際化的本地家庭，熱愛印度和亞洲蔬食料理。我們在尋找擁有料理此種風味食物的廚師，為我們一家準備美味、新鮮、健康、原汁原味的印度／亞洲蔬食料理。

如果你一週只有煮一兩次咖哩，或是需要依食譜烹調，這份工作或許不適合你，但若你對印度蔬食料理瞭若指掌，而且可以準備美味、健康、新鮮、原汁原味的印度蔬食料理，希望你能跟我們聯絡。若你來自印度、巴基斯坦、旁遮普等地，希望能發揮你的料理專長，且熱愛印度蔬食、烹調及文化，這是一個絕佳的機會。若能了解印度傳統醫學阿育吠陀及其與飲食的相關性更好，但這點不是必要條件。

回覆者請詳述你的經驗以及你能料理的菜色。若我們喜歡你的菜色，我們會支付費用，請你烹調一或兩份試吃餐點，看看你的料理是否合我們的口味。

這是兼職職位。你必須是自營業者，負責自己的稅務和保險等等。我們會支付你議定的時薪以及料理所需的食材費用。你可以在自家烹煮餐點，我們再去取餐，我們可能會冷凍後，之後再吃。我們會和你一起設計菜單，及規劃適合雙方的時間表。

感謝你的洽詢。

基本選擇：新德里或紐約

虛擬助理有成千上萬個——該怎麼找到最適合的？本章結尾的資源表，會教你要去哪找，但你要事先設定幾個條件，不然尋找過程會十分混亂且麻煩。先從這個問題開始，或許會有幫助：「在世界何處尋找？」

遠距或本地？

「美國製造」已經不像過去一樣動聽。跨時區的專業人士與第三世界的貨幣代表兩個意義：在你睡覺時，有人在為你工作，而且時薪更低，因而能節省時間與成本。麗堤卡用這個例子說明節省時間的好處。

紐約市的客戶可以在下班時，將工作交辦給印度的個人助理，助理會在隔天早上就將所有工作處理好。由於美國與印度的時差，助理可以在客戶睡覺時工作，在隔天早上回報。例如，客戶醒來時，可以在收信匣看到寫好的摘要，助理幫客戶迅速吸收要讀的資料，再彙整而成。

印度與中國的虛擬助理，還有其他開發中國家的助理，以時薪四到十五美金受雇，最低的時薪僅處理簡單的工作，最高的時薪則能請來相當於哈佛或史丹福大學的企管碩士和博士幫你做事。需要寫份企劃書募資嗎？立基公司能用兩千五到五千美金的代價寫好，而不是一萬五千到兩萬美金。不是只有小人物才用外國助理。依照我的第一手訪談，五大會計公司的主管與管理顧問公司，他們向客戶要價六位數寫研究報告，然後以四位數金額外包到印度。

在美國或加拿大，時薪通常在二十五到一百美金之間。聽起來似乎不用想了，不是嗎？當然挑邦加羅爾？並不是。衡量的標準是完成每項工作的成本，而不是每小時的時薪。

海外助手的最大障礙是語言藩籬，常常使往來討論與最終的成本暴增四倍。我首次雇用印度的虛擬助理時犯下了致命的錯誤——沒有設定三項簡單工作的完成時限。我那週檢查進度時，發現助理花了二十三小時忙得團團轉。他暫訂了一次隔週的訪問，還安排在錯誤的時間！夠叫人抓狂吧，花了二十三小時？我每小時要付十美金，最終花費是兩百三十美金。相同的工作分派給加拿大的英語母語人士，能在兩小時內完成，每小時需付二十五美金。我只花五十美金，卻獲得不止四倍的成效。後來我又向同間公司要求另一位印度虛擬助理，他的工作成效相當於以英語為母語的人士。

你怎麼知道要選誰？這是最妙的地方：你沒辦法知道。你得測試幾位助理，磨練你的溝通技巧，同時決定該雇用誰，該開除誰。要當個績效取向的老闆，不像表面一樣簡單。

現在，你要學會幾點：

第一，每小時的成本不是決定總成本的關鍵要素，要看的是每項工作的成本。如果你需要花時間從頭說明工作任務，而不是花時間在管理虛擬助理上，衡量你說明工作所需的時間（前文已算出你的時薪數字），加在每項工作的最終價碼上，總額可能很出人意料。炫耀擁有三個國家的人為你工作是很酷，但如果你要花時間當保母，照顧這些該讓你的生活更輕鬆的人，那就不酷了。

第二，證據都在成果中。沒有實際測試，就無法預測你跟特定虛擬助理是否合得來。幸運的是，你有辦法增加機率，其中一個方法是雇用一整間公司，而不是單獨一位虛擬助理。

單打獨鬥 vs. 後援大隊

假設你找到完美的虛擬助理，他或她幫你完成所有非關鍵要務，你決定要去泰國度假犒賞自己。知道除了你之外，還有人在一旁掌舵，令你很安心。終於可以放鬆了！你的班機從曼谷飛到普吉島前的兩小時，你收到一封電子郵件：你的虛擬助理發生意外，下週都得待在醫院養傷。糟了，假期吹了。

我不喜歡只依賴一個人，我完全不建議。在高科技的世界，過度依賴稱作「單點出錯」——整體系統運作所仰賴的脆弱點。資訊科技的世界以「備援系統」為賣點，亦即即使某個部分出錯或機械故障，仍能繼續運作的系統。套用在虛擬助理上，備援代表緩衝的支援。

我推薦你雇用虛擬助理公司，或是有後備團隊的虛擬助理，而不是單打獨鬥的個人工作者。當然，有無數人數十年如一日，只用一位助理，從未遇過任何問題，但我建議把這種例子當特例，不要當通則。寧願安全，不要後悔。除了能避免天下大亂的狀況，團隊的架構也能提供許多人才，可以分派多種工作，不必費時尋找適合的新人選。立基與印度幫手都是此類團體架構的例子，他們提供單一的聯絡窗口，分配給每位客戶專門的客戶經理，再由他分派工作給團隊中最合適的人選或值班的員工。需要平面設計嗎？沒問題。需要資料庫管理嗎？交給我們。我不喜歡親自打電話和指揮多人。我想要一次解決，而且我願意為此多花百分之十的價錢。我鼓勵你該花則花，不要省小失大。

選擇團隊不代表數大就是美，只是多人團隊比單人好。我迄今用過最佳的虛擬助理是一位擁有五位助手的印度人。三人能夠有無比的效率，但兩人是在走鋼索。

最大的恐懼：「甜心，你敢在中國買保時捷嗎？」

我很確定你可能會有疑慮，賈柯布也是：

我的外包人員對我的了解深入得嚇人，不只是我的行事曆，連我的膽固醇指數、不孕問題、社會安全碼、密碼（包括一組其實是青少年髒話的密碼）。有時候我擔心不能惹毛我的外包助理，不然我的信用卡帳單可能會出現一筆一萬兩千美金，在印度阿嫩德布爾的路易威登精品店購物的帳單。

好消息是，濫用財務和機密資訊的情況很罕見。在我為這個章節所做的採訪中，我只能找到一件濫用資料的例子，而且很費力才找得到。這個案例是一位美國的虛擬助理，因為工作量太大，在交件之前，請了一位自由工作者幫忙。

謹記這個原則——不要雇用新進人員。沒有你的書面許可，禁止小規模的虛擬助理工作室，將工作外包給尚未驗證的自由工作者。愈有制度與愈頂尖的公司，像是以下例子的立基公司，有幾近吹毛求疵的安全規範，在遇到有人違反規則時，可以輕易抓出禍首：

- 員工需要接受背景調查，並簽署保密協定，承諾遵守公司保護客戶資訊的政策。
- 出入時需用電子門禁卡。
- 信用卡資料只能由特定的主管人員輸入。
- 禁止從辦公室帶走文件。
- 限制不同小組的虛擬局域網（VLAN）連線，以確保組織內不同小組的成員，無法未經授權取得資訊。
- 定期檢視印表機登入資訊。
- 卸除軟碟機與USB連接埠。
- 獲得國際安全標準BS799認證。
- 所有資料傳輸皆採一二八位元加密。
- 安全的虛擬私有網路（VPN）連線。

我敢打賭敏感資料在立基公司的安全性，很可能比存在你的個人電腦還安全一百倍。

然而，在數位時代，我們最好將資訊盜用視為無法避免，為了控制可能的損失，我們必須採取幾個預防措施。我用兩個方法，將損害降到最低，而且能快速補救。

1. 線上交易或是交辦遠距助理工作時，不要用VISA金融卡。取消未授權的信用卡交易，幾乎是毫不費力，特別是美國運通卡，而且近乎即時。取回未授權的VISA金融卡交易從你的帳戶扣除的款項，光是文件來往，就要花數十個小時，即使退款的審核通過，你還得等好幾個月才能拿回款項。

2.如果你的虛擬助理要代你登入網站帳戶，每個網站都要建立專門的新帳號與密碼，不得重複。大多數人在不同網站都使用相同的帳號與密碼。若採取這項安全措施，可以限制可能帶來的損失。如果虛擬助理需要在新網站建立帳號，指示他們使用你建立的專門帳號。注意，若你需要助理連上即時的商業網站（研發人員、程式設計的網站等等），這點尤其重要。

如果你還沒遇上資訊竊取或身分盜用，總有一天會遇到。遵守以上原則，等到發生時，你會發現，就像大多數的夢魘一樣，其實沒那麼可怕，而且能修正。

高深的極簡藝術：常見的抱怨

我的助理是白癡！他花了二十三個小時安排一項訪問！這當然只是我的第一個抱怨。二十三個小時！我已經怒火沸騰，準備大肆咆哮。我寄給這位助理的電子郵件看起來交代得很清楚。

阿貝杜爾，你好：

以下是第一件工作，請在下週二前完成。若有問題，請以電話或電子郵件聯絡我：

1.連上這篇文章www.msnbc.msn.com/id/12666060/site/newsweek/，找到凱羅・密利根、馬克與茱莉・蘇凱利的聯絡資料。請你也找到羅勃・隆恩的資料www.msnbc.msn.com/id/12652789/site/newsweek/。

2.安排凱羅、馬克／茱莉與羅勃接受三十分鐘的訪問。使用www.myevents.com（使用者名稱：notreal，密碼：donttryit）將他們的受訪時間安排在下一週的行事曆上，美國東部時間早上九點到晚上九點皆可。

3.尋找成功說服老闆，為自己協商出遠距工作合約（電子通勤）的美國員工，找出他們的姓名、電子郵件與電話（電話是最不重要的）。最理想的人選是同時還到國外旅行的員工。其他關鍵字包括「居家就業」與「電子通勤」。重點在於他們花了許多精力，跟頑固的老闆談判成功。請寄給我他們的個人檔案網址，或是寫一段文字說明為什麼他們符合以上條件。

期待看到你的成果。若你有不清楚的地方或問題，請寄電子郵件詢問。

提摩西上

事實是——這都是我的錯。這封信並非很好的初次指令，甚至在我動筆前就犯了致命的錯誤。如果你是很有效率的人，但不習慣指示別人做事，先把所有問題想成是你的錯。立即指責他人，發洩不滿，確實比較符合人性，但是大多數剛起步的老闆都會犯下與我相同的錯誤。

一、我接受外包公司提供的第一個人選，也沒在剛開始合作時提出特殊要求。

指定要英文「流利」的人選，並宣稱需要電話聯絡（即使實際上不需要）。如果出現多次溝通不良的情況，迅速要求替代人選。

二、我的指示不明確。

我要他安排訪問，但沒提到是為了寫文章做訪問。他依照以往為其他客戶工作的經驗，以為我想要雇人[23]，因此他將時間誤用在編寫工作表、搜尋人力網站，蒐集我不需要的資訊。

每個句子必須只能有一種詮釋，而且要連小二生都能讀懂。這個原則也適用於以英語為母語者，這樣能讓你的要求更清楚，華麗的字彙常隱含著不精確。

注意，我問他如果不懂或有問題，請聯絡我，這種做法大錯特錯。正確的做法是：請外國虛擬助理在開始工作前，說明一次工作內容，證明他已理解。

三、我給他浪費時間的理由。

這點又回到損害控管的問題。要求在開始作業的幾個小時後回報最新進度，確定對方理解工作內容，而且也可行。有些工作必須在正式開始後，才會發現不可能完成。

四、我給了他一週的期限。

遵守帕金森定律，要求工作要在七十二小時內完成。我將期限設定在四十八小時和二十四小時的成果最好。這又證明了雇用助理團隊（三人以上）的必要性，而不是可能會被多個客戶的緊急要求，弄到焦頭爛額的單人助理。期限短不代表要避免外派較大規模的任務（如企劃書），而是要事先分解成幾個較小的階段性目標，可以逐一用較短的時間完成（架構、競爭研究的摘要、分章寫完等）。

五、我給他太多工作，也沒有設定優先順序。

我建議如果可以，一次只給一項工作，絕不要超過兩件。如果你希望電腦短路或當機，只要同時開二十個視窗和應用程式。如果你想讓助理腦筋短路，給他或她十二項工作，不設定優先順序。記住這句銘言：委外前先削減。

如何寫封好的電子郵件，向虛擬助理下指令？以下的範例信件我剛寄給一位印度虛擬助理不久，她的成果著實教人讚嘆不已：

索瑪，妳好：

謝謝妳的協助，我想要開始下一項工作。

任務：我需要找到出過書的美國男性雜誌編輯，我要他們的姓名與電子郵件（例如：《Maxim》雜誌、《Stuff科技時尚誌》、《GQ》雜誌、《君子》雜誌、《Blender》音樂誌等等），像是《君子》雜誌的特約編輯賈柯布（www.ajjacobs.com）。我已經有他的資料，還需要更多像他一樣的人。

妳能做到嗎？如果不行，請提出建議。請回覆告知，妳計畫如何執行這項工作。

完成期限：因為我很急，向我回覆確認後立即開始，並在作業三小時後，告訴我妳的成果。可能的話，請立即開始。完成期限是三小時後，在星期一東部時間下午五點向我報告。

謝謝妳，希望妳能迅速回應。

提摩西

簡短、客氣且扼要。清晰的寫作成就清晰的命令，而一切源於清晰的思考，簡單思考。

在接下來幾章，從聘用虛擬助理培養出的溝通技巧，將會用在更為宏大的、獲利豐厚的領域：自動化。你即將外包的規模，會讓現在的委外工作相較之下微不足道。

在自動化的世界，並非所有業務模式都是平等的。要怎麼創辦一門事業，不用動手，就能協調所有部門運作自如？要怎麼讓銀行帳戶的現金自動累積，同時避免最常見的問題？這都要從了解你的選擇開始，嫻熟避開資訊流的藝術，以及創造我後文將說明的「繆思」。

下一章是第一步驟的藍圖：產品。

依流程圖行事

讀者傑德．伍德提供了以下的《一週工作4小時》流程圖，他運用此圖加速決策流程，減少投入的生產力卻得到更多的成效，因而可花更多時間與妻子和孩子相處。

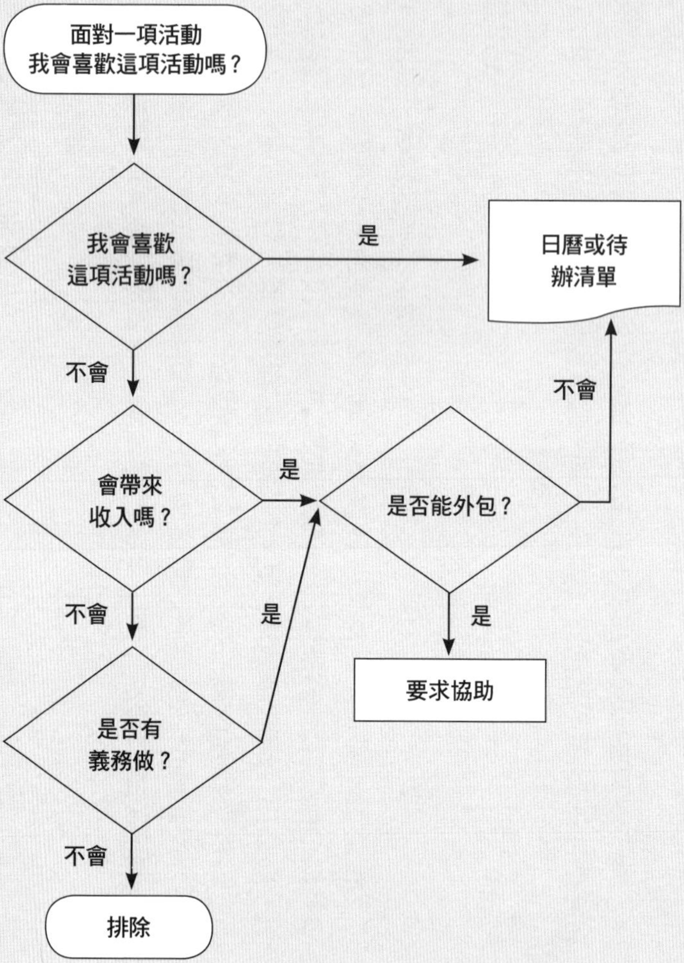

感謝 Newlyrich.com 提供
（2007）

問題與行動

一、雇一位助理——即使你不需要

學習習慣發號施令，而非老是聽命行事。先從單一的測試工作或是重複的雜務（最好是每天要做的事）。對於需要高度語言能力的工作，我建議採用本國的助理。在早期的階段，雇用外國助理，以訓練你溝通措辭的明確度。從以下選擇各挑一間本國和外國的服務，開始起步。

以下網站是非常實用的資源，依地理區域分類。

美國和加拿大（每小時二十美金以上）

虛擬辦公室助理國際協會：www.iavoa.com

包括美國地區的全球指南：www.fourhourblog/cvac（加拿大虛擬助理通訊錄）

www.canadianva.net/files/va-locator.html（位於加拿大）

www.fourhourblog/obm

北美和國際地區（每小時四美金以上）

www.fourhourblog.com/elance（搜尋「虛擬助理」virtual assistants、「個人助理」personal assistants與「執行助理」executive assistants）。Elance上的客戶評價幫我找到我至今合作過的最佳虛擬助理，而且一小時只收費四美金。其他相似的、有正面評價的虛擬助理徵求網站包括：www.guru.com及www.fourhourblog.com/vworker。

印度

www.fourhourblog.com/asksunday（每月二十到六十美金，就能擁有全年無休的門房服務，可免費試用一週）。「每天星期天」（AskSunday）是個人外包市場上的新生力軍，相當先進。他們的網站在二〇〇七年獲《時代雜誌》提名為年度次佳的個人外包網站。只要撥打二一二（紐約市）區碼的電話，就會被轉接到談吐俱佳的印度和菲律賓助理。我有百分之八十的工作交給這個網站，因為大部分的任務可在十分鐘內完成。若是耗時較長的工作，也有團隊可以幫你處理，費用是每小時十二美金。

www.b2kcorp.com（每小時十五美金以上）。不管是財星十大石油公司、財星五百大公司、五大會計事務所與美國國會議員，立基公司都能讓客戶滿意，從他們的白領階級要價就可知道——只能指派公事，不要叫他們送花給阿姨。

www.taskeveryday.com（每小時只要六．九八美金，你就能請到你專有的虛擬助理）。「日常秘書」（taskeveryday）的公司設於孟買，在美國、英國和澳洲，都能直接撥打電話或以電子郵件聯繫該公司。大多數人選擇每週二十或四十小時的預購方案。

www.yourmanindia.com（每小時六．二五美金以上）。印度幫手處理公事與私事，可以與你一起同步工作（二十四小時全年無休），並在你睡覺時完成公事。虛擬助理的英語能力與效率有很大的落差，所以在開始前，或分派重要的工作前，先電話面試你的虛擬助理。重要提醒：在本書初版出版後，有些人抱怨該公司的助理品質低落，或是需要等待高達四週，才能成為該公司客戶。

二、小事起頭，但眼光放遠

蒂娜・佛西斯是線上業務經理（高階的虛擬助理），負責協助客戶重新設計業務模式，將客戶六位數的收入變成七位數。她提供了以下建議：

- 看看你的待辦清單——哪件事拖了最久還沒做？
- 每次你被打斷或改做另一項工作時，先問自己：「可以找虛擬助理做嗎？」
- 檢查「痛點」——什麼工作做起來最無力、最無聊？

以下幾項是有架設網站的中小企業最常見的耗時工作。

- 刊登文章，吸引網友瀏覽網站，以及建立發信名單。
- 參與或管理網站討論區。
- 管理相關的程式。
- 編寫和刊登電子報與更新部落格。
- 新行銷活動的調查和研究，或是分析現行行銷活動的成果。

別期望虛擬助理能夠成就奇蹟，但也不需抱持太低的期望。稍微放手。不要分派垃圾工作，結果只會浪費時間，而非節省時間。花十到十五分鐘寄電子郵件到印度，請他們做機票報價是很愚蠢的事，畢竟你能夠在十分鐘內上網查價，還能省下信件往返的時間。

跳脫你的自在極限——這是這個習題的目的。如果虛擬助理的能力不足，你隨時都能將工作收回自己做，所以，先測試他們的能力吧。記住立基公司的建議：不要自我設限。

三、想想你的公事雜務和私務中，哪些最耗時，分別列出五項你可以純為好玩，而委派出去的工作。

四、隨時同步：行程安排和日曆

如果你決定要聘請助理幫你安排會面，以及新增事項到你的日曆，你務必要能看到最新的更新。以下有幾個服務選擇：

BusySync（www.busysync.com）我有兩個Gmail帳號：一個是我私人使用的信箱，一個是我助理使用的，接收一般信件的信箱。我用BusySync同步她更新的Google日曆及我的iCal（麥金塔電腦的日曆程式）。我也使用SpanningSync（www.spanningsync.com）成功地同步各個日曆。

WebEx Office（www.weboffice.com）在線上分享你的日曆，同時能隱藏你的私人行程。可以跟Outlook同步，且提供文件分享和其他為助理和團隊合作設計的功能。我建議你可以比較使用WebExOffice，與同步化你的Outlook和你的助理的Google日曆，兩者有何差別。

自在感挑戰

使用批評三明治（每週兩天）

生活中必定有人會做出擾人或表現欠佳的表現，不論是同事、老闆、客戶或者是另一半，與其因為害怕衝突而避免提及，倒不如婉言相勸，請他們改正自己的行為。每天一次，連續兩天，連續三週的每個星期四（星期一到星期三的職場氣氛太緊張，而星期五太放鬆），下定決心將我所謂的「批評三明治」用在某人身上。記在行事曆上提醒自己。我之所以稱此為批評三明治，是因為你得先稱讚對方做的某件事，接著再提出批評，最後再以改變話題的稱讚收尾，結束敏感話題。這個例子的對象是上司或老闆，關鍵字與用詞都已強調出來。

你：嗨，瑪拉，妳有空嗎？

瑪拉：有啊，有什麼事？

你：我要先感謝妳幫我處理米里沃的事（隨便填入任何事）。我很感謝妳教我怎麼處理。妳真的很擅長處理技術上的問題。

瑪拉：不用客氣。

你：不過有件事[24]，現在大家的工作量都很大，我覺得[25]有些忙不過來。我通常很清楚每件工作的優先順序[26]，但我最近不太能分辨哪些工作應該最優先完成。妳能幫我看一下哪件是最重要的工作，要最優先完成的？我知道這是我的問題[27]，但我很需要，我覺得會對我很有幫助。

瑪拉：嗯……我會看看要怎麼做。

你：這對我很重要，謝謝。對了，在我忘記之前我要跟妳說[28]，妳上週的報告很棒。

瑪拉：你這麼覺得嗎？（閒聊）……

生活型態規劃實例

寄送電子郵件的最佳時間

你建議大家應該每天只檢查電子信箱兩三次。我做了一點改變：我在時間方便時回覆信件，但我也會設定回覆信在我方便的時間寄達。Outlook可以延遲電子郵件的寄達時間。舉例來說，我在下午三點回信，但我不希望我的員工立刻回覆我或詢問我相關問題（這也能防止我用電子郵件聊天）。所以我雖然按了寄出，但會將寄達時間延遲到晚上或早上八點，讓我的員工在早上上班時收到。這才是電子郵件的真諦，這是郵件，不是聊天軟體。——吉姆．拉倫加

[註釋]

21. 利用全球定價與匯率的差異，從中套利，或建立你的生活型態。
22. 《霍華・休斯傳》（Howard Hughes: His Life and Madness），Donald Bartlett。
23. 英文interview可解釋為「訪問」或「面試」。
24. 如果沒必要，不要稱之為「問題」。
25. 人能辯說你的感覺不對，所以使用這個詞，避免因其他事產生爭執。
26. 注意，我盡量避免用「你」，以免聽起來像指責，即使你的話語中不免仍有暗示是對方的問題。「通常，你該說清楚每件工作的優先順序」聽起來像是有意的挑釁。如果是與另一半對話，可以不用那麼正式，但千萬別用「你總是這麼這麼做」，這麼說只會成為吵架的導火線。
27. 用這句話讓批評不要太尖銳。你已經表達出你的意思了。
28. 「對了，在我忘記之前我要跟妳說」能夠很順暢地將話題轉到結尾的稱讚，也能轉移話題，讓你能夠避免尷尬，不著痕跡地拋開敏感話題。

9. 收入自動駕駛（一）

尋找繆思

「設定好，就別管了！」

——朗恩・波貝爾／朗科公司的創辦人，創造超過十億美金的烤雞肉機銷售額

「方法可說有千萬種，但是原則只有幾個。懂得原則的人可以選擇適合自己的成功方法，而試了許多方法，卻忽略原則的人，一定會有麻煩。」

——愛默生

文藝復興的極簡主義者

道格拉斯・普萊斯在布魯克林的古雅磚屋醒來，迎接另一個美麗的夏日早晨。第一件事當然是：香醇的咖啡。他才剛從克羅埃西亞度假兩週回來，但時差沒有太大的影響。這是他

近十二個月來造訪的第六個國家，日本是下一個目的地。

帶著微笑，拿著咖啡杯，他慢慢走到麥金塔電腦前，先從私人的電子郵件看起。共有三十二封新信件，全是好消息。

他的朋友兼創業夥伴，也是Limewire分享軟體的共同創辦人，宣布最新消息：他們研發的Last Bamboo——企圖改寫點對點科技的程式，現在已經到達了研發的最後階段。這是可能賺進億萬美金的小寶貝，但道格拉斯讓工程師自由發揮。

波士頓最熱門的當代藝廊「參孫計畫」，對於道格拉斯的最新作品讚不絕口，詢問他是否願意參與新展覽，擔任音效監製。

信件匣的最後一封信是寫給「惡魔博士」的樂迷信，稱讚他最新的樂器嘻哈專輯《線上V1.0.1》。道格拉斯將他的專輯稱為「開放碼音樂」——提供免費下載，並授權任何人將編曲用在個人創作上。

他又笑了一下。喝完深焙咖啡後，他打開視窗處理公事郵件。這用不著多少時間。事實上，他花了不到三十分鐘，每週只花兩小時。

世事改變之大。

兩年前，在二○○四年六月，我在道格拉斯的公寓收信，希望這是最近的最後一次收信。我要在幾小時內前往紐約甘迺迪機場，準備環遊世界，歸期未定。道格拉斯好奇地在一旁觀看。他也有類似的計畫，也終於從創投基金資助的新網路公司脫身。他的公司曾登上雜誌封面，曾是他的熱情所在，但現在對他而言，不過是份工作。網路年代的狂熱早已枯竭，隨著光輝黯淡，轉賣公司與首次公開上市的機會多已飄逝。

他向我道別，在計程車駛走時做了一個決定——他已經受夠複雜的生活，現在該反璞歸真了。

在eBay銷售測試一週後，prosoundeffects.com在二〇〇五年一月正式營運，目標只有一個：提供道格拉斯大量現金，並投入最少的時間。

讓我們再回到他二〇〇六年的公事電子郵件信箱。裡頭有十份音效資料庫的訂單——電影製片人、音樂家、電玩設計師，以及其他專業音效師使用的ＣＤ，以將一些奇特的聲音（如狐猴的低鳴聲或是異國的樂器）加入個人創作。這正是道格拉斯的產品，但他不擁有這些產品，因為那樣需要實體存貨與預付款項。他的業務模式更精巧。以下說明的僅是收入來源之一：

1.某位潛在客戶看到他在Google或其他搜尋引擎的點擊付費廣告，點選連上他的網站www.prosoundeffects.com。

2.這位潛在客戶訂購了三百二十五元美金的產品（這是平均訂購金額，產品價位範圍在二十九美金到七千五百美金之間），放入Yahoo購物車內，客戶的付款與運送資訊會以ＰＤＦ檔自動寄送給道格拉斯。

3.每週三次，道格拉斯會在Yahoo管理網頁按下一個鍵，向所有客戶的信用卡扣款，將現金放入他的銀行帳戶。然後，他將ＰＤＦ檔存成Excel格式的訂購單，將訂購單寄給音樂資料庫ＣＤ的製造商。該公司將產品寄給道格拉斯的客戶——這稱為「轉運配送」，而道格拉斯支付給製造商的金額，只有產品零售價的百分之四十五，最長可等到九十天後付款（九十天付款期條款）。

現在來看看這個系統創造的漂亮數字，領略它的美妙。

一筆三百二十五美金的訂單，扣掉百分之四十五的成本，道格拉斯可獲得一百七十八點七五美金。然後，我們再扣掉百分之一的零售價格（三百二十五美金乘以百分之一等於三點二五美金），這是Yahoo商店的交易費，還有百分之二點五的信用卡手續費（三百二十五美金乘以百分之二點五等於八點一三美金），道格拉斯從這筆訂單得到的稅前利潤為一百六十七點三八美金。

將這個數字乘十，我們可以算出，他每工作三十分鐘，便能賺進一千六百七十三點八的利潤。道格拉斯每小時賺三千三百四十七點六美金，而且不需事先購買任何產品。他最初的創業成本是花在網頁設計上的一千兩百元美金，只花一週時間回收。他的點擊式廣告每個月支出約七百美金，Yahoo商店與購物車管理費每個月支出九十九美金。

他一週工作不到兩小時，每月賺進一萬美金以上是常事，也沒有任何財務風險。

現在，道格拉斯將時間用在音樂創作、旅遊與探索新的商機，純粹只為刺激。Prosoundeffects.com並非他的唯一，但這門生意讓他無後顧之憂，將心思專注在其他事上。

如果你不用擔心錢從哪來，你會做什麼？如果你遵照本章的建議，你很快就要回答這個問題。

現在，去尋找你的繆思吧。

想賺進百萬美金，有一百萬零一種方式。從開連鎖店到擔任獨立顧問，數不盡可能的方法。還好，大部分選擇都不適合我們的目標。本章並非寫給那些想經營事業的人，而是寫給想擁有事業，但不想花時間在上頭的人。

我介紹這個概念時，得到的回應幾乎是一致的：啥？

沒人肯相信世界上大多數超成功的公司都沒有親自製造產品，親自接電話，親自送貨，或是親自服務客戶。世界上有數百家公司假裝有別的業務，實際上他們接手上述事務，提供可租借的設施給任何知道怎麼找到他們的人。

Xbox 360真的是微軟製造的嗎？柯達真的親自設計和運銷數位相機嗎？再想想吧。這些都是新加坡的電子製造廠偉創力公司做的，它在三十個國家設有據點，年度營收一百五十三億美金。美國最受歡迎的登山腳踏車品牌大都在中國的三或四間工廠製造。數十間電話客服中心按一個鍵，接聽完國際公司潘尼百貨（JC Penney）的客服電話後，接著按另一個鍵，接聽國際公司戴爾電腦的電話。之後還有更多更多鍵，為如我之流的新富族接電話。

事實再也清楚不過，花費也少得美妙極了。

在我們創造虛擬的架構時，我們要有一項能賣的產品。如果你的生意是服務業，這一節能幫你將專業變為能夠運銷的實體產品，跳脫時薪模式的限制。若你從零開始，先別想服務業，因為這門行業時常要與客戶接觸，會讓你難以從工作崗位脫身[29]。

為了縮小範圍，我們將目標產品的測試費用限制在五百美金以內，必須在四個月內達到自動入帳——在經營上了軌道，運作順暢後——管理時間每週不得超過一天。

能做一門改變世界的生意嗎，像是美體小舖或巴塔哥尼亞運動服飾？可以，但那不是本書要談的目標。

或是，做一門可以轉賣公司或首次公開上市的生意，從中大撈一筆？可以，但那也不是我們的目標。

我們的目標很簡單：創造自動吐出現金的工具，不過如此[30]。我盡量稱這項工具為「繆思」，好與意思籠統的「生意」區別，因為這個詞能同時用來稱呼檸檬水攤子或是財星十大石油集團——我們的目標範圍較小，因此需要更精確的用詞。

第一件要談的是：現金流動與時間。只要有這兩項貨幣，一切都有可能。沒有它們，什麼都不可能。

爲什麼剛開始就要設定目標：警世眞言

莎拉很興奮。

她的趣味高爾夫球運動上衣在網路上銷售兩週後，平均每天賣出五件單價十五美金的上衣。她的單位成本是五美金，所以她每二十四小時就能得到五十美金的利潤（已扣除信用卡手續費），她則整日忙著包裝和運送產品給客戶。她應該很快就能回收最初的三百件訂單成本（包括打版費、開模費等等）——但她還想賺更多。

想到第一項產品的悲慘結局，這次的轉變實在很甜美。莎拉花了一萬兩千美金研發、申請專利與製造高科技嬰兒車，賣給新生兒母親（她從未生過孩子），結果發現沒人感興趣。

相較之下，趣味上衣的銷路非常好，但銷售量開始走下坡。

她似乎已達到網路銷售的極限，因為資金更雄厚與厚顏無恥的競爭者加入，花大筆錢打廣告，造成成本提高。她想到：何不往零售發展！

莎拉找上當地的高爾夫用品店經理比爾，他立即表示有興趣販售這項產品。她開心極了。

比爾依照慣例，要求至少定價六折的批發價。這代表她現在每件上衣賣九美金，而非十五美金，利潤從十美金降到四美金。莎拉決定試試看，也將上衣以同樣價格批到附近的城鎮。她的存貨逐漸減少，但她隨即發現：因為她得花更多時間開收據，以及做其他行政工作，多賺的微薄利潤已被多投入的工時抵銷。

她決定找經銷商[31]幫忙，減少工作量。經銷商擔任的角色是轉銷貨物的倉庫，替多個製造商將產品銷售到全國各地的高爾夫用品店。經銷商也有興趣，照他們的慣例提出要價——零售價格打三折，亦即四點五美金。這樣莎拉每件上衣只有五十美分的利潤。她回絕了。

雪上加霜的是，銷售上衣的四間地區商店開始彼此削價競爭，砍殺自己的利潤。兩週後，沒人再訂貨。莎拉放棄零售，垂頭喪氣地專心經營網站。因為新的競爭者，網路銷售的業績跌到趨近於零。她仍未收回最初的投資，車庫裡還剩五十件上衣。結果不算太好。

如果經過適當的測試與計畫，這一切都能避免。

「肌酸先生」艾德·博德可不是莎拉。他不是盲目投資，把命運交給上天的人。他設於舊金山的MRI公司，擁有美國二〇〇二到二〇〇五年最暢銷的營養補充品NO2。即使現在有數十項類似的產品，NO2依舊暢銷。聰明測試、聰明定位與優異經銷，是他成功的原因。

在生產之前，MRI先在男性健康雜誌上，以四分之一開的篇幅，為一本討論此類產品的低價書籍做廣告。等到雪花般的書籍訂單證實了市場的廣大需求後，NO2以讓人咋舌的定價七十九點九五美金上市，定位為市場的高階產品，僅在美國各地的健安喜商店銷售，其他通路不得銷售。

拒絕新生意上門怎麼可能有道理？有幾個好理由。

第一，零售的競爭愈激烈，產品絕跡的速度也愈快。這正是莎拉犯下的錯誤。

理由如下：零售商A以你的建議售價五十美金銷售產品，零售商B為了與A競爭，以四十五美金的價格銷售，接著零售商C以四十美金銷售，好跟A與B競爭。沒多久，沒人能因販賣你的產品而獲利，他們也不想再下訂單。客戶已經習慣低價，無法重回原始價格。這項產品玩完了，你需要創造新產品。為什麼有那麼多公司需要持續不斷推出新產品，原因正是如此。削價競爭很令人頭痛。

這六年來，我只有一項營養補充產品「迅思」（BrainQUICKEN），也以「捷身」（BodyQUICK）的產品名稱銷售，利潤至今為止仍然不變，因為我限制批發的鋪貨通路，尤其是線上銷售，只賣給第一大或前兩大的零售商，他們能夠訂購、賣出大量產品，也同意維持最低的建議售價[32]。不然，eBay的破盤殺價競爭與小本經營的小店會把你逼到破產。

第二，大多數製造商都避免獨家供貨給特定通路，但這麼做其實有好處。因為你提供一間公司百分之百的經銷權，你能談到更好的利潤（亦即提高批發價格），對方的行銷會更積極，付款會更快速，也能獲得其他優惠待遇。

準備投資一項產品前，一定要先擬定銷售和經銷產品的策略。中間人愈多，你抓的利潤需要更高，以維持上下游間所有中間人的利潤。

艾德．博德達成這些要求，證明反其道而行的做法可以降低風險，增加利潤。先選好經銷通路再想產品，只是一個例子。

艾德沒在旅遊，或是沒進辦公室指揮小而美的團隊，和陪伴兩隻澳洲牧羊犬時，他總開著藍寶堅尼跑車沿著加州海岸兜風。這個結果絕非偶然，他創造產品的方法，以及其他新富族的方法，都能成功複製。

現在，你只要照著以下幾個極其精簡的步驟做。

第一步：挑選能夠觸及的利基市場

「年輕時……我（不）想眼光太過狹隘……現在，你應該要眼光狹隘，因為那是你的利基市場。」

——陳沖／《末代皇帝》與《雙峰》演員

創造需求很難，找到需求相對簡單得多。不要創造產品，再找人買產品。找到市場，界定目標客戶，然後為他們研發產品。

我當過學生與運動員，所以我創造產品，盡量專注在男性消費群。我的大學入學指南有聲書之所以失敗，是因為我從來沒當過大學入學顧問。我後來成立了速讀班，是因為我領悟到可以接觸到學生，這門生意會成功，是因為我自己也是學生，我懂得他們的需求與消費習慣。設身處地以目標客戶的角度思考，不要猜測別人想要什麼，或可能願意買什麼。

從小規模開始，想得遠大

「有些人就是愛死了侏儒秀。」

——丹尼．布萊克（一百二十七公分高）／Shortdwarf.com的合夥人[33]

丹尼．布萊克租借侏儒，以提供娛樂，每小時要價一百四十九美金。不錯的利基市場吧？

俗話說，如果每個人都是你的客戶，那麼根本沒人是你的客戶。如果你打算賣產品給愛狗者或愛貓者，可以罷手了。要向如此廣大的市場打廣告太昂貴，而且還要跟太多產品與太多免費資訊競爭。然而，若你專精於訓練德國牧羊犬，或是專賣福特古董車的修護產品，市場與競爭都大幅縮小，要達到目標客戶比較便宜，要訂下最佳價格也比較簡單。

迅思剛開始是專為學生設計的，但市場定位太過分散，因而難以觸及。根據學生運動員的正面回響，我重新推出產品，改名為捷身，在專業的武打與健身雜誌廣告測試。與龐大的學生市場相比，這個市場很微小，但又不會太小。低廉的廣告成本與缺乏競爭，讓我能以首項「神經中樞加速食品」[34]稱霸該利基市場。比起在大池當隻定位不明的魚，在小池當大魚比較有利可圖。要如何知道市場是否足以達到你的目標月收入？想知道我如何估算最近的新產品「利思」的市場規模，請上本書的官方網站。

問自己以下問題，以找到最有利潤的利基市場。

一、你屬於哪個社會階層、產業與專業團體，或曾經是其中一員？換句話說，你是否了解牙醫、工程師、攀岩者、單車愛好者、汽車改裝愛好者、舞者等行業或嗜好團體？

以創意思維檢視你的履歷、工作經驗、運動習慣與嗜好，列出所有參與團體的清單，包括過去和現在參加的。看看你擁有的產品和書籍，包括線上和紙本訂購的書刊，問問自己：「哪些人也買了相同的東西？」哪些雜誌、網站和電子報是你會定期閱讀的？

二、哪些你認同的團體擁有專屬的雜誌？

去一間大書店，像是邦諾書店，瀏覽小眾的專業雜誌，想出其他利基市場。市場上有數千本職業與愛好雜誌供你挑選。使用《寫作市場》雜誌（Writer's Market）找出沒在書店陳列的雜誌。將第一個問題的團體縮小到可用一或兩本小市場雜誌觸及的範圍。這些團體成員是否有錢不重要（如高爾夫球）——重點是他們肯花錢買某些產品（像是業餘運動員、鱸魚釣客等）。打給這些雜誌，與廣告部主管談談，告訴他們你考慮在雜誌上登廣告，請他們寄廣告費率的電子郵件給你、列出讀者數量，並提供過期雜誌樣本。翻閱這些過期雜誌，找出哪些廣告主以免付費電話或網站直接銷售商品給客戶，其中多少人持續刊登廣告——忠誠的廣告主愈多，廣告出現的頻率愈高，這本雜誌對他們的用處……與我們的利潤也越高。

第二步：產品腦力激盪（不要投資）

「天才只是眼光獨到而已。」

——約翰·羅斯金／知名藝術與社會評論家

挑選你最熟悉的兩個市場，該領域必須擁有專門雜誌討論，全頁廣告的價格不到五千美金，讀者不得少於一萬五千人。

這是最有趣的部分。現在，我們要腦力激盪，想出適合這兩個市場的產品。

我們的目標是提出完整的產品概念，而且不花一毛錢。在第三步，我們要替產品設計廣告，並在投資生產前先測試客戶實際的反應。有幾個原則可以確保最終產品符合自動化的架構。

產品的最大優點能用一句話說完

別人可以討厭你，而想賣掉更多產品時，通常還會惹火更多人，但絕不能讓別人誤解你。

你的產品最大的優點，必須用一句話或一個詞說完。這個產品有何不同？為什麼我該買它？拜託，只用一句話或一個詞解釋。蘋果在iPod的行銷上將這點發揮得淋漓盡致。不用GB容量、頻寬之類的產業術語，他們只說：「一千首歌帶著走。」簡單俐落。說明盡量簡潔，除非你確定不會讓對方混淆，不必深入解說。

定價應在五十到兩百美金之間

大多數公司將價格設在中價位，競爭最激烈的正是這個價位。賤價銷售是短視的做法，因為總會有人願意犧牲更多利潤，讓你關門大吉。創造頂級、高階的形象，要價比競爭者高，除了可見的價值外，還有三大好處。

1. 高定價代表需要賣的數量更少，因此客戶服務量更少——能更快實現我們的夢想時間表。
2. 高定價吸引高品質客戶（信用較好、較少抱怨／問題、退貨較少等等）。麻煩大幅減少，這點很關鍵。
3. 高定價也創造高利潤。這樣比較安全。

我個人的定價目標為成本的八到十倍，亦即定價一百美金的產品，成本不得超過十到十二點五美金[35]。如果我用一般推薦的五倍成本定價來銷售迅思，我會因為遇到不誠實的廠商與雜誌延後出刊，而在六個月後破產。利潤使我免於破產，並在十二個月後，每月賺進高達八萬美金。

然而，高價也有高價的極限。如果每單位的價格超過一定程度，目標客戶需要打電話和別人討論，才有辦法購買，便違反了我們的低資訊飲食規則。

我發現單筆五十到兩百美金的定價區間，能夠提供最大利潤，以及最少的客戶服務困擾。高定價，再合理化。

製造時間不超過三到四週

維持低成本，滿足銷售需求，而且不用預先存貨，這點非常關鍵。我不會嘗試任何需要三到四週時間製造的產品，而且我建議在下訂單後，應該要在一到兩週內就能取得可送出的貨物。

要如何知道需要多久時間製造？

想出要銷售的產品後，聯絡專精於此類產品的代工製造商：www.thomasnet.com。如果你找不到製造商（如馬桶清潔商品），需要人指點，打電話給相關的製造商（如馬桶製造商）。還是找不到？在搜尋引擎搜尋產品的各種同義詞，加上「組織」與「協會」兩詞，以聯絡適合的產業組織。請他們介紹製造商與產業雜誌，因為雜誌通常有代工製造商的廣告，還有未來建構虛擬架構所需的服務廠商廣告。

請廠商報價，以確定定價。了解生產一百、五百、一千與五千單位的每單位生產成本。

可用完善的線上問與答，解釋所有產品相關問題

這是我挑選生產迅思後真正搞砸的項目。

雖然營養食品開啟了我的新富族人生，但我不會向他人推薦。為什麼？每個客戶都有幾千個稀奇古怪的問題：能配香蕉吃嗎？會讓我在吃飯時放屁嗎？問個不停，而且教人作嘔。選擇能用完善的線上問與答解釋的產品。如果做不到，想要四處旅行，忘掉工作的心願會很難達成，否則你得花一大筆錢在電話客服中心上。

知道這些原則後，還剩一個問題：「要如何取得好的繆思產品，讓客戶滿意？」我會依序介紹三個選項，愈後面的選項愈推薦。

選項一：零售產品

以批發價購買現有的商品零售，是比較簡單的方式，但利潤也是最低的。起步最快，但也會因為其他零售業者的削價競爭而最快垮台。除非能夠簽訂專賣契約，防止他人銷售相同產品，否則產品的獲利週期都很短暫。不過，對於次級的後端產品[36]，零售是個很棒的選擇。這些產品能夠銷售給已有的客戶，或是透過網路與電話交叉銷售[37]給新客戶。

向大盤商批貨的步驟如下：

1. 聯絡製造商，要求「批發報價」（通常是零售價的六折）與條件。
2. 如果需要營利事業統一編號，請連結所在州的州務卿網站，下載申請表格，付一到兩

百美金的手續費，申請「有限責任公司」（我偏好此種公司組織架構），或是相似的保護性架構。

除非你已完成下一章的第三步，否則不要購買產品。現在只需要確認利潤高低，並取得產品照片與銷售資料。

零售就這麼簡單，沒什麼高深之處。

選項二：授權產品

「我不只用所有腦細胞，還用所有能借的東西。」

——伍德羅．威爾遜

有些世界最知名的品牌和產品都是向人借來的，或是借自某地。能量飲料紅牛的配方來自於泰國的補藥、《藍色小精靈》卡通購自比利時、口袋怪物來自本田汽車的家鄉。KISS樂團的唱片與演唱會收益達數百萬美金，但真正的獲利來自於授權——授權他人以他們的名字和肖像，製造數百項產品，交換一定比例的銷售利潤。

授權契約共有兩方，新富族可以擔任任何一方。首先，一方是產品的發明者[38]，稱為「授權人」，他們能將權利賣給他人，供製造、使用或販售，要價一般是每單位銷售產品批發價（約零售價的百分之四十）的百分之三到十。你發明，剩下的工作留給別人做，只負責兌現支票。這個模式還挺不賴的。

這筆生意的另一方是有興趣以產品利潤的百分之九十到九十七，製造與銷售發明者產品的人：被授權人。對於我與大多數新富族而言，這一方比較有趣。

然而，授權對雙方而言，都需要密集的談判，這也是一門科學。創意的契約協商是必要的，如果這是你的第一項產品，大多數讀者都會在授權過程中遇到問題。想了解授權人與被授權人的個案研究實例，請連上www.fourhourblog.com，範圍包括泰迪熊到拳擊有氧，並附有實際金額的完整契約，教你不需原型品或是專利就能賣出發明，或是如何以一介無名的入門者，談得產品權利，所有資訊都能在裡頭找到。這個模式的數字很神奇，利潤非常驚人。

現在，我們要專注在大多數人都能參與的選項，複雜度最低、利潤也最高：創造產品。

選項三：創造產品

「創造比擁有更能表現自我，生命是透過創造展現，而非透過擁有。」

——維達·史卡德／《現代英國詩人的心靈生活》

創造產品並不複雜。

「創造」聽起來似乎牽涉到不少工作。如果你的想法是實體產品（一項發明），你可以在www.fourhourblog.com/elance上雇用機械工程師或產業工程師，依照你對功能與外表的描述研發出原型，然後交給代工廠商。如果你發現代工廠商製造的一般性產品或庫存產品能夠換個新用途，或在特殊的市場重新定位，那就更簡單了：要他們製造產品，貼上你的品牌標籤。噹噹噹——新產品登場。後者的例子稱為「自有品牌」。你是否曾在整脊師的診所看過整脊師自有的維他命產品，或是在好市多量販店看到自有品牌「科克蘭」（Kirkland）？自有品牌已蔚為風潮。

沒錯，我們要先測試市場回應再製造生產，但如果測試成功，生產就是下一步。這代表我們需要知道開模費用、每單位成本，以及最低訂購量。創新的產品與設計很棒，但通常需要特殊的工具修整，而這會讓生產的開模費用過於昂貴，不符我們的要求。

先別想機械設備，忘掉焊接和工程的細節，有一類產品符合我們的所有要求，小量製造不需一週就能完成，而且不只能用八到十倍的成本定價，而是二十到五十倍的成本定價。

不，不是賣海洛因或是用奴工。這得花太多錢賄賂，牽涉到太多人際互動。

答案是資訊。製造資訊產品不但低成本、迅速，競爭者也難以在短時間內複製。想想看暢銷的非資訊電視購物產品，不論是運動器材或營養補充品，推出後僅僅兩到四個月，模仿產品便淹沒市場。我花了六個月時間研究北京的經濟，親眼見識到最新的耐吉運動鞋或是卡拉威高爾夫球桿，在美國上架後才一週，立刻被複製、生產，在eBay上販賣。我沒有誇張情況，而且我說的不是抄襲外表的產品，而是用二十分之一的成本製造一模一樣的複製品。

相較之下，對於大多數仿冒專家而言，既然市場上有能夠輕易模仿的產品，那也沒必要花時間在耗時的資訊產品上。規避專利權的問題比較簡單，而模仿整個產品，還要避開侵犯著作權的問題就困難多了。史上最成功的三項電視購物產品，都在電視購物十大暢銷產品排行榜盤據了三百多週，反映出資訊產品的競爭與利潤優勢。

- 房地產致勝祕笈（卡爾頓・席茲）
- 打敗焦慮與憂鬱（露辛達・巴塞特）
- 發揮個人潛能（東尼・羅賓斯）

我從其中一位產品的所有人口中得知，在二〇〇二年，他的資訊產品賣了六千五百多萬美金。生產設備包括不到二十五位的公司人員，其餘的設備，從電視銷售到運送一律外包。他們的每位員工平均營收超過兩百七十萬美金。不可思議吧！

相對於這個市場，還有另一個極端範例，我知道有人製作了低成本的教學ＤＶＤ，總成本不到兩百美金，賣給想要安裝監視系統的倉庫設備所有人。他對利基市場的界定再明確不過。在二〇〇一年，他在產業雜誌上販賣成本兩美金、要價九十五美金的教學ＤＶＤ。他賺了幾十萬美金，而且沒聘任何員工。

但我不是專家！

如果你不是專家，別急著罵髒話。

首先，在推銷的世界，「專家」代表的意思是你對產品的知識比購買者多，如此而已。你不需要成為這個領域的佼佼者——比你的目標客戶好就行了。假設你現在的夢想是：參加阿拉斯加的一千八百五十公里雪橇犬大賽，需要五千美金實現。如果有一萬五千位讀者，只要其中五十位（三百分之一）相信你在某種技術上擁有高人一等的專業，願意花一百美金買教學影片，你賺進的總金額正是五千美金，那就去駕馭哈士奇吧。這五十位客戶是我所謂的「最低基本客戶」——你需要說服的最低客戶數量，讓他們相信你的專業，以實現你設定的夢想。

接著，如果你懂得基本的可信度指標，以及一般人習慣認定哪些資歷是擁有專業知識的證據，專業地位僅需四週就能創造。閱讀本章後文色框內的文章，學習要怎麼做。

專業地位對你個人的重要性也依你取得教學內容的途徑而定。主要的選項有三個：

1. 自己編寫內容，藉著數本相關主題的書，引用與綜合書中內容。

2. 重新詮釋已經散布在公共領域的內容與不受版權保護的資料，如政府文件，或是在現代版權法出現前出版的資料。

3. 授權或是付錢給協助編寫內容的專家。費用可以預先一次付清，或是以版稅計算（例如淨利的百分之五到十）。

如果你選擇第一或第二的選項，你必須在一定範圍的市場取得專家地位。

假設你是不動產經紀人，認為大多數經紀人像你一樣，也想要一個簡單又不錯的網站，推銷自己和生意。如果你讀通了網頁設計的三大暢銷書，你會比閱讀不動產經紀人雜誌的百分之八十讀者群更懂網頁設計。如果你可以歸納書籍內容的重點，並做出適合不動產業市場需求的建議，你在雜誌上刊登的廣告，希望能獲得百分之零點五到一點五的讀者回應，並非不合理的期待。

使用以下問題，腦力激盪出哪些教學產品或資訊產品，可以用你或你借來的專業，賣給你的市場。將目標設定在價格在五十到兩百美金之間的價位，形式可以是兩片CD（每片時間約為三十到三十九分），四十頁的CD內容文字稿，以及十頁的使用指南。

1.如何為你的市場量身打造適合的一般性技術——我稱之為「利基專門化」？或是能夠輔助已經在你廣告的雜誌上開始成功銷售的商品？狹隘深入地思考，以避免天馬行空。

2.什麼樣的技術是你有興趣，而且你（以及在相同市場的其他人）願意花錢學習的？成為這門技術的專家，再創造一項產品教導別人。如果你需要幫忙，或是想要加快速度，想想下一個問題。

3.你能夠訪問哪些專家，錄下訪問，做成可銷售的有聲CD？這些專家不必是該門領域中最厲害的，但必須比大多數人厲害。提供他們一片訪問內容的數位檔母帶，任他們處置或販售（通常這樣就夠了），或者也可以提供他們一小筆報酬或版稅。使用Skype.com搭配錄音程式HotRecorder（「工具與竅門」的章節會更深入講解），將對話直接錄進電腦內，並將MP3檔案傳給線上的聽打公司打成文字稿。

4. 你是否有從失敗中站起來的經驗，能否將經驗轉化為教學產品？想想看你過去克服的問題，包括專業與私人的領域。

打造專家：如何在四週內成為頂尖專家

現在，我要推翻對專家的盲目崇拜，不管公關人員怎麼嘲笑我。

首先，也是最重要的一點，被視為專家與成為專家是不一樣的。在商場，前者是拿來販賣產品的賣點，而後者相對於你的「最低基本客戶」而言，是創造好產品與防止退貨的知識。

學會一個領域的知識是有可能的，例如醫學，但是如果你沒有醫師的頭銜，沒有人會聽你的。醫師是我所謂的「可信度指標」。可信度指標最高的專家是能賣掉最多產品的人，不是對主題最了解的人。

那麼，我們要如何在盡可能最短的時間內取得可信度指標？

我有個朋友只花了三週的時間，便成為「頂尖關係專家」——《魅力》雜誌和其他國際媒體所封的頭銜。她的客戶包括財星五百大公司的主管，指導他們如何在二十四小時內改善個人關係。她怎麼做到的？

她遵循幾個簡單的步驟，讓她的可信度如滾雪球般增大。你也可以跟著做。

1. 加入兩或三個有正式名稱的相關產業組織。以她為例，她選擇了化解衝突協會（www.acrnet.org）與性別教育國際基金會（www.ifge.org）。用信用卡上網加入，五分鐘就能搞定。

2. 閱讀三本與主攻主題相關的暢銷書（線上搜尋《紐約時報》暢銷書排行榜）。並分別摘要每本書的內容，篇幅限於一張紙的長度。

3. 在附近的知名大學提供一堂免費課程，長度約一到三小時，貼海報宣傳。之後選擇附近兩間知名大集團的分公司（如AT&T、IBM等等），提供相同的免費課程。告訴公司，你在某某大學講授過相同課程，而且是某某團體的成員（第一步加入的團體）。強調你之所以免費講課，是為了累積更多在學術圈之外授課的經驗，絕不會銷售任何產品或服務。選兩個攝影角度錄下課程，供未來的CD／DVD產品使用。

4. 選擇性的步驟。提議為相關主題的產業雜誌寫一或兩篇文章，說明你在步驟一到步驟三的成就，以提升可信度。如果他們拒絕，提議為一位專家做專訪，寫訪問稿——你仍然掛名作者。

5. 加入ProfNet，記者運用這項服務找專家為新聞做評論。想要曝光很簡單，只要你停止發牢騷，認真聽進建議。秀出第一步、第三步和第四步的成果，展現你的可信度，並運用線上研究回答記者的詢問。做得好的話，這招能夠讓你登上各大媒體，不只是區域的小刊物，甚至還包括《紐約時報》與ABC新聞。

成為受到認可的專家並非難事，所以我現在要移除這個障礙。

我不是在建議你假扮或誇大身分，這我做不到！在媒體濫用後，「專家」的意思已趨於含糊籠統，難以界定。在現代的公關世界，大多數領域的專業都是用所屬團體、客戶名單、寫作刊物，以及在媒體出現的次數當佐證，而非智商或博士學位。

美化事實，絕不虛構，才是遊戲規則。期待在CNN上看到你。

問題與行動

本章提供逐步指導，因此問題與行動的內容很簡單，實際上比較偏向問題。

我的問題是：「你是否讀完這一章，並遵照其中的指示？」如果沒有，快照著做。本章與下兩章的結尾並非例行性的問題與行動，而是提供大量資源，幫助你遵照章節指示採取行動。

自在感挑戰

找到明師（三天）

持續三天，每天至少打電話給一位可能的大牌明師。一定要先試過電話，才能試電子郵件。我建議在早上八點半打，或晚上六點後打，降低遇到祕書和其他守門員的機率。想好一個問題，得是你研究過，卻無法解答的問題。以該領域的「頂尖」玩家為目標——執行長、成功的創業者、知名作家等等，不要降低目標層次，好讓自己不緊張。

如果有需要，使用www.contactanycelebrity.com，並依照以下草稿進行。

接聽者：顛峰公司，你好（或是明師某某某的辦公室）。

你：嗨，我是提摩西．費里斯，請找約翰．葛理森[39]。

接聽者：請問有什麼事呢？

你：是的，我知道這聽起來很唐突[40]，但我第一次出書，剛剛讀過他在《紐約休閒誌》的訪問[41]。我一直都很崇拜他[42]，現在終於鼓起勇氣打給他[43]，想要請他給我一個建議，用不到兩分鐘。你是否能幫我轉接給他呢[44]？無論如何，我都很感謝你。

接聽者：嗯……等等。我看看他有沒有空。（兩分鐘後）行了，祝你好運（接往分機的鈴聲）。

約翰．葛理森：我是約翰．葛理森。

你：嗨，葛理森先生，我叫提摩西．費里斯。我知道這聽起來很唐突，但我首次出書，我一直都很崇拜你。我剛剛讀到你在《紐約休閒誌》的訪問，現在終於鼓起勇氣打給你。我一直想請你給我一個建議，花不到兩分鐘，可以嗎[45]？

約翰．葛理森：嗯……好。問吧，但我幾分鐘後要打一通電話。

你（在講完電話時）：謝謝你耐心地給我建議。如果我偶爾遇到困難的問題，只是偶爾，能夠寄電子郵件給你嗎[46]？

生活型態規劃實例

登上月球

我十三歲的女兒自小就想成為太空人。去年她有個艱鉅的挑戰，電影《阿波羅十三號》的台詞「失敗不是選項」成為我們的座右銘。這激發我去聯絡阿波羅十三號的指揮官吉姆・洛菲爾。我很快就找到他，他寄給我女兒一封信，談論他為了加入阿波羅計畫所吃過的苦頭，更別提還得操控故障的太空船。他的信改變了我女兒。幾個月後，我們又更進一步，取得讓她參觀火箭升空的貴賓通行證。——羅勃

工具與訣竅

確認足夠的市場規模

競爭調查（www.compete.com）與量化預測（www.quantcast.com）可找出大多數網站的每月瀏覽人次，以及可帶來最多流量的搜尋詞彙。

- **作家市場**（www.writersmarket.com）：你可以在此找到數千份專業、小眾的雜誌，包括流通量與訂閱量數字。我偏好紙本雜誌。
- **你的間諜網**（www.spyfu.com）：下載競爭對手的線上廣告花費、搜尋關鍵字及廣告關鍵字等資訊。持續不斷的廣告花費通常會帶來成功的廣告投資報酬率。
- **標準報價與資料服務**（www.srds.com）：利用這項網路資源取得年度的雜誌一覽表，以及出租客戶資料的公司。如果你考慮製作獵鴨的教學影片，先查看獵槍製造商的客戶名單與相關雜誌。使用圖書館的紙本版，不要付錢買編排混亂的線上資料庫。

找到製造廠商或零售產品

- **點擊銀行**（www.clickbank.com）

  佣金網（www.cj.com）

  亞馬遜行銷聯盟（www.amazon.com/associates）

  不用存貨、不開發票。你可以在點擊銀行或佣金網之類的廣告行銷聯盟網，試驗產品和廣告分類。每筆交易成功後，這些網站會支付你百分之十到七十五的交易金額。你可以觀察相似產品，測試你的概念。一般而言，開設帳號是很值得的，因為你可以觀察要如何行銷和售出暢銷商品。

  亞馬遜行銷聯盟平均支付的佣金為百分之七到十，但對於想推出設計周詳的資訊產品，行銷暢銷書是測試目標市場的絕佳工具。對於想加入以上網站的讀者，我建議是不要使用通泛的昂貴關鍵字，也不要採用高度曝光的品牌名稱，你會因此陷入和其他廣告聯盟商競標關鍵字的戰爭。挑選有利基市場的商品，不然你只有破產一途。

- **阿里巴巴**（www.alibaba.com）

阿里巴巴在中國創設，是世界最大的廠商對廠商（B2B）的網路市場。你可以在這個網站找到各種商品，包括九美金一台的MP3播放機，或是兩美金一瓶的紅酒。如果你在這網站上找不到能夠生產出你要的商品的廠商，這商品大概是真的無法製造出來。

- **世界品牌**（www.fourhourblog.com/wwb）

這個網站提供詳盡的指南，教你找到提供物流服務的廠商，代你送貨給客戶，讓你不用囤貨。亞馬遜和eBay上的大商家不僅在此找物流廠商，還有找批發商和清算變現公司。大買家（www.fourhourblog.com/shopster）也是很受歡迎的選擇，提供一百萬多種商品供你選擇。

- **湯瑪斯的廠商登記名冊**（www.thomasnet.com）(800-699-9822)

這是代工廠商的資料庫，可以搜尋、涵蓋所有能想到的產品，包括內衣、食品到飛機零件等等。

- **生產電子產品、DVD與書籍**（www.ingrambook.com、www.techdata.com）
- **可搜尋家用品、五金用品廠商與相關人才（線上展示），也可以考慮參觀當地或各州的展覽**：www.housewares.org、www.nationalhardwareshow.com (847-292-4200)

- **日常食品與維他命產品可在這兩個網站搜尋**：www.expoeast.com、www.expowest.com

尋找公共領域資訊，重新詮釋

使用顯然是公共領域的資料時，記得先和智慧財產權律師談過。如果有人修正百分之二十的公共領域資料（如刪節或加註），「新版」的成品能享有著作權，若有人未經許可使用，將會構成侵權。法條細節很複雜，你可以做初步的研究，但在正式開始產品研發前，先找個專業人士看一下你的發現。

- **古騰堡計畫**（www.gutenberg.org）：數位圖書館，收藏可向大眾分享的書籍，總數超過一萬五千本。
- **有聲圖書館**（www.librivox.org）：收藏可向大眾分享的有聲書，能夠自由下載。

錄下專家的訪問，製作CD產品

- **HotRecorder**（www.hotrecorder.com）（一般電腦）、**Call Recorder**（ecamm.com/mac/callrecorder）（麥金塔電腦）

這兩個程式可錄下由電腦撥出或接到的電話，可以搭配Skype或其他語音通話程式使用。

- **免費電話會議**（www.nocostconference.com）

提供免付費的電話會議專線以及免費錄音和檔案讀取的服務。使用者可以用一般電話撥打至專線，不需要使用電腦或網路。如果你要透過此服務進行問與答，我建議先請參與者提供他們要詢問的問題，免得你在擬定回覆時，還需要將電話調為靜音。

- **jingproject.com和www.dimdim.com**

如果你想要錄製電腦螢幕影像，製作成教學影片，這兩個免費程式都可以辦到。若你需要先進的影片編輯功能，jingproject的姊妹產品Camtasia（www.camtasia.com）是業界主流產品。

授權他人，收取權利金

- **發明權**（www.inventright.com）（800-701-7993）

史蒂芬．凱依是我見過最成功的發明家，不斷推出發明。迪士尼、雀巢與可口可樂付給他數百萬美金的權利金。他不發明高科技產品，專門製造簡單的產品，或是改善現有的產品，再授權（出租）他的概念給大公司。他想出點子，花不到兩百美金，申請暫行專利，將剩下的工作留給其他公司做，然後負責領支票。這個網站介紹他百戰百勝的經過，教你怎麼做相同的事。光是他的電話訪問技巧已是無價之寶，我高度推薦。

- **西仁克企業**（www.guthyrenke.com）（760-773-9022）

  西仁克是電視購物的巨獸。靠著超熱銷產品，像是湯尼·羅賓斯的教學產品、主動出擊方案、溫瑟皮拉提斯教學影片，每年便賺進十三億美金。如果你授權給他們，不用期待得到超過百分之二到四的權利金，但是他們的銷售數字大得足以一瞧。在線上送出你的產品。

挖出未使用的專利概念，好製造產品

- **美國專利商標局**（www.uspto.gov）（800-786-9199）
- www.autm.net：可找到大學研發的可授權科技，請看「技術轉移辦公室」（Technology Transfer Office）下的「所有項目」（view all listings）。
- www.uiausa.org/Resources/IventorGroup.htm：可找到發明者的團體和協會，打電話問成員是否有任何發明可以授權。

成為專家

- ProfNet via PR Leads（www.prleads.com/discountpage）、HARO（www.helpareporterout.com）

  每日搜尋記者尋找專家發言與評論的公告，從地方媒體到CNN與《紐約時報》都要。

不要一直進修，要回答別人的採訪問題，跟PR Leads提到我的名字，可以得到買一個月送一個月的優惠。HARO提供免費的徵求專家發言和評論公告。

● **PRWeb新聞稿**（www.prwebdirect.com）

新聞稿在大多數時候已無任何重要性，但使用這個服務可以獲得非常強大的搜尋引擎曝光率，你可以出現在Google或Yahoo!新聞的前幾個搜尋結果。

● **ExpertClick**（www.expertclick.com）

這是專業公關的另一個祕密。你可以編寫一份專家資料供媒體瀏覽，收到最新的頂尖媒體聯絡人資料，還能寄送免費的公關稿給一萬兩千名記者，所有資源都在這個每月有五萬人瀏覽的網站上。我就是靠這個管道上了NBC電視台，最後還參與製作黃金時段的電視節目。這個網站很有用。在電話提到我的名字，或是在網站上輸入「TimFerris$100」，可以獲得一百美金的折扣。

生活型態規劃實例

提姆，你好：

上個星期六，四月二十五號，我在邦諾書店的服務台，等著書店員工幫我拿一本書時（若你想知道，那本書是《北回歸線》）。當我在等書時，我注意到一本別人訂購的《一週工作4小時》放在櫃台上。我不是個臉皮薄的人，所以我伸手將書拿過來，開始翻閱。你大概也猜到，我又請員工幫我拿一本《一週工作4小時》。我還沒讀完《北回歸線》，但已經讀完你的書……

……星期一，老闆同意我一週遠距工作兩天的請求。我下週開始遠距工作。

我也在星期一訂下巴黎最美麗的公寓，預計九月去住。一個月的租金只有我在南加州付的租金的一半。我打算在八月前增加遠距工作的時數，好在九月時可以改為在海外遠距工作。如果我的老闆拒絕（我現在不認為他會拒絕），我也準備好提辭呈。

我現在正在規劃我的自動入帳計畫。

提姆，這實在太神奇了，我的人生在三天徹底翻轉（而且你的書有趣極了。）謝謝你！

——辛蒂．佛朗基

【註釋】

29. 但仍有例外，如不需維持客戶滿意度的線上會員網站。
30. 繆思可以提供你時間與財務自由，讓你以破時間的紀錄，實現夢想，之後你也能（而且通常能做到）創辦其他改變世界或能賣掉的公司。
31. 經銷商又稱為大盤批發。
32. 控制他人銷售產品的價格仍然違法，但是你可以控制他們宣傳的價格，只要在訂單的條款內加入「最低廣告價格」（MAP）政策，當訂單填寫完成後，條款會自動生效。www.fourhourworkweek提供訂單條款與訂購表的範本。
33. 《華爾街日報》，二〇〇五年七月十八日。
34. 這是我新創的產品類別，以減少競爭，取得先機。若要我選成為市場上最大、最佳的廠牌或是第一個推出獨特的產品者，我寧願當第一個。

35. 如果你想像道格拉斯一樣，轉售別人製造的高階產品，尤其是用「轉運配送」，因為風險較低，利潤可以設定較低一些。

36. 「後端」產品是初級產品銷售後，賣給客戶的周邊產品。iPod機殼蓋與車輛的GPS系統都是例子。這些產品可以承受較低的利潤，因為不需要用廣告吸引客戶。

37. 「交叉銷售」是客戶以電話和網路訂購初級產品後，再銷售客戶相關產品。完整的行銷與直接回覆（direct response）用語，請連上www.fourhourworkweek.com。

38. 也稱為版權所有人或商標所有人。

39. 口氣自然，充滿自信地提出要求。你絕對會很意外，光靠這句話，過關的機率很高。「我想要找某某先生／小姐，謝謝。」立即透露出你不認識明師。如果你希望電話能轉接到明師的手中，不怕他們戳破你的牛皮後，會顯得很蠢，那就直呼明師的名字。

40. 每當我要做不合理的請求時，我總會用這樣的開場白。這能讓氣氛更放鬆，讓對方感到好奇，繼續聽下去，而非反射性地說「不」。

41. 這句話能回答他們心裡的問題：「你是誰？為什麼現在打來？」我喜歡用「第一次」做什麼事當藉口，打同情牌，我會在網路上找出最近出刊的媒體報導，當作打電話的動機。

42. 我選擇打電話給熟悉的人，如果你沒辦法稱自己很崇拜他，告訴他們，你長期追蹤明師的事業或生意成就。

43. 不要假裝自己很鎮定。清楚說明你很緊張，他們會降低警戒心。我常常這麼做，即使我一點也不緊張。

44. 這裡的用詞很重要，請他們「幫」你做某事。

45. 這裡只要稍微修改對守門員說的台詞，不要拖拖拉拉——直接講到正題，請求對方給你發問的許可。

46. 留下未來再聯絡的可能，結束這段對話。先從電子郵件開始，再讓指導的關係慢慢由此發展。

10. 收入自動駕駛（二）

測試謬思

「這些理論大多在決定性的實驗凸顯了它們的謬誤後，才會消失……因此，科學界的苦工……都是實驗家做的，需要靠他們監督，才使理論家誠實。」

——加來道雄／理論物理學家與超弦理論的共同創作人及《穿梭超時空——十度空間科學奇航》作者

每年出版的十九萬五千本書中，不到百分之五銷售超過五千本。數十年來，出版商與編輯的團隊，總是成功多於失敗。波德斯書店（Border's Book）的創辦人投資WebVan——全國性的雜貨運送服務，賠光了投資人的三億七千五百萬美金資金。問題出在哪？沒人想要這項服務。

這個故事的啟示是：憑直覺和經驗來預測產品和生意是否有利可圖，通常不太準。焦點團體同樣也會造成誤導。問十個人願不願意買你的產品，然後告訴那些說願意的人：你的車內有十組貨，他們要買嗎？說願意的受訪者只是想討好、取悅人，等到真的要掏錢時，就會禮貌地拒絕你。

想要獲得正確的商機指標，不要問人願不願意買，而是直接請他們買。後者的回答才重要。新富族的方法反映了這個原則。

第三步：產品市場微測

市場微測是藉由便宜的廣告，在生產前測試消費者對產品的反應[47]。

在還沒有網路的年代，微測用的方法是報紙或雜誌的小格分類廣告，吸引潛在客戶打電話聽事先預錄的銷售訊息。潛在客戶會留下聯絡資訊，生產者依此寄出下一波的廣告信件，根據回應數量決定應該放棄或製造產品。

在網路年代，有更好用，而且更便宜迅速的工具。我們用Google Adwords關鍵字廣告，測試你在上一章想出的產品概念。這是最大與最精密的點擊付費廣告引擎，五天頂多要價五百美金。這裡提到的點擊付費廣告是Google搜尋結果右方另外框出的連結。廣告主付錢，在使用者搜尋特定詞彙時會出現廣告，例如「腦部營養補充品」，每次有人點選這些廣告，進入他們的網站時，會被收取零點五到一美金以上的費用。想要了解Google Adwords關鍵字廣告與點擊付費廣告，請連上www.google.com/onlinebusiness。想看更詳盡的點擊付費廣告策略，包括九十天的點擊付費廣告行銷計畫，請連上www.fourhourblog.com。

基本的測試過程包括三部分，本章會詳細說明。

超越：觀察競爭者，用僅有一到三個頁面的簡單網站，提出更有吸引力的提案（花一到三小時的時間）。

測試：運用短時間的Google Adwords關鍵字廣告，測試你的提案（花三小時建立關鍵字廣告，再用五天被動觀察）。

推翻或投資：放棄失敗的點子，生產有人買的成功產品。

假設現在有兩個人：薛伍德和喬安娜，他們各有一個產品概念，薛伍德想賣法國水手T恤，而喬安娜想賣為攀岩者設計的瑜伽ＤＶＤ。我透過這兩個個案研究，解釋應採取的測試步驟，說明你可以怎麼做。

薛伍德去年在法國旅遊時買了條紋的水手T恤，回到紐約市後，路上不斷有二十到三十歲的男性問他衣服要去哪買。發現有利可圖後，他挑選以二十到三十歲男性為讀者群的紐約市地區週刊，請雜誌社提供過期樣本，並打電話給法國的製造商要求報價。他發現可以用二十美金的批發價格購買水手T恤，以一百美金的零售價賣出。運到美國的運費平均每件為五美金，因此每件衣服的成本是二十五美金。這並非理想的定價（只有成本的四倍，而非八到十倍），但他還是想要測試可行與否。

喬安娜是瑜伽老師，她注意到學生中有愈來愈多人攀岩。她自己也攀岩，因而考慮製作專為攀岩運動設計的瑜伽課程ＤＶＤ，產品包括二十頁的活頁手冊，定價八十美金。她預估DVD初版的製作成本能壓得很低，只需借來攝影機、一片九十分鐘的數位影碟，再用朋友的iMac做簡單剪輯。她可以用電腦複製小量的初版DVD，沒有選單，只有影片和標題，並用www.download.com的免費軟體製作標籤。她聯絡了一間燒錄公司，得知專業製作的DVD，小量複製的價格是每片三到五美金（最少需壓製兩百五十片），包括DVD盒。

現在他們已經有了產品概念，也評估好起步成本，接著要怎麼做？

超越競爭

首先，每項產品都要通過競爭的試金石測試。薛伍德和喬安娜要如何打敗競爭者，提供最佳的產品或保證？

1. 薛伍德與喬安娜在Google上搜尋可能會使用的主要關鍵字，找到他們要銷售的產品。他們都使用搜尋引擎的關鍵字建議工具，找到相關關鍵詞與衍生的關鍵詞。

- Google廣告關鍵字（adwords.google.com/select/KeywordToolExternal）輸入可能的搜尋詞彙，了解其搜尋次數，並找出擁有更多搜尋流量的其他關鍵字。點選「平均搜尋量」的欄位，將每個關鍵字依最常至最少搜尋的順序排列。
- SEOBook關鍵字工具、Firefox的SEO附加工具（tools.seobook.com/）這個傑出的資源網頁的搜尋工具是由Wordtracker支援的（www.wordtracker.com）。

接著，他們瀏覽了不斷出現在前幾名搜尋結果的網站與點擊付費廣告網址。薛伍德與喬安娜要如何區別自己與競爭者的差異？

- 使用更多可信度指標？（媒體、學術、協會與使用者見證）
- 提供更好的保證？
- 提供更好的款式選擇[48]？
- 免運費或迅速送貨服務？

薛伍德注意到很難在競爭者的網站上找到此類上衣，競爭網站展示數十項產品，不是在美國製造（不純正）就是從法國出貨（客戶需要等兩到四週）。喬安娜找不到「為攀岩者設計的瑜伽DVD」，所以她是從零開始。

2.薛伍德與喬安娜現在需要建立一頁（三百到六百字）廣告，使用文字，加上個人的照片或是照片資料庫網站的資料照片，放入大量的使用者親身見證，凸顯產品的獨特之處與優點。他們都花了兩週蒐集會讓他們想購買的廣告，或是吸引他們注意的紙本或網路廣告——這些是他們的廣告範本[49]。喬安娜請瑜伽學生做親身見證，薛伍德請朋友試穿上衣，拍下幾張照片。薛伍德也請製造廠商提供照片與廣告樣本。

我架設的www.pxmethod.com提供很好的親身見證範例，我以課程學生的親身見證編寫一頁測試網頁。「打造專家」一文的免費授課建議，是找到熱門賣點與取得親身見證的最佳方法。

測試廣告效益

薛伍德與喬安娜現在需要實際測試客戶對廣告的回應。薛伍德先在eBay刊登了七十二小時的拍賣，裡頭包括廣告文案。他將每件上衣的拍賣底價設在五十美金，但在最後一分鐘前取消拍賣，以避免法律問題，因為他沒有產品可以運送。他的拍賣最高出價達到七十五美金，因此他決定移到下一階段的測試。喬安娜覺得欺騙的行為不妥當，決定跳過初步測試。

薛伍德的成本：小於五美金。

他們都找到低價的網路服務提供商，如www.domainsinseconds.com，管理他們即將建置頁面的網站。薛伍德選擇www.shirtsfromfrance.com，而喬安娜選擇www.yogaclimber.com。喬安娜還選擇了其他更便宜的註冊中心，登記其他網域名稱，如www.domainsinseconds.com。

兩人的成本：小於二十美金。

薛伍德使用www.fourhorblog/weebly建置單頁網站廣告，又增了兩個頁面。如果有人點選第一頁底部的「購買」鍵，會自動連結到說明價格、運送與處理費的頁面[50]，以及基本的聯絡資料表格（包括電子郵件與電話）。這些表單是使用表單製作網站www.wufoo.com製作完成。如果訪客按下「繼續訂購」鍵，會連到「抱歉，我們現在正在補貨中，會在進貨之後立即通知您。感謝您的耐心等待。」這個設計能讓他分別測試第一頁的廣告與價格。如果有人連到最後一頁，就能視為一筆訂單。

薛伍德的方法又稱為「預購測試」。喬安娜不太能接受這種方法，雖然在沒有記錄付款資料的前提下，這種做法都是合法的。她同樣使用以上兩個網路服務，設計了一頁網頁，裡頭是她的單頁廣告與免費電子報訂閱欄位，訂閱者能收到將瑜伽用於攀岩的「十大訣竅」。

她假設百分之六十的訂閱者是可能的訂購量。

兩人的成本：小於零美金。

他們都付了五十到一百美金，開始簡單的Google Adwords關鍵字廣告，測試產品標語，以及吸引瀏覽產品網頁的流量。他們的每日預算設定在每天五十美金（進展到點擊廣告測試前，我建議你先瀏覽adwords.google.com及www.google.com/onlinebusiness，依照指示建立你的帳戶，總共只需十分鐘。花十頁篇幅解釋在網路上看一眼就懂的概念，實在是浪費雨林資源）。

薛伍德與喬安娜利用之前提到的關鍵字建議工具，決定好了最佳的搜尋關鍵字。兩人盡量設定明確的關鍵字（「法國水手T恤」相較於「法國T恤」；「運動瑜伽」相較於「瑜伽」），以獲得較高的轉換率（從瀏覽變為購買的訪客比例）與較低的點擊付費廣告成本。他們的目標是排序第二到第四的廣告位置，但每次點擊的費用不得超過零點二美金。

薛伍德用Google的免費分析工具追蹤「訂單」與放棄瀏覽頁面——訪客在哪一頁離開網站。喬安娜用www.wufoo.com 追蹤在此小規模測試階段的電子報訂閱者。

兩人的成本：零。

喬安娜與薛伍德設計的關鍵字廣告，著重在與競爭者有所區別。每個Google關鍵字廣告包括標語與兩行的說明文字，這兩個項目都不能超過三十五個字。薛伍德用十個關鍵字創造了五組廣告。以下是兩個例子：

來自法國的水手T恤
法國品質，美國運送
終生保證！
www.shirtsfromfrance.com

純正法國水手T恤
法國品質，美國運送
終生保證！
www.shirtsfromfrance.com

喬安娜也以十個關鍵字創造五組廣告，測試了幾個廣告，包括：

適合攀岩者的瑜伽
五·一二級攀岩者使用的DVD
柔軟度迅速提升！
www.yogaclimber.com

適合攀岩者的瑜伽
五·一二級攀岩者使用的DVD
柔軟度迅速提升！
www.yogaforsports.com

注意，這些廣告不只能測試標題效用，還提供保證、產品名稱與網域名稱。他們創造好幾個廣告，由Google自動輪流刊出，廣告內容全都相同，只有一個部分不同，以測試效果。不然，你以為我怎麼想得出最適合本書的書名？

薛伍德與喬安娜都取消了Google只刊登成效最佳廣告的設定，因為之後必須比較每則廣告的點擊率，好結合最佳的元素（標題、網域名稱與內文），創造最終的廣告成品。

最後要注意，這些廣告並非將潛在客戶騙進網站。你的產品訴求必須明確，我們的目標是高品質的顧客流量，所以不提供「免費」贈品或其他好處，吸引只看不買，或是純粹好奇的訪客。

兩者的成本：每天五十美金以下乘以五天，等於兩百五十美金[51]。

投資或推翻

五天過後，要算結果了。

怎樣才算是「好的」點擊結果與轉換率？數字會騙人，從這裡就可得知。如果我們以百分之八十的利潤銷售定價一萬美金的滑稽雪人衣，相較於以百分之七十的利潤銷售定價五十美金的ＤＶＤ，前者所需的轉換率顯然比較低。你可以在www.fourhourblog.com找到完善的工具與免費的試算表，幫你計算這些數字。

在這個階段，喬安娜與薛伍德仍然維持簡單的策略：計算付費點擊廣告花了多少錢？以及他們「賣了」多少？

喬安娜的成果不錯。流量雖不夠做統計研究，但她花了兩百美金在點擊廣告上，共有十四個人訂閱免費的十個訣竅。如果依她的假設，有百分之六十的訂閱者會購買，代表有八點四人，乘以每片ＤＶＤ七十五美金的利潤，預估總利潤有六百三十美金。這還沒算進每位客戶未來的消費潛力。

她的小測試結果不能保證未來會成功，但得到的正面結果，足以讓她願意在Yahoo商店街每月交九十九美金的費用與交易手續費。她的信用不太好，所以她選擇使用www.paypal.com，在線上收取信用卡訂單，而非去銀行申請「營業帳號」[52]。她將十個訣竅寄給訂閱電子報者，請他們分享感想，並推薦DVD的內容。十天後，她燒錄的第一批DVD已經可以送出，網路商店也架設好了。她賣給電子報訂閱者的收入付清了生產成本。沒多久，透過Google關鍵字廣告，每週出現很可觀的銷售數字：十片DVD（利潤七百五十美金）。她計畫在小眾雜誌刊登平面廣告測試，現在她要做的是創造自動化的架構，讓自己不用再管事。

薛伍德的成果沒那麼好，但仍看到未來的發展潛能。他花了一百五十美金，藉由點擊付費廣告「賣出」三件T恤，估計利潤有兩百二十五美金。他的網站有大量訪客，但大多數的訪客連到價格頁面後就離開網站。他沒有降價，反而決定在價格頁面上測試「兩倍退款保證」，如果花了一百美金買T恤的消費者覺得這件T恤不是「他們穿過最舒服的T恤」，就可以拿到兩百美金的退款。他再次測試後，「賣出」七件，得到五百二十五美金的利潤。他因此在銀行開設了營業帳戶，得到一張信用卡，向法國廠商訂了一打T恤，在十天後賣完，獲得足夠的利潤，又以五折的折扣，在當地的藝術週刊購買小版面的廣告（他要求「首次刊登廣告的折扣」，並提出另一間競爭對手的開價，又多談到百分之二十的折扣）。薛伍德在廣告中將T恤稱為「波洛克T恤[53]」。他又訂購了兩打T恤，在三十天後付款，並在平面廣告上印了能轉接到他手機的免付費電話[54]。他選擇不用網站，原因有二：（一）他想確定線上問與答最常見的問題；（二）他想要測試促銷計畫——每件一百美金的T恤（利潤七十五美金），「買二送一」（兩百美金減七十五美金，獲得一百二十五美金的利潤）。

二十四件T恤在雜誌出刊五天後銷售一空，大多數都以特價方案購買。廣告成功。薛伍德重新設計平面廣告，將常見問題的回答加入文案，以減少詢問電話，並決定和雜誌談長期廣告合約。他寄給廣告業務四期的廣告費用，扣掉雜誌公定廣告價格的百分之三十。他打電話確認對方收到快遞寄去的支票。支票到手，雜誌也要出刊了，因此雜誌社沒有拒絕打折的價碼。

在下次的兩週休假時，薛伍德計畫去柏林，但他已經在考慮辭職。他要如何讓生意更成功，並從中脫身？他需要建立新架構，好取得機動管理學碩士學位。

這正是下一章要談的。

新富族再現：道格拉斯怎麼做到的

記得ProSoundEffects.com的道格拉斯嗎？他怎麼從零開始，最終每月賺進一萬美金？他依照以下步驟。

一、選擇市場

他將市場設定在音樂與電視製作人，因為他也是音樂人，用過相同的產品。

二、產品腦力激盪

他選擇的零售產品是音樂資料庫製作大廠最受歡迎的產品，並跟他們簽定批發購買與轉運配送合約。此類資料庫大多要價超過三百美金（最高達七千五百美金）。因此，比起銷售五十美金到兩百美金產品的人，他需要處理更多客服問題。

三、微測試

道格拉斯進貨前先在eBay上拍賣產品，測試需求（與最高的定價）。他只有在收到訂單時才訂貨，產品會立即由廠商的倉庫出貨。根據eBay拍賣證實的需求，道格拉斯在Yahoo商店街開店，銷售產品，並開始測試Google關鍵字廣告與其他點擊付費廣告的搜尋引擎。

四、脫身與自動化

以這項測試賺進足夠的現金後，道格拉斯嘗試在相關業界雜誌刊登平面廣告。同時，他簡化流程，外包部分營運工作，將所需工時從每日兩小時，縮減到每週兩小時。

自在感挑戰

殺價練習（三天）

如果可以，在進行這項習題前，請先閱讀官方網站的附贈章節〈如何用一萬美金的價格獲得價值七萬美金的廣告〉，然後連續在星期六、日與星期一，撥出兩小時練習。在週末前往蔬果市場或是其他戶外市集。如果不行的話，去自營的店家（非連鎖店或量販商店）。

設定一百美金的預算，作為學習議價的學費，要買下總金額至少一百五十美金的商品。你的任務是將價格殺到一百美金或以下。最好以很多件便宜商品練習，而非只有幾件高價商品。記得在店家首次開價時，問：「你能提供多少折扣？」讓他們自己衡量。接近成交前開始議價，選擇你的目標價格，口氣堅定地提出價碼，並拿出同額現金[55]。學會在沒達到目標價碼時離開不買。星期一打給兩間雜誌社（因為試第一間時，通常會很尷尬），使用官方網站的台詞議價，但省去最後的開價。盡量將價格壓低，晚點再回電，說你的提案已被主管否決。

這是類似紙上交易[56]的議價練習。習慣拒絕對方的開價、面對面議價，以及更重要的——透過電話議價。

工具與訣竅

繆思測試範本

● PX**速讀法**（www.pxmethod.com）

這個銷售範本用於測試速讀產品是否有商機，測試結果很成功。注意網頁上放了親身見證、可信度指標與零風險的產品保證，並將價格放在另一頁，讓價格頁成為獨立測試的變項。參考這個範本——這是個簡單、有效，可以仿效的模式。這個網站是為教學而設置的模擬網站，請不要輸入你的信用卡資料。

幫助非科技人士（及科技人士）輕鬆快速架設網站的工具

● Weebly（www.fourhourblog.com/weebly）

英國BBC電視台將Weebly稱為「必備工具」，它讓我在兩小時內建好www.timothyferriss.com網站，而且在兩天內，以Google搜尋「timothy ferris」時，會出現在搜尋結果第一頁。Weebly跟WordPress.com一樣，使用者都不需要任何相關知識或動作，就能讓網站的設計達到「搜尋引擎最佳化」的結果。你不需要任何HTML或網路專長就能操作。

● **WordPress.com**（www.wordpress.com）

我使用WordPress.com，在斯洛伐克布拉提斯拉瓦市的咖啡店架設www.litliberation.org網站，因為一位美國網站設計師突然告病，我只好臨時代打。我不用三小時就學會怎麼使用WordPress架設網站。這個網站原是實驗性的教育性質募款網站，最後募集的資金比知名喜劇演員史蒂芬·柯伯在同一期間募集的金額多兩倍以上。我也使用其免費的公開原始碼的版本（www.wordpress.org，你需要將網站設於其他伺服器主機），管理www.fourhourblog.com的前一千大部落格，wordpress.org容許使用者有更多個人化設計，但使用者必須具備更多網站管理及技術知識。

Weebly和WordPress.com都可以提供架設網站的主機，所以不需要再另外架設伺服器主機。

如果你為了個人化設計而選擇www.wordpress.org（不是.com），我建議你使用只要點擊一下就能架設的WordPress網站伺服器主機服務，如www.fourhourblog.com/bluehost。其他外掛程式如Shopp（shopplugin.net/）或是市場主題程式（www.fourhourblog.com/markettheme），可以將網路交易的功能加入你的網站中。Fourhourblog.com/shopify（之後會再詳細介紹）也是另一個整合全套服務的好選擇。

在數秒鐘內建立表單，測試有付費或無付費的購物車交易

● **Wufoo**（www.wufoo.com）

Wuffoo沒有提供完整的購物車功能，但它提供最簡潔、最好用的網頁表單。建立連結到PayPal的購物車網頁，你可以（1）從你在Weebly、WordPress.com或他處架設的網站，連結到購物車的網頁，或是（2）將購物車編碼加入你自己的網站，使用你的網站主機。Wufoo適於測試和販賣單一產品，因為使用者無法將多項產品加入購物車，或是像亞馬遜一樣客製化訂單。在測試成功後，你通常需要這些額外的選項，你可以使用下文介紹的「端對端的解決方案」服務資源。

成本低廉的商標和公司立案申請（有限公司、一般股份有限公司等）

雖然我使用「創立公司」的網站，成立一間一般股份有限公司（通常用於發行普通股及特別股給投資人），做小本生意的人通常偏好申請小型股份有限公司。請諮詢會計師，以決定最佳的公司類型。

● **法律一點靈**（www.legalzoom.com）

業務包括公司成立、商標以及各類法律文件。我知道有位創業者使用這個服務創立一間科技公司，現在這間公司已經價值兩億美金。

- **創立公司**（www.corporatecreation.com）

成立國內或海外的公司。

販售可下載產品的網路服務（包括電子書、影音檔案等。網站依讀者推薦度排序，最後一個是讀者最為推薦的）

- **E-Junkie**（www.e-junkie.com）
- **Lulu**（www.fourhourblog.com/lulu）

Lulu也提供「按需求印刷」，以及其他製造及服務技術。如同「極速來源」（www.lightningsource.com），Lulu也透過亞馬遜、邦諾線上網站及其他主要通路，流通這些電子書、影音檔案產品。

- **創造空間**（www.createspace.com）

這是亞馬遜的子公司，提供免存貨、依訂購需求配送實體的書、CD和DVD的服務，以及透過亞馬遜的影片訂購服務（Amazon Video on Demand）提供影片下載。

- **點擊銀行**（www.clickbank.com）

提供願意銷售你的產品的結盟廣告商的整合連結，銷售成功後提供一定比例的佣金給廣告商。

點擊付費廣告的介紹

- **Google關鍵字廣告教學**（www.google.com/adwords）

衡量市場規模與關鍵字建議工具

腦力激盪其他的付費點擊搜尋詞彙，評估有多少人會搜尋這些詞彙。

- **Google廣告關鍵字**（adwords.google.com/select/KeywordToolExternal）

輸入可能的搜尋詞彙，了解其搜尋次數，並找出擁有更多搜尋流量的其他關鍵字。點選「平均搜尋量」的欄位，將每個關鍵字依最常至最少搜尋的順序排列。

- **SEOBook關鍵字工具、Firefox的SEO附加工具**（tools.seobook.com/）

這個傑出的資源網頁的搜尋工具是由Wordtracker支援的（www.wordtracker.com）。

低價網域註冊

- **Domains in Seconds**（www.domainsecons.com）

我用這項服務建立了將近一百個網域。

- **Joker**（www.joker.com）
- **GoDaddy**（www.fourhourblog.com/godaddy）

便宜且可靠的網站主機服務

分享的網站主機服務能將你的網站架設在容納多個網站的伺服器上。因為這個服務非常便宜，我建議使用兩個服務供應商，一個是主要網頁，另一個是備用。將網頁架設在兩個主機上，並加入www.no-ip.com，能在五分鐘內將網路流量重新導向至備用網頁，而非一般的二十四到四十八小時。

- 1and1（www.1and1.com）
- BlueHost（www.fourhourblog.com/bluehost）
- RackSpace（www.fourhourblog.com/rackspace：以專屬主機代管服務聞名）
- Hosting.com（www.hosting.com：以專屬主機代管服務聞名）

免費與付費的相片庫

- iStockphoto（www.istockphoto.com）

iStockphoto是網路上首間由會員提供影像和設計的網站，共有四百萬張照片、向量圖像、影片、音檔和Flash檔案可供使用。

- Getty影像資料庫（www.gettyimages.com）

專業人士都在這裡找圖片。可找到任何主題的相片與影片，需付費。我的全國平面廣告使用的圖片大多出自這裡，花費約一百五十到四百美金。品質優異。

電子報訂閱追蹤服務與定時自動回覆工具

以下兩個程式都可以用來將訂閱電子報的電子郵件欄位嵌入你的網站。

- **AWeber**（www.aweber.com）
- **MailChimp**（www.mailchimp.com）

處理付款的端對端網站

- **Shopify**（www.fourhourblog.com/shopify）

這是讀者最喜愛的網站。除了設計美觀外，還提供搜尋引擎最佳化（SEO）、拖曳功能、統計及Shopify合作廠商提供的商品轉運配送服務，如亞馬遜的轉運配送服務。該網站的顧客包括中小企業業主到電動車大廠特斯拉汽車。不過，跟Yahoo及eBay不同的一點是，你必須架設接受客戶款項的收款工具（請參考下一部分的收款工具介紹，PayPal的整合比較簡單）。

- **Yahoo商店街**（smallbusiness.yahoo.com/ecommerce）（866-781-9246）

這是道格拉斯使用的網站。每月最低費用是四十美金，每次交易收取百分之一點五的手續費。全年二十四小時無休維護，服務好極了。

- **eBay商店街**（pages.ebay.com/storefronts/start.html）

每月費用最低十五美金，最高五百美金，eBay交易手續費外加。

測試頁面的簡單收款工具

- **PayPal購物車**（www.paypal.com，見「營業帳戶」的部分）

信用卡付款只要數分鐘，不需付月費（每次交易要付的手續費是百分之一．九到二．九的交易金額，外加三十美分）。

● **Google Checkout**（checkout.google.com/sell）

在Google Adwords關鍵字廣告每付出一美金，就能折抵交易金額十美金的手續費，多出的金額則另收取百分之二，最低二十美分的交易手續費。使用Checkout，付款的消費者需要擁有Google帳號，因此比較適合當作以上付款方式的備用方案。記得將你的Checkout帳戶跟Adwords連結，以領取折抵手續費。注意：非營利機構的交易免手續費。

● **Authorize.net**（www.fourhourblog.com/authorize）

Authorize.net付款機制讓你能快速且平價地接受信用卡和電子支票付款。超過二十三萬間商家交由Authorize.net管理他們的交易，防止詐騙，以及幫助他們的業績成長。每筆交易的手續費比PayPal或Google Checkout便宜，但必須要有銀行的營業帳戶才能申請Authorize.net的帳號。關於營業帳戶及其他耗時的申請流程，我會在下一章解釋。我建議讀者先使用PayPal或Google Checkout測試產品，成功後再建立Authorize.net的帳號。

分析網路流量的程式（網站分析器）

大眾如何找到你的網站？如何瀏覽？在哪裡離開？每個點擊付費廣告提供了多少潛在客戶？網站的哪個頁面最受歡迎？這些程式不只能回答以上問題，還能提供更多資訊。大多數低流量的網站，能夠免費使用Google的服務，而且比許多付費程式還好用，其他程式每月收費三十美金以上。

- **Google Analytics**（www.google.com/analytics）
- **CrazyEgg**（www.crazyegg.com）

我使用CrazyEgg瞭解最多人點擊及最少人點擊的首頁及銷售頁。這個資訊很重要，你能依此調整最重要的連結或按鍵，引導訪客做出你希望的下一個動作。不要猜測哪個方式是正確的，直接測量分析吧。

- **Clicktracks**（www.clicktracks.com）
- **WebTrends**（www.webtrends.com）

A／B測試程式

我們都知道，測試是這個遊戲的目標，但是測試所有變項可能會讓人混淆。你要怎麼知道網頁的哪個標題、文字與圖片，可以促成最多筆交易？不要中途換其他程式，這等於浪費時間，挑選一個適用你所有網站的程式，分析隨機進入的潛在客戶，讓它們為你做算術。

- **Google網站最佳化工具**（www.google.com/websiteoptimizer）

這個工具跟Google Analytics一樣都免費，兩者都比許多付費工具還要好用。我使用Google網站最佳化工具測試三個www.dailyburn.com的候選網頁，順利讓訂閱者增加百分之十九，之後又增加百分之十六。

- **Offermatica**（www.offermatica.com）

- Verster.com（www.verster.com）
- Optimost（www.optimost.com）

低廉的免付費號碼

- TollFreeMax（www.tollfreemax.com）(877)8888-MAX與Kall8（www.kall8.com）

TollFreeMax和Kall8都能在二到五分鐘內，提供你專屬的免付費電話，電話可以轉接到任何號碼上，語音留言和統計都能透過網路或電子信箱管理。

查看競爭網站的流量

看看你的競爭者有多少訪客流量，又有哪些人連線到競爭網站。

- Compete（www.compete.com）
- Quantcast（www.quantcast.com）
- Alexa（www.alexa.com）

自由接案的網頁設計師與程式設計師

- 99Designs（www.fourhourblog.com/99design）與Crowdspring（www.fourhourblog.com/crowdspring）

我使用99Designs請人為www.litliberation.org設計網站商標圖，在二十四小時內，只花不到一百五十美金，就獲得一個很棒的圖樣。我提交我的設計概念，世界各地五十多位設計師將他們依此設計的最佳圖樣上傳到網站，讓我瀏覽，我提議了幾個修改之處後，選擇其中最佳的圖樣。Crowdspring的網站是這樣寫的：「提出你的價格、截止期限，你就能在幾小時內看到投稿，在幾天內就能獲得完稿。一般案件可獲得數量驚人的六十八件投稿。若你沒有獲得至少二十五件投稿，我們就會將設計費退還給你。」

- eLance（www.fourblog.com/elance）（877-435-2623）
- CraigList（www.craiglist.org）

生活型態規劃實例

我是美國公民，我的朋友和親人都難以用電話找到我，所以我選擇了SkypeIn門號。這不是新的服務，但可以讓你租一個固定的美國（或其他國家）電話號碼，將來電轉接到你的Skype帳號，費用約每年六十美金。你可以用Skype設定將你的來電轉接到你的本地號碼。無論你身在何處，你支付的費率都跟打美國國內電話相同。我在約四十個國家使用過這個服務，都暢行無阻，通話品質通常都很好，也相當便利。需要注意的一點是：一定、一定要取得當地的手機SIM卡。國際漫遊是業餘者做的事。本地的SIM卡可以讓你連上GPRS（2.5G）、Edge（2.75G）或3G，甚至有免費的Wifi。——泰．克洛

原則上，我盡量只使用線上工具，這樣的話，如果我的筆記型電腦被偷了，我只要買一台新的，在二十四小時內，就可以恢復所有的檔案。以下是我固定使用的幾項工具：

- RememberTheMilk.com是讓我能掌握所有日常工作的重要工具。
- 使用Freshbooks.com線上開發票。
- 以Highrisehq.com進行線上的客戶關係管理。
- Dropbox（getdropbox.com）可以讓你輕鬆地在外分享／自動備份重要檔案
- Truecrypt.org幫助你在旅行時，加密保護筆記型電腦裡的資料〔提姆的評論：這個加密程式也能搭配隨身碟使用，另外還有一個很酷的功能——若有人逼你說出密碼時，你可使用提供兩個等級的「合理否認」功能（隱藏內容等等）。〕
- PBwiki.com：幫助我掌握日積月累蒐集的筆記和點子的wiki系統。
- FogBugz帶著走：http://www.fogcreek.com/FogBUGZ/IntrotoDemand.html。這是為軟體公司設計的「偵錯程式」，但我每天都用這個程式處理私事和公事。這幾乎跟虛擬助理一樣，你可以用它掃描你的郵件，它會幫你分類和追蹤郵件。它有追蹤郵件的絕佳功能，而且提供限兩個帳號使用的免費版本（我和我的虛擬助理）。——卡特

亞馬遜的土耳其機器人程式（Amazon's Mechanical Turk）是非常好用的服務。只要投資一點時間或金錢，需要幾百個員工負責的各項工作，可以轉換成以每項工作計價，花費極低。舉例來說，搜救探險家福塞特（Steve Fosset）的工作（數千人一起看衛星圖片，不

然搜救單位根本無法負荷），以及運用世界各地人力的問題回報系統（參見Amazon.com/webservices）。我不是亞馬遜的老闆也沒有他們的股票，但我使用他們的服務，在創造繆思時，可以發揮轉變的效果。——馬利明

快速上架

最快將你的產品概念問諸於世的方式是：Registera.com。你可以在dathorn.com申請網站主機（提供便宜的經銷商，如www.domainsinseconds.com）。只要點擊兩下，你就能建立wordpress的部落格，再選擇背景主題，加入內容及立即購買鍵。立即購買鍵連結到輸入電子郵件、電話等的欄位，接著，使用者再點選連結到PayPal的按鍵。這些資訊會自動以電子郵件寄到我的信箱，但使用者點選PayPal連結後，只會看到PayPal連結暫時無效的訊息。我用這些資訊評估我可以獲得的訂單。我使用Google關鍵字廣告提升網站流量。我計算了理論上可達到的投資報酬率（使用Google Analytics）。如果經過一週或兩週後，投資報酬率都是正向，值得我去花費心力執行或外包這項產品的生產製造（電子雜誌、ＰＤＦ等等）。我會架設好網站，放上有效的PayPal連結，然後再回溯以前的訂單，寄信給試圖買這項產品的使用者。通常我可以在幾小時內損益兩平，然後不斷盈利。其中一個例子是「自己動手做」公關工具包（www.mybusinesspr.com.au）。《一週工作4小時》棒透了，希望能早日看到下一版。——麥特・施密特

【註釋】

47. 在送貨前對客戶收款，可能涉及違法，所以我們不會向客戶收錢，但這仍是常見的做法。為什麼有那麼多廣告寫「三到四週的送貨時間」，但實際上紐約到加州只要三到五天就能送到？因為廠商需要時間製造商品，使用客戶的信用卡付費款項支付貨款。很聰明，但通常是違法的。

48. 這只適用於薛伍德，不適用於喬安娜。

49. 我怎麼想出最成功的迅思標語「保證最快提升肌力與速度」？我從羅賽塔碑語言學習軟體的標語借來的：「保證最快學會外語」。從頭擬定有效的廣告很費事——敏銳觀察，找到有用的點子，借用過來。

50. 薛伍德將運送與處理的頁面放在最後的訂購頁面之前，以免消費者只是要確認總價，沒有完成訂購。他希望「訂單」能反映實際的訂購數量，而非查價者數量。

51. 記住，設定一百個明確的關鍵字，每次點擊零點一美金，成果會比十個廣泛的關鍵字，每次點擊一美金的效果好。錢花得愈多，代表你吸引了更大的流量，得到的結果也愈有統計效度。如果預算允許，增加相關詞彙與每日花費，將點擊測試的成本提高到五百到一千美金。

52. 收取信用卡的支票帳戶。

53. 傑克森．波洛克（Jackson Pollock）為二十世紀初超現實主義畫家。

54. 在本章與下一章的結尾，列出了提供這類服務的網站。

55. 參見www.fourhourworkweek.com附贈的線上章節，以實例了解這些用詞。

56. 「紙上交易」指的是設定假設的預算，「購買」股票（在紙上寫上股票的現值），然後長期追蹤股價，看看如果真的投資，你會有多少投資收益。在親自上火線前，先做無風險的投資練習。

11. 收入自動駕駛（三）

MBA——逍遙管理法[57]

「未來的工廠只會有兩個員工，一個人和一隻狗。人負責餵狗，狗負責阻止人碰機器。」

——華倫・班尼斯／南加大大學企管系教授兼雷根與甘迺迪總統顧問

大多數的創業者一開始都不是以自動化為目標。因此，在商管大師的理論彼此矛盾的世界，他們也感到無所適從。思考以下名言：

「如果以愛凝聚員工，而非用恐懼，公司會更強大……如果員工優先，員工就會快樂。」

——賀伯・凱勒赫／西南航空的合資創始人

「聽著，孩子，我靠耍狠才建立這間公司。我經營這間公司是靠耍狠。我一直都是個混球，你別想改變我[58]。」——露華濃創始人查爾斯・瑞福森／與一位資深主管的對話

嗯哼……該聽誰的？如果你腦筋動得快，你會注意到我只有提供二選一的選項。依照慣

例，好消息是：還有第三個選擇。

你在商管叢書或其他地方接收到的矛盾資訊，通常都跟員工管理有關——怎麼處理人事。賀伯會告訴你擁抱員工，瑞福森告訴你踹他們一腳，而我告訴你，解決方式是除掉這個問題：砍掉人事。

等到有了熱銷的產品，就可以著手設計自動修正、自動營運的企業架構。

遙控的執行長

「擁有讓自己躲起來不讓人找到的能力，是慈悲的恩惠，因為人就像野獸，如果沒有這層保護，會將彼此吃乾抹淨。」

——亨利・華德・畢區／美國廢奴主義者與牧師，《普利茅斯佈道格言》作者

賓州鄉間

在兩百年歷史的石牆農舍裡，「二十一世紀的領導學實驗」靜靜展開，發展一如預期[59]。

史蒂芬・麥唐納在二樓，穿著拖鞋，盯著電腦上的試算表。他的公司成立以來，每年營收成長百分之三十，而他陪伴三個女兒的時間，甚至超出過去想像許多。

他的實驗是什麼？身為「蘋果門農場」的執行長，他堅持一週只去紐澤西橋水市的總部一次。當然，待在家中的執行長不是只有他一個（還有許多執行長心臟病發或精神崩潰，需

要在家休養），但麥唐納的例子最大的差別是：他已經在家工作十七年以上。更少見的是，他在成立公司六個月後，就開始這項政策。

因為他有計畫地脫離辦公室，所以他建立的事業能照著程序走，不需事事請示老闆。由於與管理者的接觸有限，迫使這位創業家需要發展營運規則，讓下屬可以自己解決問題，不用打電話求救。

這套制度並非只適用於小公司。蘋果門農場銷售一百二十多種有機與自然肉品給高價位零售商，每年營收超過三千五百萬美金。

這之所以可能，是因為麥唐納在創業初始就以此為目標。

後台場景：繆思的架構

「沒有人可以見歐芝大王！沒有人，絕不！」

——翡翠城守衛／《綠野仙蹤》

在創業時就擬定好未來的藍圖——事業最終的組織圖——這並非新鮮事。聲名狼籍的生意人韋恩．赫贊加複製麥當勞的組織模式，將百事達改造成規模數十億美金的巨獸，許多大亨也這麼做。我們「心中的目標」則有些不同。我們的目標不是要盡量擴張事業規模，而是要創立盡量不必費心打理的事業。組織架構必須能讓我們不需參與資訊的傳遞。

我首次嘗試時沒有掌握到訣竅。

二〇〇三年，我在家中的辦公室接受紀錄片專訪，叫做「真人電視見證」。每二十到三十秒，電子郵件來信通知、即時訊息嗶嗶聲、電話鈴聲就會打斷我們。我沒辦法置之不理，因為有上百件事等我做決定。如果我沒有確定車班準時發車，不趕著滅火，沒人會代我做。

在那次經驗後，我立下新目標。六個月後，後續的追蹤訪問出現了極明顯的改變：寂靜。我的業務架構徹底大翻修，好讓我不需要接電話，不需回覆電子郵件。

常有人問我，我的公司規模有多大——我雇用多少正職員工？我回答只有一個，許多人立即失去興趣。然而，如果有人問我有多少人處理迅思公司的業務，答案就會不同：約兩百到三百人。我不過是這部機器裡的幽靈。

第一個圖表是我的業務架構簡圖，繪出從廣告（這個例子是平面廣告）到現金存入我的銀行帳戶的流程，還有幾個費用項目的範例。如果你依照上兩章的原則發展產品，就能在此架構中順暢運轉。

我在圖表的哪個位置？我不在裡頭。

我不是所有公事、雜事必經的過路站。我比較像路旁的警察，在必要時插手，我以委外人員交出的詳細報告確定所有齒輪都如預期運作。我每星期一檢查進度報告，每月的第一個星期一則讀上個月的月報。月報包括電話客服中心收到的訂單，我會與客服中心的費用互相

自動化解析圖
每週工作四小時的虛擬架構

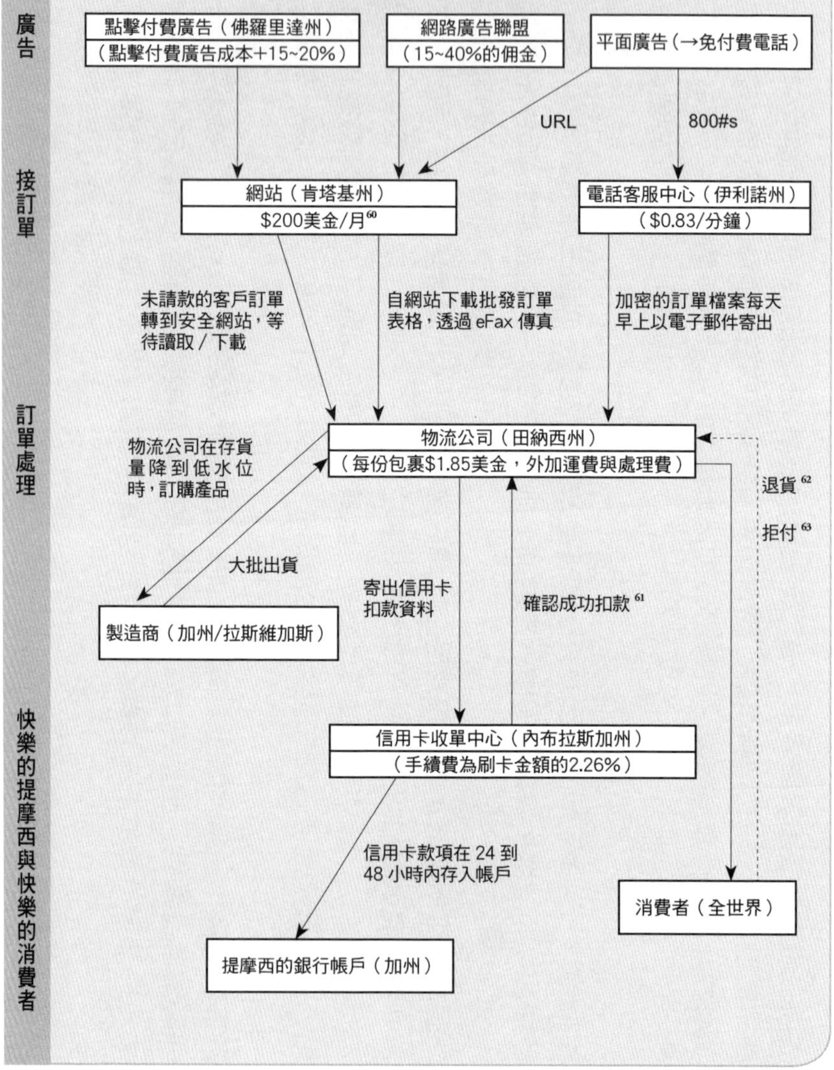

廣告
接訂單
訂單處理
快樂的提摩西與快樂的消費者
點擊付費廣告（佛羅里達州）
（點擊付費廣告成本+15~20%）
網路廣告聯盟
（15~40%的佣金）
平面廣告（→免付費電話）
URL
800#s
網站（肯塔基州）
$200美金/月60
電話客服中心（伊利諾州）
（$0.83/分鐘）
未請款的客戶訂單轉到安全網站，等待讀取／下載
自網站下載批發訂單表格，透過 eFax 傳真
加密的訂單檔案每天早上以電子郵件寄出
物流公司在存貨量降到低水位時，訂購產品
物流公司（田納西州）
（每份包裹$1.85美金，外加運費與處理費）
退貨 62
拒付 63
大批出貨
製造商（加州/拉斯維加斯）
寄出信用卡扣款資料
確認成功扣款 61
信用卡收單中心（內布拉斯加州）
（手續費為刷卡金額的2.26%）
信用卡款項在 24 到 48 小時內存入帳戶
消費者（全世界）
提摩西的銀行帳戶（加州）

切派：外包經濟學

每個外包單位拿走收入的一片派。假設一項八十美金的產品，得透過電話銷售、雇請專家協助研發，並以版稅支付其報酬，該產品的損益總表大概會很像以下的表格。我建議在算利潤時，要將費用估得比預期高，以包含預期外的成本（意思是：意外）與雜費，如每月報表等等。

收入

產品定價	$80
運費/處理費	$12.95
總收入	$92.95

費用

產品製造	$10
電話客服（每分鐘0.83美金乘以平均通話時間4分鐘）	$3.32
運費	$5.80
物流處理費（每個包裹$1.85美金加$0.5美金的盒子/包裝紙）	$2.35
信用卡手續費（2.75%乘以$92.95美金）	$2.56
退貨加拒刷的信用卡手續費（6%乘以$92.95美金）	$5.58
版稅（5%乘以批發價$48美金[定價$80美金乘以0.6等於批發價]）	$2.40
總費用	$32.01

利潤（收入減費用）	$60.94

如何計算廣告費用？如果要價$1,000美金的廣告或點擊付費廣告，總共帶來50筆訂單，每份訂單的廣告費用即為$20美金。因此，實際的每單位利潤為$40.94美金。

對照，估算利潤。除了報告外，我只要在每月一號和十五號檢查網路銀行帳戶，找出不正常的扣款即可。如果我找到問題，一封電子郵件就能解決問題，如果沒有問題，我就會去練劍道、畫畫、登山，繼續任何我在進行的休閒活動。

將自己從算式中移除：時機與方法

「系統就是解決方法。」

——AT&T電信公司

你在設計自行運作的虛擬公司架構時，應該將第一個圖表當作草圖。當中可能有幾個差異（項目更多或更少），但主要原則是相同的：

1. 雇用專精於特定領域的外包公司，而非個別的自由接案者，可以預防有人被開除、辭職或怠工時，你能立刻找到取代他們的人選，不會影響到你的生意。雇用訓練有素的工作團隊，要能交出詳細報告，而且在需要時彼此替代。

2. 確保所有外包單位願意彼此溝通，直接解決問題，給他們書面授權——自行選擇代價最低的解決方案，解決問題，不要事事來問你（我剛開始授權的權限為一百美金，兩個月後提高到四百美金）。

要如何達到這個目標？這個問題有助於觀察創業者通常在哪裡失去動力，就此停滯不前。

大多數創業者起步時一切從簡，胼手胝足，事事親為，想盡辦法用少量現金推動事業。這不是問題。事實上，這是問題，因為創業者未來必須訓練外包人員。問題在於：創業者不知道要在何時，用什麼方式，用較具擴張性的營運模式取代自己，或是他們親手發展出的架構。

我所謂的「擴張性」，指的是既能輕易處理一週十份的訂單，也能輕鬆處理一週一萬份的訂單。要做到這點，你的決策責任必須減少，實現擁有時間自由的目標，打下將收入倍增或增加三倍的基礎，而工作時數依舊不變。

打電話給本章結尾列出的公司，研究所需成本。依此規劃預算，讓事業架構逐步達到以下里程碑，我以出貨的產品量為標準：

第一階段：出貨量零到五十個

全部自己來。將你的電話放在網站上，自己回答相關問題與接訂單——這點在一開始很重要。親自接聽客戶電話，決定之後在網站「問與答」要回答的問題。你編寫的「問與答」也是未來訓練客服人員的主要教材，以及擬定銷售台詞的基礎。

你的點擊付費廣告、平面廣告或是網站是否過於含糊，或是容易造成誤解，導致吸引的客源不符標準或太耗時？若是這樣，更動內容，回答常見問題，並凸顯產品的優點（也要說明哪些不是產品的功效或用途）。

回覆所有電子郵件，將答案存在「客戶服務問題」的資料夾內。將回答以副本寄給自己，並將客戶的問題性質寫在主旨上，方便未來分類。親自包裝、寄送所有產品，以找出最便宜的包裝與運送方案。研究要如何在附近的小銀行開設營業帳戶（比大型銀行好申請），以供未來將信用卡交易外包之用。

第二階段：每週出貨量十個以上

在網站上加入詳盡的「問與答」，持續新增常見問題與答案。在工商服務電話簿尋找附近的「物流服務」或「貨運服務」。如果你找不到，可登上www.mfsanet.org，或打給附近的印刷廠商，請他們推薦。將範圍縮小到不會要求首次合作費用和最低月費的公司。如果找不到，請他們至少將兩項費用折價百分之五十，再將首次合作費用當成運費或其他費用的預付款。

進一步縮小貨運或物流公司的條件，只選擇能夠回應客戶「訂單狀態」電郵（最理想的選擇）或電話詢問的廠商。回覆「客戶服務」資料夾的信件要複製上封來信的內容，特別是關於訂單狀態和退款要求的郵件[64]。

向物流公司解釋你才剛開業，預算很低，以降低雜費費用。告訴他們你需要現金做廣告，而廣告能帶來更多貨運量。若有必要，提到你也在考慮的其他競爭公司，讓他們彼此競價，利用甲方開出的較低價碼或折讓，使乙方提出更高的折扣或回饋。

在做最後的選擇前，請對方提供至少三位客戶的電話，供你詢問物流公司的評價。使用以下台詞，以取得負面意見：「我知道他們很不錯，但所有人都會有弱點。如果你得提出一件覺得不滿意的事，以及他們最不擅長的項目，你覺得是什麼？請描述曾遇過的一次問題或爭執。我認為所有公司總會出錯，這沒什麼，而且保證絕對保密。」

剛開始的一個月保持準時付款，之後再要求「三十天付款」的條件——在出貨後三十天付款。與需要業務的小公司談以上的優惠比較簡單。在你挑選了物流公司後，請你的外包廠商直接將貨品送到物流公司，並將物流公司的電子郵件（你可以將設在你的網域上的電子郵件自動轉寄給物流公司）或是將電話放在網站上的訂單問題頁面。

第三階段：每週出貨量超過二十個

現在你有足夠的現金流量，可負擔規模更大、服務更完善的物流公司要求的首次合作費用和每月最低費用。打給能承包所有工作的端對端物流公司——包括訂單狀態到退貨、退款作業。洽詢費用問題，詢問他們找哪間電話客服中心與信用卡收單公司，幫忙處理檔案傳輸與問題。不要建立由陌生人組成的架構——會導致建檔成本與出錯率，兩者的代價都很昂貴。

先找好信用卡收單公司，因此你要開營業帳戶。這點很重要，因為若要物流公司代為處理交易的退款和拒刷信用卡，只能透過外包的信用卡收單公司。

你也可以選擇在新的物流公司推薦的電話客服中心開設帳戶。客服中心通常都有免付費電話，你不需自行設定免付費電話。在測試時，比較網路和電話訂單的比例，如果電話訂單的營業額值得多費功夫，便設置電話訂購的窗口。不過通常都不值得，願意打電話訂購的人，如果沒有其他選擇，大多都會在網路上訂購。

在與電話客服中心簽約前，取得幾個他們的免付費電話號碼，撥打測試電話，詢問幾個困難的產品問題，評估接聽人員的銷售能力。每個號碼至少要撥三次（早、中、晚），注意最關鍵的因素：等待的時間。電話必須在響三到四聲後接聽，如果接通後需要等待，時間要愈短愈好，超過十五秒會導致太多人掛斷電話，白白浪費廣告費。

不用決定的藝術：選擇愈少＝收入愈多

「公司會因做了錯誤的決策而倒閉，另外還有一個很關鍵的錯誤，就是做太多決定。後者會將事情變得太複雜。」

——麥克．梅柏斯／動力通訊軟體公司共同創辦人（初次公開上市的市價高達兩億六千萬美金）、崔佛力軟體公司的創辦人兼執行長（以七億五千萬美金賣給ＩＢＭ），並投資多間公司，如Digg.com

約瑟夫．舒格曼是行銷大師，催生了數十個具直接回應元素的廣告與零售成功案例，包括風藍太陽眼鏡（BluBlocker）的熱銷傳奇。在他揮出一連串的電視購物全壘打之前（他在ＱＶＣ電視購物台第一次登場時，在十五分鐘內賣出兩萬副風藍太陽眼鏡），他的主業是郵購業，從中賺了數百萬美金，建立JS&A集團的企業帝國。約瑟夫曾受聘設計一間廠商的腕錶產品廣告，廠商想在廣告上登出九種不同的腕錶，但約瑟夫建議強打一項即可。客戶堅持想法，約瑟夫則提議兩種廣告都做，在同日的《華爾街日報》上測試兩者的效果。結果呢？主打一支腕錶的廣告，銷售量比九支腕錶的廣告多了六倍[65]。

亨利·福特提到史上的暢銷車種福特T型車時[66]，曾說過：「消費者可以選擇任何想要的顏色，不過我們只出黑色的就行。」他懂得許多生意人似乎都忘掉的一件事：服務客戶（「客戶服務」）不是要成為私人管家，滿足他們的每個奇想和欲望。客戶服務是以合理的價格提供很棒的產品，並盡速解決任何預期中的問題（寄丟、換貨、退款等等），如此而已。

提供客戶愈多選擇，只創造更多的猶豫不決，導致訂單減少——反而幫了倒忙。不僅如此，提供客戶愈多選擇，也給自己製造更多的生產與客戶服務負荷。

「不用決定」的藝術，指的是將客戶能夠做的，或需要做的決定減到最少。我和其他新富族用幾個方法，將客戶服務費用減少了百分之二十到八十：

1. 只提供一或兩個購買選項（例如：「基本方案」和「頂級方案」），不多給選擇。
2. 不要提供多種寄送選擇。只給一種快捷寄件的方式，需加收運費。
3. 不要提供隔天送達或急件運送（通用的解決方法是，將客戶引介給提供此服務的零售商），因為寄送方案會引來數百通焦急的查詢電話。
4. 取消電話訂購，引導所有潛在客戶以網路訂購。這聽起來很極端，卻是Amazon.com

等購物網站的成功故事，它們靠網路訂購節省大量成本，而得以生存茁壯。

5. 不要提供國際運送。每張訂單要花十分鐘填寫報關表格，等產品被課稅後，價格會多出百分之二十到百分之百，你還得應付客戶的抱怨。這大概就像用頭搥人行道一樣愉快，能得到的好處也差不多。

其中幾項原則也暗示了最能節省時間的方法是：過濾客戶。

客戶並非人人平等

等你達到第三階段，也有一定的現金流量時，就該重新評估客戶，削減客戶量。任何事物都有好和不好的一面：好的食物、不好的食物；好的電影、不好的電影；好的性愛、不好的性愛；啊，還有——好的客戶、不好的客戶。

現在，下定決心與前者做生意，擺脫掉後者。建議你將客戶當成平起平坐的生意夥伴，而非凌駕於你，需要不計一切代價取悅。如果你以合理價格提供很棒的產品，這是對等的交易，而不是下（你）對上（客戶）的乞討。保持專業，不要對不講理的人卑躬屈膝。

與其應付問題客人，我建議你直接阻止他們訂貨。

我知道數十位新富族不接受西聯匯款或支票付款。有些人聽到的反應是：「你丟掉了百分之十到十五的銷售量！」新富族的回答會是：「沒錯，但這百分之十到十五的客戶導致了百分之四十的費用，耗掉我百分之四十的時間，我要擺脫他們。」這是經典的八十／二十法則。

在訂貨前詢問最多問題，但只買一點商品的人，成交後也會做相同的事。淘汰他們不僅有益身心健康，也能減少花費。需要不斷呵護的低利潤客戶，喜歡打給電話客服，花三十分鐘問各種不重要、網站上已回答的問題。以我為例，每三十分鐘的電話會花掉我二十四點九美金（三十分鐘乘以零點八三美金），也吃掉他們貢獻的微利。

花最多錢的人，反而最不會抱怨。除了五十到兩百美金的高定價，還有幾項原則能吸引我們最想要的利潤高、問題少的客人。

1. 不要接受西聯匯款、支票或現金匯票。

2. 將最低批發量提高到十二至一百單位，並要求營利事業統一編號，確定批貨買家真的是生意人，而不是需要花很多時間服務的新手。不要開設一對一的創業入門課程。

3. 請所有潛在客戶填寫必須下載、列印、填寫與傳真的線上訂單。不接受議價或是同意大量訂單的折扣。抬出「公司政策」，解釋你因為過去遇過的問題，所以無法接受議價。

4. 運用低價的產品（像是MRI公司的NO2書籍）而非免費產品，取得未來行銷所用的聯絡資訊。提供免費贈品可以吸引到最多浪費你時間的人，等於將錢浪費在吝於回饋的人身上。

5. 提供我輸你贏保證（見後文），而不是免費試用。

6. 不要接受常見的郵件詐騙國家的訂單，如奈及利亞。

把你的客戶當成尊榮俱樂部經營，在接受他們入會後，好好對待他們。

我輸你贏保證：如何賣東西給任何人

「如果你想要保證，去買台烤麵包機。」——克林・伊斯威特

三十日退款保證已經過時，早就失去了以往的光彩。如果我買了不適用的產品，發現自己被騙後，我得在郵局花一個下午退貨。我花在退貨上的錢，比我花在產品上的錢還多，除了浪費時間還有郵資。它消除的風險還不夠。

所以，現在我們進入的是被忽略的領域：我輸你贏保證與風險逆轉。新富族將大多數人眼中的配角——售貨保證，當作是基礎的銷售工具。

新富族的目標是：即使產品失敗，客戶仍能從中獲利。我輸你贏保證不只能徹底消除客戶的風險，還由公司承擔財務風險。

以下是幾個敢拿錢擔保的例子。

在三十分鐘內送達，不然免費！

（達美樂披薩靠著此項保證起家。）

我們很有自信你會喜歡希愛力，如果你不喜歡，我們會付錢給你，買你要的品牌。

（「希愛力保證」提供免費試用品，保證如果希愛力沒有達到客戶的預期效果，願意付錢給客戶買競爭產品。）

如果你的車被偷，我們會付給你五百美金的保費。

（這項保證幫助「汽車俱樂部」成為世界第一暢銷的汽車防盜器。）

百分之一百一十保證，在服用第一劑的六十分鐘內生效。

（這是「捷身」的保證，也是首次有健身營養補充品提出這種號召。如果沒在服用第一劑的六十分鐘內生效，我不只退回消費者全額價格，還會寄給他們比定價多百分之十的支票。）

「我輸你贏保證」看似風險極高，尤其是像「捷身」的例子，可能會有人利用這項保證獲利，但事實上不會……如果你的產品的確有用。大多數人都很誠實。

現在來看看實際的數字。

即使提供六十天的退貨保證期（退貨率降低的原因之一[67]），相較於一般的三十天百分之百退款保證，捷身的退貨率仍比業界百分之十二到十五的退貨率，低了百分之三。推出百分之一百一十的保證後，「捷身」的銷售量在四週內暴增三倍多，整體退貨率也降低。

喬安娜採用相同的我輸你贏保證，提出「在兩週內，身體柔軟度提升百分之四十，否則全額退費（包括運費），你能留下附贈的二十分鐘DVD當作贈品。」

薛伍德也找到合適的口號：「如果這些T恤不是你穿過最舒服的，你可以退貨，拿回購買價兩倍的退款。每件T恤都有終生保固——如果穿破了，寄回來，我們會免費更換。」

在推出保證後的頭兩個月，他們的銷售量都增加了超過兩倍。喬安娜的退貨率持平，薛伍德的退貨率增加百分之五十，從百分之二增加到百分之三。很可怕嗎？差得遠呢！百分之百退款保證，讓他賣出五十件，退貨是一件，因此收入是：五十件乘以一百美金，再減掉一件一百美金的退貨，等於四千九百美金。百分之兩百的退款保證，讓他賣出兩百件，退貨六件，收入是：兩百件乘以一百美金，減掉六件退貨乘以兩百美金，等於一萬八千八百美金。我寧可選後者。

我輸你贏是新的雙贏模式。讓你與眾不同，獲利倍增。

迷你大集團：怎麼在四十五分鐘內，打造財星五百大公司的氣勢

「受夠了總是被欺負嗎？我保證你在幾天內長出肌肉！」

——查爾斯・阿特拉斯／用漫畫賣出價值高達三千萬美金的「動態張力」健身課程的健美先生

想和大通路商談生意，或是找到可能的合夥人，微型的公司規模可能會造成問題。這項歧視雖毫無根據，但也難以撼動。還好，只要幾個簡單步驟，就能迅速美化你草創的公司形象，營造新興的財星五百大公司門面。將你在咖啡店想出的繆思，在四十五分鐘內端入會議室。

（一）不要掛名「執行長」或「創辦人」

「執行長」或「創辦人」等於向天下昭告這是間草創公司。給你自己中階主管的頭銜，像是「副總裁」、「主管」，或是能依場合調整的類似頭銜（業務主管、業務開發主

管等等）。另外，為了談判斡旋，千萬不要表現出你是最終決策者的態度。

（二）在網站上放上多個電子郵件和聯絡電話

在「聯絡我們」的網頁上放上各個部門的電子郵件，如「人力資源」、「業務部」、「一般查詢」、「批發銷售」、「媒體／公關」、「投資人」、「意見欄」、「訂單狀態」等等。剛開始，這些郵件都會轉寄到你的電子信箱。在第三階段，大多數信件會轉寄到合適的外包人員。你也能依循相同方式，放上幾個免付費電話。

（三）安排遠距總機——互動語音回應

利用類似www.angel.com的網站，花不到十分鐘的時間，用不到三十美金，也能聽起來像是績優上市公司。Angel.com以擁有銳跑、家樂氏等大客戶自豪，你能夠在網站上設定免付費電話，以語音接聽來電：「感謝您來電（公司名稱）。請說出你想要轉接的人或部門，或是聽完各部門選項再選擇。」

在說出你的姓名，或選擇適當的部門後，來電者會被轉接到你設定的電話，或是合適的外包人員——並播放來電等待音樂。

（四）不要放上住家地址

不要用你的住家地址，不然會有人上門。在找到能處理支票與現金匯票的端對端物流公司前（如果你決定接受支票與現金匯票的話），使用郵政信箱，但不要寫「郵政信箱」，寫上郵局的地址。因此，「11936美國某某地，郵政信箱555號」，變成「11936美國市中心大道1234號，555號室」。

運用以上技巧，以精心打造的形象投射專業素養。認知中的規模確實很重要。

自在感挑戰

在公共場合放鬆（兩天）

這是最後一項自在感挑戰，設定在大多數上班族最不敢做的轉捩點之前：談好遠距工作的契約。這項挑戰除了有趣，也表示出大多數需要遵守的規則，只是約定俗成罷了。沒有任何法律禁止你打造理想人生……或是純粹想要取悅自己，讓旁人摸不清頭緒。

在公共場合放鬆聽起來很容易，對吧？我的放鬆方式規則如下，我不管你是男的或女的，二十歲或六十歲，是蒙古人還是火星人。我稱以下活動叫「休息一下」。

連續兩天，每天做一次，時間任選，在擁擠的公開場合躺下。午餐時間很適合。地點可以是人來人往的人行道、生意興隆的星巴克店內，或是很受歡迎的酒吧。這不需要任何技巧，只要躺在地上，保持安靜十秒鐘，然後站起來，繼續做你剛剛在做的事。我曾在跳街舞的舞池幹過這種事。如果你苦苦哀求，沒人會理你，躺在地上裝神經病卻能帶來成效。

不要解釋。如果在做完後，有人問你（他或她在你躺著的十秒鐘，因為太過震驚，而沒辦法問），只要回答：「我只是想躺下來一會兒。」你說得愈少，這件事顯得愈好玩，越有趣。前兩天先獨自做，之後你能盡情在與一群朋友出門時躺在地上，絕對會博得滿堂彩。

跳脫常規思考還不夠，思考是太被動的行為，你應該習慣跳脫常規行動。

工具與訣竅

壯大聲勢——虛擬總機與互動語音回應

● **天使總機**（www.angel.com）

在五分鐘內取得有專業語音選單的免付費電話號碼（語音鑑識欲轉接的部門、分機等等）。神奇極了。

● **中央總機**（www.fourhourblog.com/ringcentral）

提供免付費電話、電話過濾與轉接、語音信箱、傳真收發，以及新訊息通知，都在網路上完成。

CD／DVD燒錄、列印與產品包裝

● **AVC公司**（www.avcorp.com）

● **SF影像**（www.sfvideo.com）

區域物流（每週出貨量不超過二十單位）

● **物流服務協會**（www.mfsanet.org）

端對端物流公司（每週出貨量超過二十單位。首次合作費五百美金以上。）

● **動機物流**（www.mfpsinc.com）

HBO、美國公共電視台、歡笑公益基金會、傑克健身等組織的祕密後勤與執行單位。

● **創新物流**（www.innotrac.com）

該公司是全美最大的直接面對消費者的物流公司。

● **穆頓物流**（www.moultonfulfillment.com）(818-997-1800)

擁有一點八六公畝的場地設施，提供線上即時的存貨回報。

接單的電話客服中心（依照每分鐘費率或每次銷售金額佣金收費）

電話客服中心通常可分為兩種：接訂單者及收取佣金的銷售代表。詢問你在考慮中的客服中心，以瞭解相關的選擇和成本。

若你已經在廣告上列出產品價格（硬性促銷）[68]、提供免費訊息（開發來客），或是不需要訓練有素的銷售人員說服消費者。換句話說，你的廣告或網站預先篩選來電者。後者應該比較適合稱為銷售中心。客服人員領取佣金，且接受過「成交」訓練，其唯一目標是將來電者轉為購買者。這些來電通常是回應「來電索取資訊／試用／樣品」的廣告，廣告內文沒有列出價格（軟性促銷）。因此，每筆交易的成本會更高。

● **西方電信服務**（www.west.com）

全球員工有兩萬九千名，每年處理的電話時數達數十億分鐘。所有高通話量和低定價的公司都使用他們的服務行銷較為低價的產品，或是較為高價但提供免費試用或分期付款的產品。

● **LiveOps**（www.liveops.com）

在家工作的銷售代表的先驅，一般而言，這代表客服會接聽更多電話。提供多樣服務，包括真人接聽、電腦語音服務及西班牙語。通常用於單純的接訂單工作，而非軟性行銷。

● **NextRep**（www.nextrep.com）

銷售技巧高超的在家工作銷售員，專精於商家對客戶、商家對商家，提供接聽和撥打電話的方案。如果你最重視的是銷售業績、回應速度、網路整合及高品質的客戶服務，那我強力推薦這間公司。

● **Triton Technology**（www.tritontechnology.com）（800-704-7538）

只收佣金的銷售中心，以驚人的成交能力聞名（看《搶錢大作戰》和亞歷・鮑德溫在《大亨遊戲》飾演的角色）。除非你的產品定價至少一百美金以上，否則不要打給他們。

● **核心電話行銷**（www.centerpointllc.com）

這間公司的銷售人員相當有經驗，可將來自廣播、電視、平面或網路媒體的硬性促銷、軟性促銷及多樣促銷（在來電者同意購買廣告產品後，再追加銷售其他產品），轉為銷售訂單。

● **史都華電話行銷集團**（www.stewartresponsegroup.com）

以銷售為目標的電話行銷中心，雇用在家工作的銷售代表，提供接聽及撥打電話的方案。另一個跟客戶高度接觸的頂尖電話行銷中心。

信用卡收單中心（必須要透過你的銀行營業帳戶）

這些公司跟上一章提供的選擇不同，不只是專門處理信用卡，也會代你與物流公司協調，將你從營運流程中移除。

- TransFirst Payment Processing（www.transfirst.com）
- Chase Paymentech（www.paymenttech.com）
- Trust Commerce（www.trustcommerce.com）
- PowerPay（www.fourhourblog.com/powerpay）

入選《企業》雜誌五百大成長最快的民營企業之，可從你的iPhone和其他裝置處理信用卡交易。

網路聯盟行銷管理程式

- My Affiliate Program（www.myaffiliateprogram.com)

你也可以參考第九章最後一節的「工具與訣竅」。

提供折扣的廣告社

如果你直接找上雜誌社、廣播電台或電視頻道，付他們公定的「零售」廣告價，你絕對無法做一番大事業。為了省下麻煩和費用——你可以考慮雇用廣告社，如果是與他們合作的媒體，你能談到最高達百分之九十折扣的價格。

- Manhattan Media（平面）（www.manhmedia.com）

很棒的廣告社，刊登速度迅速。我從剛開始創業時，就使用這間廣告社。

- **Novus Media**（平面）（www.novusprintmedia.com）

與一千四百間雜誌社以及報紙發行商合作，提供的公定折扣價平均達百分之八十，客戶包括「銳像家電」與「文具倉庫」連鎖店。

- **Mercury Media**（電視）（www.mercurymedia.com）

美國最大的直接回應媒體廣告社，專精於電視，但也有廣播與平面業務。他們提供完整的追蹤與回報服務，以估算投資報酬率。

- **Euro RSCG**（跨媒體）（www.eurorscgedge.com）

在各媒體平台刊登直接回應廣告的世界級領導公司之一。

- **Cancella媒體回應電視**（電視）（www.drtv.com）

使用創新的詢問次數模式收費，你可以用訂單利潤來支付廣告費，不用預先支付廣告時間的費用。若你的行銷廣告很成功，每筆訂單的成本會比較高，但是你可以降低付給媒體的預付費用。

- **Marketing Architects**（廣播）（www.marketingarchitects.com）（800-700-7726）

廣播界直接回應廣告的領導者，但費用稍貴。幾乎所有成功的直接回應產品——卡爾頓．席茲的房地產致勝祕笈與東尼．羅賓斯的發揮個人潛能等等，都有使用他們的服務。

- **RadioDirectResponse**（廣播）（www.radiodirect.com）（610-892-7300）

馬克．林普斯基打造了一間很棒的公司，客戶從小型的直銷商到旅遊頻道與富國銀行。

線上市場行銷研究公司（點擊付費廣告管理等等）

從小處開始，先在附近找個人幫忙。

- SEMPO（www.sempo.org，查閱會員名單）很棒的中小型公司。
- Clicks 2 Customers（www.clicks2customers.com）
- Working Planet（www.workingplanet.com）眼光銳利的好手——幾千塊美金的廣告宣傳。
- Marketing Experiments（www.marketingexperiments.com）（這是我用的團隊）
- Did It（www.did-it.com）
- ROIRevolution（www.roirevolution.com）支付成本的計算方式為：每月支付的單次點擊費用，再加上一定比例的費率。
- iProspect（www.iprospect.com）

全程服務的電視購物節目製作公司

這些公司將「歐瑞克」吸塵器、「營養系統」、「北歐漫步」健身車、「迷上閱讀」兒童教材，變成家喻戶曉的產品。第一個網址有完整的直接回應電視購物詞彙表。這兩間公司都能提供很棒的資源。至少要有一萬五千美金的資金，你才能製作短片廣告，長片購物廣告的製作至少要花五萬美金。

- Cesari Direct（www.cesaridirect.com）
- Hawthorne Direct（www.hawthornedirect.com）
- Script-to-Screen（www.scripttoscreen.com）

零售與國際產品通路

想要讓你的產品登上威名、好市多與諾斯壯百貨貨架，或是日本的百貨公司嗎？付錢給有門路的專家，有時能幫助你的商品進入這些通路。

- Tristar Products（www.tristarproductsinc.com）

威力果汁機及其他暢銷產品的幕後推手。Tristar也擁有自己的攝影棚，因此除了零售通路鋪貨外，也可以提供端對端服務。

- BJ Direct（International）（www .bjgd.com）

名流仲介

想找名人推薦產品或當代言人嗎？如果你做得對，花費其實比你想像中低很多。我知道有間大聯盟最佳投手代言的服飾商，每年只需付兩萬美金的代言費。以下是幾個能幫你找名人代言的仲介。

- Celeb Brokers（www.celebbrokers.com）（310-268-1476）

總裁傑克・金是指點我進入這個美妙世界的人。他無所不曉。

- Celebrity Endorsement Network（www.celebrityendorsement.com)(818-225-7090）

尋找名人

- Contact Any Celebrity（www.contactanycelebrity.com）

你也可以自己找名人代言，我做過很多次。這個線上指南與網站盡職的員工，能夠幫你找到世界上任何一個名人。

生活型態規劃案例

當我讀完外包的章節，我只覺得這是個新奇的點子，但不適用於我。然而，因為書中其他章節都讓我嘖嘖稱是，我決定嘗試一下。我沒有把錢匯到海外，而是留在美國測試這個理論，雇用我在念大學的姪女，她在電腦上的專長領域，我完全不懂。結果，我發現這是個絕佳的經驗，省下我不少錢，她也能賺錢。我享有外包的所有好處，卻不須為語言和其他問題所擾。我也藉此塑造教育出一位有為的年輕人，這也跟你書中其他章節相符……——肯恩

嗨，提姆，你在幾個月前提到www.weebly.com，我現在在使用這個網站建立我所有的繆思網站，我覺得weebly棒透了！另外，Facebook社團也可找到（幾乎是）你能想像到的各式各樣的利基市場。所以，我成功的途徑是透過以下幾個步驟：（1）找到可能會買我的

產品的利基社團，（2）寄送訊息給各社團的管理者，告訴他們我的繆思對他們的成員有何助益，然後禮貌地請他們將促銷訊息公布在社團的「最新消息」上。這比塗鴉牆好多了，而且在管理者移除訊息前，會一直停留在版面上（免費廣告）。比塗鴉牆貼文好一百倍。其中一位管理者買了我的繆思，將我的宣傳文字放在社團的「最新消息」區，然後寄電子郵件給每位成員，推薦他們造訪我的網站。——蓋文

【註釋】

57. MBA為「逍遙管理法」（Management By Absence）的縮寫。
58. 《企業巨人》（Giants of Enterprise: Seven Business Innovators and the Empires They Built），Richard Tedlow。
59. 這句話改寫自《遙控執行長》企管雜誌，二〇〇五年十月號。
60. 這個數字包括網站管理員／程式設計師的費用。
61. 拒刷的信用卡也會送回物流公司，以電話聯絡客戶。
62. 物流公司透過信用卡收單中心退款。
63. 拒付有爭議的信用卡款項
64. 物流用途的電子郵件回應範本，可以在www.fourhourworkweek.com找到。
65. 約瑟夫．舒格曼（Joseph Sugarman），《書寫廣告的祕密》（Advertising Secrets of the Written Word）。
66. 這要看使用何種標準而定（車輛數vs.總營收額），有些人宣稱福斯的經典金龜車才是史上最暢銷車種。
67. 為了保障客戶，以及利用世人的惰性（包括我），給客戶試用或忘掉產品的期限愈長愈好。金石刀具提供五十年的保證期限。你能提供六十、九十，甚至是三百六十五天的保證期限嗎？先評估三十、六十天的平均退貨率（以估計預算和現金流量），然後將期限延長。
68. 硬性促銷（hard offer）是直銷用語，指的是要求訂貨後付款，相反的是軟性促銷（soft offer）——先將產品寄給客戶鑑賞，客戶可以在鑑賞後，選擇付款或退回貨物。

STEP 4

Liberation
自由逍遙

「在自由中犯錯，遠比在枷鎖下做對事好。」

——湯瑪斯·赫胥黎／英國生物學家，又被稱為「達爾文的鬥牛犬」——

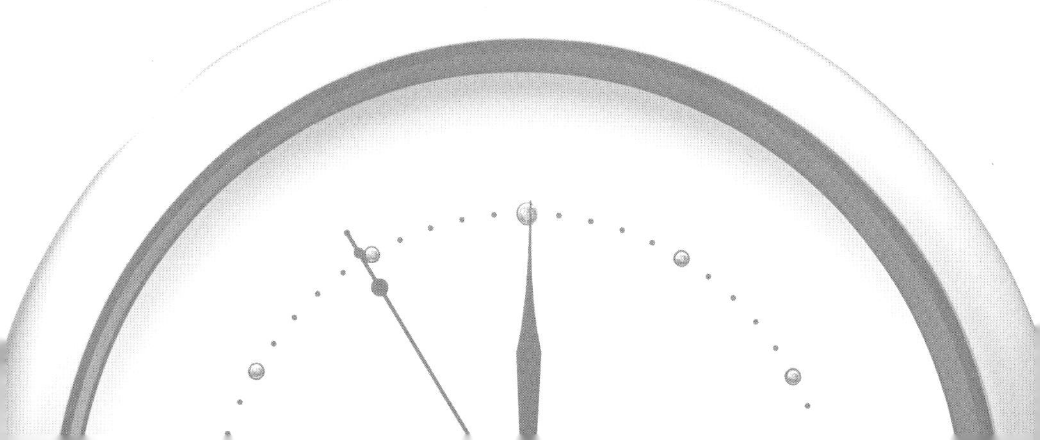

12. 消失技法

如何從辦公室脫逃

「每天盡職工作八小時，你或許有天能升為主管，然後每天工作十二小時。」

——羅勃・佛羅斯特／美國詩人與普立茲獎四屆得主

「在這條路上，只有第一步才算數。」

——維安尼，阿爾斯本堂神父／天主教聖人

加州帕洛奧圖

「我們不會付電話錢。」

「我沒有要你付。」

一陣沉默，接著是點頭、笑聲，以及一抹無奈的苦笑。

「好吧，那沒問題了。」

就這樣，四十四歲，畢生都是員工的戴夫・卡麥利歐，打破規範，瞬間開啟他的第二人生。

他沒有被開除，也沒人吼他。他的老闆似乎調適得很好。沒錯，戴夫都有完成工作，也沒有在客戶會議上裸奔，但是——他沒告訴任何人就跑去中國三十天。

「比我想像中簡單多了。」

戴夫是惠普電腦一萬多名員工中的一員，即便有許多抱怨，但他其實很喜歡在惠普工作。他不想創辦公司，在過去七年間，他為美國四十五州與二十二國的客戶提供技術支援服務。但六個月前，他遇上一個小問題。

她一百五十八公分高，重五十公斤。

難不成，他像大多數男人一樣，害怕承諾，不願放棄在家中穿著蜘蛛人四角褲閒晃的生活，或是無法割捨所有有自尊的男人的最後一道防線——PS2遊戲機？不，戴夫早已過了那個階段。戴夫的心被擄獲，準備要提出承諾一生的問題，但他的休假日不夠，而他的女朋友住在另一個城市。很遠很遠的城市——離帕洛奧圖有九千五百一十六公里。

他出差到中國四川時遇見她，現在是見父母的時候了，還管什麼距離問題。

戴夫才正開始在家做技術支援的工作。嗯哼，家不是在心中嗎？手拿一張機票，帶著GSM三頻手機，他已經在太平洋上方某處，進行首次的七天實驗。在快了十二小時的時區，他求婚，她接受了，另一端的美國沒人察覺。

第二趟實驗是走訪中國家族與品嘗中國食物（有人要豬頰肉嗎？）的三十天之旅，最後，吳淑美成為淑美．卡麥利歐。同時間在帕洛奧圖，惠普持續追求世界霸主的地位，絲毫不知也不在乎戴夫去哪了。他將所有電話轉接到妻子的手機，世界照常運轉。

戴夫贏得了行動辦公室的勳章，現在回到美國後，他祈禱一切如願，也準備好接受最糟的狀況。未來看起來似乎充滿彈性。他準備每年夏天，都在中國待兩個月，然後搬到澳洲和歐洲補償錯過的人生。這些計畫都獲得上司的贊同。

他怎麼切斷鎖鍊的？很簡單——他請求原諒，而非許可。

「我已經三十年沒旅遊了——為什麼不去？」

這正是每個人都該問的問題——為什麼不？

從土財主到雲遊族

舊時代的富翁，亦即昔日的上層階級，他們坐擁城堡、戴著領巾，懷抱惱人的玩賞狗，特色是在地方擁有龐大的產業。南塔基的舒瓦茲家族與夏洛特維爾的麥唐納家族。海灘、漢普頓的夏日假期，也太九〇年代了吧。

標準已然改變，死守在同一地將是中產階級的新特色。新富族的定義並非只是錢，還有更難以捉摸的能力——不受限的機動性。翱翔世界各地的生活並不限於創業者或是自由接案者。雇員也能做到[69]。

他們不只能辦到，愈來愈多公司也鼓勵員工這麼做。消費電子巨擘「最划算」連鎖店（Best Buy），要求明尼蘇達總部的數千名員工回家工作，宣稱成本不僅降低，成效還提升了百分之十到二十。新的規則是：由你決定在哪工作，何時工作，但要把工作準時做完。

在日本，穿著三件式西裝，一大早起床，朝九晚五上工的活死人被稱為「受薪族」（sarari-man），最近幾年有個新動詞出現：逃脫（datsu）受薪（sara）生活——datus-sara suru。

現在輪到你學習逃脫受薪之舞[70]。

拋開老闆，換成啤酒：德國啤酒節個案研究

要建立掙脫鐐銬的適當籌碼，我們要做兩件事：展示遠距工作對業績的助益，讓老闆覺得回絕你遠距工作的請求，代價很昂貴或很不值得。

還記得薛伍德嗎？

他的法國水手T恤熱銷後，他開始心癢，想要離開美國環遊世界。他現在有許多錢，但在他採用排除旁騖的省時工具前，得先擺脫辦公室嚴密的監督。

薛伍德是機械工程師，自從他削減了百分之九十的費時雜務和干擾後，生產力增加了兩倍。主管注意到他大幅躍升的績效，他對公司的價值變高了，失去他的代價變得更高。價值提高代表談判的籌碼變高。薛伍德很謹慎，沒將生產力和效率全開，好凸顯在遠距工作的試驗期突飛猛進的成果。

自從精簡多數的會議與討論，他自然而然地將與上司和同事的來往，百分之八十轉為電子郵件，百分之二十轉為電話。不僅如此，他還用第七章的〈打斷干擾與拒絕的藝術〉教導

的技巧，將不重要和重複的電子郵件量縮減一半。因此，對管理階層來說，薛伍德轉往遠距工作後，對他們的影響沒那麼明顯。薛伍德全速衝刺，監督也愈來愈少。

薛伍德的脫逃分為五階段。從淡季的七月十二號開始維持兩個月，以德國慕尼黑的啤酒節畫上句點。這趟旅行維持兩週，是他在計畫更龐大、更大膽的計畫之前所做的最後測試。

第一步：增加投資

首先，他在七月十二號與主管談員工訓練的事。他提議參加公司支付的四週工業設計課程，加強自己協助客戶的能力，切記要指出這對主管和業務有何幫助（減少部門間的溝通往來、提高客戶服務成效與收費時數）。薛伍德希望公司盡可能投資在他身上，使他的辭職造成更大的損失。

第二步：證明他在辦公室外的生產力更高

然後，他在下個星期二和星期三，也就是七月十八日和十九日請病假，好表現他的遠距工作生產力[71]。他決定在星期二和三請假，有兩個原因：免得看起來像是想放三天的週休長假，還能觀察在隔離狀態下的工作成效，也不會剝奪週末假日。他確保這兩天的工作產能增加兩倍，發出一些電子郵件，留下證明，讓主管注意到他的表現，也留下一些可量化的績效紀錄，以在未來談判時拿出佐證。因為需要使用昂貴的CAD軟體，這只授權在辦公室內的桌上型電腦使用，所以薛伍德安裝了GoToMyPC遠端遙控軟體的免費試用版，在家中操控他的辦公室電腦。

第三步：準備可量化呈現的績效助益

接著，薛伍德編寫了一張條列清單，逐項列出他在辦公室外能多完成多少工作，並解釋原因。他了解必須將遠距工作說成是好的業務決策，而非爭取福利。薛伍德提出的量化數據表示，比起過去的平均值，他每日完成的設計多了三件，收費時數增加了三小時。他解釋道：因為去掉通勤時間，也沒有辦公室嘈雜的干擾。

第四步：提出可終止的試行期

完成前幾章的自在感挑戰後，朝氣蓬勃的薛伍德信心滿滿地提出相當無害的遠距工作試行計畫：每週一天，維持兩週。他事先計畫了說詞，不過不到製作PowerPoint簡報的正式程度，以免給人事態嚴重，或無法反悔的感覺[72]。

請病假過後的下一週，薛伍德挑選在七月二十七日星期四下午三點鐘，氣氛相對輕鬆的時候，敲了主管辦公室的門。他的台詞如下，重要的句子已強調，並以註腳解釋談判的重點。

薛伍德：嗨，比爾，**你有一、兩分鐘嗎**？

比爾：有啊，什麼事？

薛伍德：我想跟你談談我考慮了很久的一個想法。只要兩分鐘就能講完。

比爾：好，說吧。

薛伍德：上星期你知道我生病了，簡單說來，我雖然不舒服，但還是決定在家也要工作。我發現一件有趣的事。我以為自己不可能完成任何工作，但是在這兩天，我完成的設計比平日還多了三件，甚至增加了三小時收費時數，因為沒有通勤，也沒受到辦公室的事務干擾。我現在要說的是：**只是試試看，我想試著**星期一和星期二在家工作，先試個兩週就好。**你隨時都能喊停**，如果我們需要開會，我會進辦公室，但我想試個兩週，然後看看成果。我有百分之百的自信，可以完成兩倍的工作量。**你覺得這樣的安排合理嗎？**

比爾：嗯……如果我們需要分工完成客戶的設計案呢？

薛伍德：有個程式叫GoToMyPC，我請病假在家時，會用這個程式遠端連線辦公室的電腦。我可以在遠端看到內容，我會隨時帶著手機。那麼……你覺得如何呢？在下個星期一開始測試，看看我能多完成多少工作？[73]

比爾：嗯……好吧。但只是試試而已。我在五分鐘後要開會，得走了，但我們等下可以再談談。

薛伍德：太棒了，謝謝你撥出時間。我會向你報告所有進度。我確定成果一定會讓你很開心且驚喜。

薛伍德並不期待主管會同意一週遠距工作兩天的提議。他提議兩天，預防主管反對時，轉而要求一週一天當作退讓（緩衝區）。為什麼薛伍德不乾脆每週五天都在家工作？有兩個理由。第一，對管理階層衝擊太大。我們必須一吋吋前進，好得寸進尺，免得讓主管驚慌失措。第二，先琢磨你的遠距工作能力（先預習一下），這樣也好，因為這能減少危機和錯誤發生的機率，避免遠距工作權遭剝奪。

第五步：增加遠距工作的時間

薛伍德確定在家工作的日子，是他進公司以來最具生產力的時間，甚至稍微降低在辦公室時的生產力，以凸顯兩者的對比。他與主管約好在八月十五號開會，討論他的成果，編寫一張對照表，跟辦公室的成效相比，一一列出提升的成果和項目。他建議提高賭注，將兩天的測試增加為四天，做好可能要退讓到三天的心理準備。

薛伍德：真的比我預期中的好很多。從數據來看，這對績效真的很有幫助，我現在更熱愛工作了。所以，如果你覺得這個安排很有幫助的話，我想試試看一週工作四天，也試兩週。我想在星期五進辦公室[74]，好為下週做準備，但還是要看你覺得哪天進辦公室比較好。

比爾：薛伍德，我不確定這樣做行得通。

薛伍德：你擔心什麼問題嗎？[75]

比爾：你似乎在準備離開，我的意思是：你打算辭職嗎？而且，如果大家都要比照辦理怎麼辦？

薛伍德：沒錯，你的擔心很合理[76]。首先，老實說，我之前有想過辭職，因為各種干擾、通勤時間等的問題，但改變了工作型態後，我很喜歡這樣的安排[77]。我完成更多工作，在不同環境裡感到放鬆。第二，除非可以證明生產力增加，沒人有權要求遠距工作，而我是完美的實驗結果。不過，如果別人也能證明，為什麼不讓他們試試看呢？這能降低辦公成本，增加生產力，員工也更開心。那麼，你覺得如何呢？我可以測試兩週，在星期五進辦公室處理辦公室的工作嗎？我會記錄所有進度，你當然可以隨時改變主意。

比爾：老天，你真的很固執。好吧，我們試試看，但不要到處炫耀。

薛伍德：當然，謝謝你，比爾。我很感謝你對我的信任。晚點再跟你聊。

薛伍德繼續在家維持高生產力，在辦公室保持低生產力。兩週後他與主管評估成果，將一週四日的遠距工作測試再延長兩週，直到九月十九日星期二，他要求一週五日都遠距工作，測試兩週，在他拜訪另一州的親戚時進行[78]。薛伍德的團隊正在進行的專案，需要他的專業知識，萬一他的主管拒絕請求，他已準備好辭職。他領悟到，就像在接近出刊期時談刊登廣告的價碼，想要如願以償，通常也要看你提出要求的時機和方法。雖然他比較希望不辭職，不過，他賣法國T恤的收入足以供他去德國啤酒節，實現更多夢想。

薛伍德不需以辭職威脅，主管也同意了。他當晚回家，花五百二十四美金買來回機票，飛往慕尼黑參加啤酒節。機票價格不到一週的T恤銷售金額。

現在，他可以使用各種節省時間的工具，淘汰不必要的雜務。在暢飲啤酒和穿著阿爾卑斯山區傳統短褲跳舞時，薛伍德能夠完美交出工作成果，貢獻給公司的成效，比八十／二十原則施行之前更高，還能享受大把的黃金時光。

但是，等一等……如果你的主管拒絕了呢？嗯……那他們等於逼你攤牌。如果你的主管看不到明燈，你只好用下一章的技巧炒他們魷魚。

另一個妙招：沙漏法

事先請長假也是個很有效率的方式，有些新富族稱之為「沙漏法」。之所以如此命名，是因為你事先花很長一段時間證明你的想法，以獲得短期的遠距工作協議，之後再談全職在家工作的協議。過程如下：

1. 使用預先計畫的專案或緊急事件（家庭因素、個人因素、搬家、裝潢修繕等等），任何需要你離開辦公室兩週處理的事。
2. 告訴上司，你無法放下工作，希望能繼續工作，而非請假。
3. 提出遠距工作的替代方案，如果有必要，提議如果表現不及在辦公室工作的成效，公司可酌扣這段期間的薪資。
4. 與主管合作研擬在家工作的方法，好讓對方參與過程。
5. 讓兩週的「休假」成為你上班以來最具生產力的兩週。
6. 回到辦公室後，向主管展示量化的成果，並告訴主管，沒有辦公室的分心干擾以及少掉通勤後，你可以完成兩倍的工作量。提議每週在家工作二或三天，作為實驗，維持兩週時間。

7. 生產力要在遠距工作的日子爆增。
8. 提議每週只在辦公室待一或兩天。
9. 讓進辦公室的日子成為每週生產力最低的日子。
10. 提議全面性行動辦公——主管會同意的。

問題與行動

「最近有人問我，會不會開除一個讓公司賠了六十萬美金的職員。我回答：不會，因為我才花了六十萬美金訓練他。」

——湯姆・華森／IBM創始人

「自由代表責任，所以大多數人都害怕自由。」

——蕭伯納

創業者最大的障礙在於自動進帳，因為他們害怕交出主控權，而雇員則是卡在自由逍遙這一步，因為他們害怕獲得主控權。下定決心，抓住韁繩——這是你的人生依靠。以下的問題與行動會協助你以績效取向的自由，替代身處辦公室的工作型態。

一、如果你心臟病發，主管能體諒你的狀況，你要如何遠距工作四週？如果你遇到障礙，例如工作似乎沒辦法遠距完成，或是你預期主管會強力反對，問問你自己：

- 這項工作要完成什麼，也就是：目標是什麼？
- 你得找到其他方法完成相同的目標——假設這是生死攸關的處境，你會怎麼做？遠距會議？視訊會議？GoToMeeting線上會議軟體、GoToMyPC遠距遙控軟體、DimDim.com（麥金塔），或是相關的服務？
- 為什麼你的主管會抗拒遠距工作？遠距工作會立即造成什麼負面後果？你可以如何預防，或將風險最小化？

二、設身處地以主管的立場思考。依照你過去的工作表現，你會信任自己在辦公室外依舊盡職嗎？

如果你不行，再讀一遍〈排除旁騖〉那一篇，提高生產力，並考慮使用沙漏法。

三、練習不受環境拘束的生產力。

在提議試行遠距工作前，先在前兩週的星期六，試著在咖啡店工作二到三小時。如果你在健身房運動，在這兩週試著在家中運動，或是在健身房以外的環境運動。這個練習的目的是訓練你的活動不受環境局限，確保你具備獨自工作的紀律。

四、量化你現在的生產力。

如果你運用了八十／二十法則，建立打斷干擾的規則，完成相關的基礎工作，讓你的表現以量化數據呈現時保持高水準，無論服務了多少客戶、產出多少營收、完成多少頁文件、作帳的速度等等，全都記錄下來。

五、提議遠距工作之前，先製造機會展示遠距工作的生產力。

測試你在辦公室環境外的工作能力，累積證據證明你可以在不需監督的情況下，交出優異的表現。

六、在提議前，練習不怕被拒絕的技巧。

去市場議價；要求免費升等到頭等艙；如果餐廳服務不佳，要求補償；練習提出各種要求，如果對方拒絕，使用以下的魔法問題。

「我要怎麼做，才能得到（想要的目標）？」

「在什麼情況下，你會（想要的目標）？」

「你有破例過嗎？」

「我確定你一定有破例過，不是嗎？」

（如果以上兩個問題的答案都是沒有，詢問「為什麼沒有破例？」如果答案是有，問：「為什麼破例？」）

七、訓練你的老闆習慣遠距工作──提議在星期一或星期五在家工作。

即使你在遠距工作時生產力稍低，你還是能選擇在公司十分繁忙，沒辦法隨意開除你時提議遠距工作，或做以下步驟。

如果老闆拒絕，代表你要換新老闆，或是自己當老闆。這份工作永遠無法給你所需的時間自由。如果你打算跳船，考慮由他們逼你走下甲板──要很有心機地讓自己被開除，這比主動辭職聰明得多。用資遣費或是失業津貼去度長假。

八、延長成功的試行期，直到達成全職行動工作，或是預期目標的行動力。

不要低估你對公司的必要性。交出好表現，提出你的要求。如果你一直沒辦法如願以償，那就直接離開。世界很大，何必將人生耗在辦公室隔間裡。

生活型態規劃實例

嘗試地球村郵遞（Earth Class Mail），這個服務可以轉寄你所有郵件。它會掃描你所有的來信，用電子郵件寄送給你，讓你能夠選擇資源回收／切碎垃圾郵件，取得掃描內容，或是將特定郵件轉寄給你或你指定的人選。我還沒親自使用過該服務（我將在這個月開始試用，為五月的旅遊預作準備），但我的一位朋友和居住在波特蘭的一位作家都親身見證這項服務，而且他們還認識地球村的執行長。這間公司廣受媒體讚揚，而且這個概念比透過朋友或家人轉寄信件好多了（如果你的朋友或家人跟我的有一成相似，總有一天會搞砸的。）

——納塔莉

我使用GreenByPhone.com線上處理透過地球村郵遞寄來的支票，手續費是每張支票五美金，但我住在聖地牙哥，地球村郵遞辦公室在西雅圖，我的銀行在俄亥俄州。這樣的安排真是完美無缺。——安德魯

為了讓你的清單盡善盡美（我們已經輕裝旅行數年，棒透了！），我想以女性旅行者及新生兒媽媽（十六個月大的嬰兒）的立場，加入幾條我的推薦。個人最愛：「動感女性」（Athleta）提供舒適、輕量、快乾的衣服，不只運動適用，平常穿看起來也很時髦。如果想穿得美美地登山和走上陡峭的金字塔階梯，但同時保護全身（女生都會知道我在說什

麼），（1）「思格茲」（Skorts）是必備的選擇。一個小提醒：選擇稍長的長度，這樣比較適合多國旅行，你也該買兩截式泳衣或游泳裙。（2）「清新上路」（Fresh & Go）的牙刷很便利。（3）「美聲納」（Marsona）的音頻機也是必備用品，可以蓋住不熟悉的噪音（我在家照顧嬰兒時，通常也會使用這個機器，讓孩子知道要睡覺了！）。我們多次旅程都靠這個機器才能安眠，現在在家也會使用，提升睡眠品質。我再也不用因為噪音半路換旅館。另外，我知道我們要輕裝旅行，但帶著一個小嬰兒，很多東西是非帶不可，以下物品可以讓你的旅行更輕鬆：「花生殼」（Peanut Shell）推出的黑色刷毛絨嬰兒背帶——質感比棉布還舒服，無論你在哪，你都可以輕鬆將嬰兒放在背巾裡，最高承重量十五公斤。我從來不脫下背巾，這是我的造型的一部分。（4）「豌豆莢」（Peapod Plus）幼兒旅行帳篷：這是嬰兒在外和在家的主要睡床，這樣無論我們去哪，嬰兒都可以睡同一張床，而且帳篷的遮布又可保有隱私，小嬰兒和五歲的孩子都適合。我可以將帳篷塞入小小的登機箱，還有空間塞入最精簡的幾件嬰兒服。「嬰兒旅行汽車座椅」（Go Go Kidz TravelMate）是附輪子的汽車安全座椅，可以直接推到登機門，在飛機上使用也很方便。（5）「布利達」外交官安全座椅雖然體積不大，但幼兒到四歲都能使用。

記得，你買的登機箱要比一般規定的尺寸小一號，才不會在飛機客滿時，被要求要托運登機箱，你可以禮貌地堅持／說理／裝無辜地說你會把登機箱放在座椅下的空間。另外，當飛機起降時，給嬰兒一點東西吸或吃，嬰兒才不會因為耳朵痛而尖叫大哭。——克麗爾

預先準備好跟老闆過招：對於遠距工作的常見顧慮

以下連結的文章是思科對於遠距工作的政策，思科認為遠距工作的安排有其必要性，但列出一串安全上的問題。因此，你應該要預先研究解決方案，當老闆提出這些疑慮時，你已經能夠胸有成竹地回答——newsroom.cisco.com/dlls/2008/prod_020508.html。——蕾娜

【註釋】

69. 如果你是創業者，不要跳過這一章。本章介紹的遠距工作工具與策略，對於接下來討論的全球化經營很重要。
70. 這個動詞也適用於日本女性，雖然日本女性員工被稱為ＯＬ。
71. 任何可以待在家裡的理由都行（有線電視或電話安裝、裝潢修繕等等），如果你不想搬出藉口，就在週末工作，或是請兩天休假。
72. 複習〈收入自動駕駛二：測試繆思〉的小狗成交法。
73. 不要做任何退讓，在回答了上司提出的第一項疑慮後，立刻要上司做決定。
74. 星期五是進辦公室最好的日子。因為大家都比較放鬆，通常會早點下班。
75. 不要接受含糊的拒絕，指出確切的問題，你才能化解問題。
76. 不要聽到反對意見，就立刻辯解。承認主管的擔心很合理，以避免雙方因為拉不下臉，而做意氣之爭。
77. 注意，這招將婉轉的威脅偽裝成坦白，能讓主管在拒絕前多想一想，而且能夠預防最後通牒導致的全輸／全贏後果。
78. 這能使你的主管無法把你叫回辦公室，未來要逍遙海外時，這一步很關鍵。

13. 無法補救

除掉你的工作

「所有行動都有風險，因此謹慎的態度不是避開風險（因為不可能做到），而是估計風險，果決行動。要犯野心鑄成的錯誤，而非懶惰導致的失足。培養大膽行動的膽識，而非受苦的耐力。」

——馬基維利／《君主論》

存在主義者的抗辯與辭職囈語

艾德·穆瑞／著

親愛的＿＿＿＿（填入你偏好的神祇）

我今天在洗我的＿＿＿＿（動物）時，領悟到一件＿＿＿＿（形容詞）的事，這件事是：你是個＿＿＿＿（副詞）殘酷的＿＿＿＿（自行挑選咒罵的代詞）。

昨晚，在喝了七杯＿＿＿（最不喜歡的烈酒）後，吸了足以讓＿＿＿（政治人物）臉紅的＿＿＿（毒品）。我想通了：問題其實出在他們身上，不是我。

每當遇到我人生中＿＿＿（最愛顏色）的私人關係，我總是徹底＿＿＿（無助的狀態），然而我不曾將內心深處的＿＿＿（糖果種類）與這個＿＿＿（形容詞）的星球上的任何人分享……因為他們都是＿＿＿（咒罵的形容詞）＿＿＿（絕種動物）。我＿＿＿（情緒）他們每個人，我希望他們會有＿＿＿（形容詞）的死法，被自己的＿＿＿（餐廳的開胃菜）噎死。

這個＿＿＿（形容詞）發洩讓我覺得＿＿＿（開心的情緒），但又出奇地孤單。我要怎麼和這些天天環繞在我身邊的＿＿＿（成群的動物）交心？我已經受夠了每天在＿＿＿（你家的某個區域）＿＿＿（「哭泣」的同義詞）……或許將拳頭大小的＿＿＿（蔬菜）塞入我的＿＿＿（身體的孔洞）內，或許會有幫助。看到我父母＿＿＿（身體部位）的失望，讓我的心＿＿＿（動詞），以及＿＿＿（副詞）明顯，他們愛＿＿＿（車款）還要多過＿＿＿（一位手足的名字）……或許我應該用＿＿＿（銳利的物品）刺我的＿＿＿（生殖器）。

今天，我決定買＿＿＿（名詞），它是一個＿＿＿（譬喻），以及一個＿＿＿（帶有永恆之意的形容詞）的符號，代表我此生注定要＿＿＿（咒罵語）地被奴役……我的主控權不高於大多數心智＿＿＿（形容詞）的＿＿＿（農場動物）。我盡一切努力＿＿＿（「止」）自己，不要＿＿＿（激烈的暴力行動）所有的同事……除了＿＿＿＿（在專屬辦公室的人）以外。我一直想要＿＿＿＿（強制性的性行為）他／她／它。我沒有要求被＿＿＿＿（動詞）。

如果真有輪迴，請把我剔除在外。

有些工作根本難以修補。所謂的改善不過是在監獄牆壁上加裝設計師窗簾：好看一點，但遠遠稱不上好。在本章內容中，「工作」指的是你經營的公司，或是你的全職工作。有些建議只限於其中一種狀況，但大多數都適用於兩者。現在，我們開始吧。

我辭掉過三份工作，其餘則是被開除。被開除有時讓人措手不及，難以接受，但通常是天降的大禮：有人替你做決定，要終生做不適合的工作是不可能的。大多數人都沒有被開除的好運，他們得忍受三十到四十年的沉悶生活，讓靈魂慢慢被扼殺。

驕傲與懲罰

「如果真要賭一把，先決定三件事：玩法、賭注與什麼時候罷手。」

——中國諺語

要費很多功夫或是很多時間完成的事，並不代表完成就很有生產力或很有價值。

因為你羞於承認你還在為五年、十年或二十年前的爛決定付出代價，你也不該阻止自己現在做出正確的決定。如果你讓驕傲阻擋自己，未來五年、十年、二十年，你會繼續因為相同理由痛恨自己。我痛恨承認自己的錯誤，導致我的公司走向死路，直到我被迫改變方向，或是徹底崩潰——我知道這有多難。

現在我們都在同個境界：驕傲是愚蠢的。

能夠拋掉行不通的事，是成為贏家的必要條件。投入一項計畫或工作前，沒有界定停損點，就像進去賭場卻沒限制賭資：既危險又愚蠢。

「但是，你不懂我的狀況，情況很複雜！」真的如此嗎？不要將複雜誤以為是困難。大多數的狀況都很簡單——通常只是心理障礙難以克服。你遇到的問題與解決方法大都顯而易見。你不是不知道該怎麼做。你當然知道，只是害怕處境會更糟。

我現在就要告訴你：如果你遇到同樣的關頭，情況不可能會更糟。重新思考你的恐懼，消滅恐懼的心理。

就像拔掉OK繃：比想像還簡單愜意

「一般人都是逆來順受，接受不幸與災難，就像站在雨中的母牛一般刻苦。」

——柯林・威爾森／英國小說《局外人》作者，新存在主義者

一般人巴著沉船不放，主要出於幾種恐懼，以下是我簡單的駁斥。

一、辭職的後果難以挽回

才不是。使用本章「問題與行動」與第三章的內容（界定恐懼），思考你在辭職後，能夠如何重拾事業軌道，或是開設另一間公司。我從未見過有人改變事業軌道後無法回頭或補救。

二、我付不出帳單

你絕對付得出來。首先，我們的目標是在辭去現有的工作前，找到新工作，或創造新的現金流量來源。所以，問題解決了。

如果你主動走人或是被開除，要暫時削減大多數的開支，靠存款過活一陣子並不難。你可以出租房子、二胎貸款或是賣掉房子，這些都是選擇。無論如何，總是會有辦法。

或許情感上難以接受，但是你絕不會餓死。幾個月不開車，暫時取消車險。搭便車一陣子，或是搭公車，直到你找到下一份工作為止。用信用卡預借現金；自己煮，不要出去吃；賣掉花了你幾百或幾千美金，但從未用過的東西。

詳細清查你的資產、現金量、債務與每月支出。你現在的資產，或是賣掉一些資產後，可以維持你多久的生活？

檢視你的費用，問問自己：如果我需要一枚腎臟，所以得削減支出，我會怎麼做？不要對不存在的需求哭天搶地——沒了會讓人活不下去的東西少之又少，對聰明的人來說更是如此。如果你的人生已走到這樣的關頭，失去或丟掉一份工作，直到找到下一份更好的工作，對你來說，通常不過是幾週的假期（除非你想要的不僅如此）。

三、如果我辭職，會沒有醫療保險和退休帳戶

假的。

在被真善公司開除時，我也怕得不得了，想像自己的牙齒爛掉，還得在威名百貨工作，好糊口飯吃。

研究現實狀況，了解我有的選擇後，我發現我每個月付三百到五百美金，便能擁有相同的醫療和牙醫保險（相同的保險公司和方案）。將401(k)退休帳戶轉到另一間公司（我選擇富達投資）更簡單：打通電話，花不到三十分鐘，而且不花一毛錢。

解決基本保障的問題所花的時間，甚至比找到電力公司客服人員解決你的帳單問題更簡單。

四、這會成為我履歷表上的汙點

我喜歡創意的記實寫作。

用地毯掩蓋地板上的裂痕，以不尋常的經歷吸引面試機會並非難事。要怎麼做？做些有趣的事，讓他們嫉妒你。如果你辭職後坐以待斃，我也不想雇用你。

另一方面，如果你花了一、兩年的時間環遊世界，或是訓練歐洲的職業足球隊，在回到職場後，有兩件趣事會發生。第一，你會得到更多面試機會，因為你很突出。第二，對自己的工作感到厭煩的面試者，會將所有時間用在問你怎麼辦到的！

如果有人問你為何離開上一份工作，下列答案絕對無法反駁：「我有了一生一次的機會，去做（讓人羨慕的異國經驗），我沒辦法拒絕。我想，反正我還要工作（二十到四十年），中斷一下也沒關係吧？」

乳酪蛋糕因子

「希望我給你致勝的方程式？很簡單。將你失敗的機率增加一倍就行。」

——湯瑪斯・華森／ＩＢＭ創辦人

◎一九九九年夏天

在我品嘗之前，我就知道有點不太對勁。放在冰箱八小時後，乳酪蛋糕仍未定型，它在大碗裡滑動，就像濃湯一樣。在我舉起碗端詳時，成塊的麵糰滑動、冒泡。我一定哪裡做錯了，以下每個成分都可能是出錯的環節：

● 三條一磅的卡夫奶油乳酪

● 雞蛋
● 甜菊葉
● 未調味的吉利丁
● 香草
● 酸奶油

在這種情況下，可能是因為我犯下錯誤，少加了幾樣能讓乳酪蛋糕形成固體的成分。

我正在節食，不攝取碳水化合物。我之前也用過這個食譜，做出的蛋糕十分美味，我的室友不但分光蛋糕，還堅持要大量製作，因而導致了算術上的誤差和問題。

在斯普倫達蔗糖素與其他神奇的代糖產品出現前，健康主義者使用比砂糖甜三百倍的香草植物甜菊葉。加一滴就像加入三百包的糖。這是個用法很講究的素材，但我不是講究的廚師。我曾經用小蘇打粉，而不是發酵粉做餅乾，讓我的室友在草地上狂吐。眼前的新傑作，卻讓我的蘇打粉餅乾像是人間美食：蛋糕嚐起來像加了水的液狀奶油乳酪，甜得像加了六百包的糖。

接著，我做了任何有理智的正常人會做的事情：我嘆了一口氣，拿起大湯勺，坐在電視機前，面對我的懲罰。我浪費了一整個星期天以及整船的原料——現在我要收割耕耘的成果。

過了一小時，吃了二十大勺後，這一大鍋湯絲毫未減，但我已經被擊垮了。我之後兩天都吃這鍋湯，後來有長達四年的時間不想再看到乳酪蛋糕，這可是我以前最愛的甜點。很蠢吧？當然，這大概是人類蠢行的極致了。這個荒謬的小例子，說明了人遇到大規模的工作時會犯不可避免的錯誤：自找的折磨是可以避免的。我學到了一課，也付出代價。但真正的問題是——為了什麼？

錯誤有兩種：野心導致的錯誤與懶惰導致的錯誤。

第一種是採取行動——為了達成某個目標而犯錯。這類錯誤是因為資訊不足造成，無法事先獲得完整的資訊。這種行為可以鼓勵，命運之神總眷顧大膽的人。

第二種是怠惰不前——不想做事。在這種情況中，我們出於恐懼，拒絕改變惡劣的處境，即使擁有所有資訊。這時候，我們學到的經驗最後成為懲罰：糟糕的愛情，變成糟糕的婚姻，不明智的求職選擇變成終生徒刑。

「對，但如果我在的產業鄙視四處跳槽的人呢？我才做不到一年，其他雇主會認為……」

他們會這樣想嗎？在陷入更深的淵藪之前，先測試你的假設。我知道對於好雇主來說，有個特點難以抗拒：工作表現。如果你的績效表現有如超級巨星，即使你在一間爛公司待三週就走人也無所謂。反之，長年忍受痛苦的工作環境，才能得到部門的升遷機會，你玩的遊戲是不是贏了也不值得？

爛決定的後果不會因為年紀而好轉。

你吃的是什麼乳酪蛋糕？

問題與行動

「只有正在睡覺的人不會犯錯。」

——英格瓦・坎普拉ㄙ／世界最大的家具品牌「宜家家具」創辦人

每天有成千上萬的人離職，其中大多數人的能力不比你好。離職既不罕見，也不致命。以下幾項習題可以點醒你：換工作有多自然，改變有多簡單。

1.首先是我們很熟悉的了解現實步驟：你比較有可能在哪裡實現你追求的目標？現在的工作？或是其他地方？

2.如果你今天被開除，你會怎麼做，好讓財務不出狀況？

3.請病假，將你的履歷表刊登在主要求職網站上。

即使你現在沒有計畫離職，還是將你的履歷放在www.monster.com和www.careerbuilder.com，你也能用化名。這能告訴你，除了現有工作之外，你還有許多選擇。如果你的程度適合，打電話給獵人頭公司，寄封簡短的電子郵件給朋友和非同事的聯絡人，例子如下。

各位朋友：

我在考慮轉換事業跑道，對於任何可能的機會都有興趣。所有類型的工作都歡迎，沒有設限（如果你知道你想要什麼，或是不想要何種職位，可以加上：「我特別感興趣的是……」或是「我不想做……」）

若有任何機會，請通知我！

在上班日請病假或休假，然後完成這些練習。這能營造失業的感覺，減少對失業煉獄的恐懼。

在講究行動與談判的世界，有個原則凌駕一切：選擇愈多的人，權力愈大。不要等到你需要選擇時才去尋找。偷偷看一下未來的樣子，更能讓你採取行動與下定決心。

4.如果你經營一間公司，想像你被告了，必須宣告破產。公司週轉不靈，你必須關門大吉，破產是必要的法律行動，資金問題讓你別無選擇。

你要如何生存下去？

工具與訣竅

考慮各種選項及扣下扳機

● I-Resign（www.i-resign.com）

這個網站提供你各種關於二次轉職的建議（留職停薪、請假），還有我最愛的辭職信範本。不要錯過相當有幫助的討論區，以及爆笑的「來自倫敦的網路顧問」信。

開設退休帳戶

如果你想要顧問，不在乎付點錢，可以考慮以下公司。

- **富蘭克林坦伯頓投資**（www.franklintempleton.com）（800-343-3548）
- **美國基金**（www.americanfunds.com）（800-414-1321）

如果你想要自己投資，想要免收銷售手續費基金，可以考慮以下基金公司。

- **富達投資**（www.fidelity.com）（800-343-3548）
- **先鋒投資**（www.vanguard.com）（800-414-1321）

創業者或無業者的醫療保險（依讀者推薦度排列）

- Ehealthinsurance（www.ehealthinsurance.com）（800-977-8860）
- AETNA（www.aetna.com）
- Kaiser Permanente（www.kaiserpermanente.org）（800-207-5084）
- American Community Mutual（www.american-community.com）（800-991-2642）

14. 迷你退休

擁抱自由自在的生活

「在旅遊業開始發展前，旅行等同於學習，而旅行的收穫能讓心靈成長，培養判斷力。」
——保羅・福塞爾／《旅遊》作者

「長期來說，願意隨機應變，比行前研究更重要。」
——羅夫・波茲／《漂泊人生》

薛伍德從德國啤酒節回來後，死了不少腦細胞，整個人還在恍惚，這是他四年來最快樂的體驗。遠距工作試行變成正式施行，薛伍德踏入新富族的世界。他只需要知道要怎麼利用自由以及找到工具，以有限的現金資助無限可能的生活型態。

如果你實踐了以下步驟：清除旁騖、自動入帳，以及砍斷將你綁在一處的鎖鍊，現在是縱容你的幻想，探索世界的時候。

即使你沒有長期旅遊的渴望，或認為不可能——因為婚姻、房貸或是叫做孩子的小東西，這一章仍是你的下一步。我和許多人一樣，不斷拖延做出徹底的改變，直到脫離工作崗位，才迫使自己採取行動（或準備脫離工作崗位）。這一章是你的繆思設計的期終考。

蛻變始於墨西哥的小村落。

發財夢的寓言

有位美國生意人遵照醫生指示，去墨西哥海濱的小村落度假。第一天早上，辦公室打來的電話讓他睡不著，他走去碼頭好整理思緒。一位漁夫開著小船靠岸，船上有幾尾黃鰭鮪魚。美國人稱讚漁夫漁獲的品質。

「你花多久捕到的？」美國人問。

「只花了一會兒。」墨西哥漁夫的英文出乎意料地好。

「為什麼不待久一點，多捕一些？」美國人接著問。

「這些夠家人吃，還能送幾條給朋友。」墨西哥人邊說邊將魚倒入竹簍。

「但是……其餘的時間你要做什麼？」

墨西哥人微笑，「我睡得很晚，捕一下魚，和孩子玩，與太太茱莉亞一起睡午覺。每天晚上我都會散步到村內，喝點小酒，跟朋友一起彈吉他。先生，我的人生很充實又忙碌。」

美國人大笑，挺起了胸膛。「先生，我是哈佛的企管碩士，我想我能幫助你。你應該花更多時間釣魚，賺到錢後買更大的船。沒多久，你可以買很多艘船，漁獲量會大增。最後，你可以擁有一隊漁船。」

美國人繼續說：「不要將漁獲賣給大盤商，直接賣給客戶，總有一天，你能開一間罐頭工廠。你能控制產品、加工與運銷。當然，你得離開這個小漁村，搬到墨西哥市，再搬到洛杉磯，最後遷到紐約市。在那裡，你可以雇用適當的經理，經營你的大企業。」

墨西哥漁夫問：「但是，先生，這要花多久才能達成？」

美國人回答：「十五到二十年，最多二十五年。」

「那之後呢，先生？」

美國人大笑後，說：「這是最棒的地方。等到時機對了，你能將公司上市，把公司股票賣給投資人，變成大富翁。你能賺到幾百萬美金。」

「幾百萬美金？那之後呢？」

「之後你可以退休，搬到海邊的小漁村，你可以天天睡得很晚，捕一點魚，和孩子玩，和你太太一起午睡。晚上散步到村內，喝點小酒，跟朋友一起彈吉他……」

我最近和一位好朋友在舊金山吃午飯，他是我大學時的室友，即將從商學院名校畢業，回去投資銀行界。朋友痛恨在半夜時才下班，但他向我解釋，他只要忍耐九年每週工作八十小時的日子，就能成為經理，年薪多到三百萬到一千萬美金之譜，成功出人頭地。

「老兄，你要怎麼花三百萬到一千萬的年薪？」我問。

他的回答是：「我可以去泰國度長假。」

這個故事反映了現代人最大的自我欺騙：將長期的環球之旅當作是有錢人的專利。我也聽過像這樣的說法：

「我只要在這間公司工作十五年，就能成為合夥人，縮減工作時數。等我銀行存款到一百萬美金時，我會投資在穩定的標的物上，像是債券之類，每年收八萬美金的利息，然後退休，在加勒比海航海。」

「我只要當顧問到三十五歲，就能退休，騎摩托車橫越中國。」

如果你的夢想——掛在七彩的事業彩虹末端的寶藏，不過是在泰國過著舒適的生活，在加勒比海航海，或是騎車穿越中國，你知道嗎？這三件事不用三千美金就能做到，因為我全都做過。以下兩個例子，說明了小錢的大妙用[79]。

兩百五十美金：與三位當地漁夫在私人的史密森尼熱帶研究島嶼待上五天，他們幫我捕魚與烹煮三餐，還帶我遊覽巴拿馬不為人知的最佳潛水點。

一百五十美金：在阿根廷曼多薩省的酒鄉，包機三天，由私人嚮導帶領，飛越環繞著皚皚白雪的安地斯山麓葡萄酒園，高空俯瞰美不勝收的田園景色。

問題：你上次花掉四百美金時，花在哪裡？是前兩、三個週末，為了忘卻工作的苦悶，在城市裡愚蠢不羈地狂歡嗎？但我推薦的不只是八天的假期，這不過是龐大假期鉅作的插曲。我要提議的假期規模大得非常、非常多。

迷你退休誕生與假期之死

「人生不只是趕快過完就好。」

——甘地

在二〇〇四年二月，我悽慘極了，忙到不可開交。

我夢想中的旅遊計畫，剛開始預計在二〇〇四年三月造訪哥斯大黎加，上四週的西班牙語課程兼度假。我需要充電，不管用何種可笑的標準衡量我需要的休假，四週都顯得很「合理」。

一位熟悉中美洲的朋友好心地指出：這個計畫行不通，因為哥斯大黎加即將進入雨季。轟隆的暴雨並非我需要的提神劑，所以我改將焦點放在四週的西班牙假期。但這是一趟遙遠的旅程，要飛越大西洋，而且西班牙也接近我一直想去的其他國家。沒多久，我失去了「理性」，決定自己很有理由休三個月的假，準備在西班牙度假四週後，去北歐國家探索我的根源。

如果真的有任何爆炸災難或是危機，早在前四週就發生，所以將我的假期延長成三個月，風險應該不會更高。三個月很棒。

當三個月變成十五個月，我開始問自己：「為什麼不將二十到三十年後的退休生活，平均分布在人生各階段，不要留到最後？」

異於走馬看花的選擇

「因為州際高速公路系統出現，現在我們能夠穿越美國，卻什麼風景也看不到。」

——查爾斯・庫洛／CBS電視台新聞記者

如果你習慣每年工作五十週，即使創造了能夠度長假的機動性，你還是很可能會像瘋了一般，在十四天內造訪十個國家，最後累得半死。這就像讓餓壞的狗無限吃到飽，牠會吃到撐死。

我思索這十五個月旅程，前三個月我造訪了七個國家，和一位擁有三週休假的朋友，換了至少二十間旅館。這趟旅程像是腎上腺素爆發的野火，但就像快轉的人生一般，我們很難分清楚哪些事在哪個國家發生（除了阿姆斯特丹之外[80]），我們大多數時候都生病了，而且因為機票已經買了，迫使我們不得不離開某些地方，感到十分惋惜。

我建議的旅遊方式正好相反。

異於走馬看花的旅遊——迷你退休，意思是搬到一個地方，住一到六個月再回家，或是搬去另一個地方。如果掌握到精髓，迷你退休其實是假期的反動。雖然迷你退休能夠放鬆身心，但這並非逃避人生，而是要再檢視人生——放空心中的雜念。在清除旁騖和自動入帳後，你還要逃避什麼？不要用急行軍的拍照方式看這個世界，換了一間間陌生但又熟悉的旅館，我們的目標是用足以改變自己的速度體驗世界。

這跟年假不同。年假一般來說就像退休：是絕無僅有的機會，要趁機把握。相對地，迷你退休會重複發生——這是一種生活型態。我現在每年迷你退休三或四次，也認識幾十個這樣做的人。有時候我會選擇環遊世界，有時候我會選擇去鄰近的景點：優勝美地、塔荷湖、卡梅爾小鎮，但我的心境轉換了，因為在此時此地，會議、電子郵件、公事電話都不存在。

驅除心魔：心靈自由

「人的完美境界是：找出自己的不完美。」

——聖奧古斯汀（西元三五四—四三〇年）

擁有足夠的金錢和時間做你想做的事，還不足以達到真正的自由。事實上，擁有財務和時間自由後，我們仍很可能陷於盲目追求名利的漩渦——這是常態，而非特例。除非你能正本清源，戒除使人追求名利的物質上癮症、亟需時間的心態，以及愛比較的強迫症，否則沉迷於速度和規模的文化仍會不斷給你壓力。

驅魔需要花點時間，也無法分次慢慢累積，不管做了多少次兩週的觀光旅行，都不能取代一次閒逸的散步。

依照我的訪問對象的經驗，一般而言要花兩到三個月，才能拔除各種舊有的習慣，注意到我們多麼需要不斷做事，來讓自己分心。你能和西班牙朋友吃兩小時的晚餐，而不覺得焦慮嗎？你可以習慣小鎮所有商家在下午時午休兩小時，然後在四點關門嗎？如果不行，你得問：為什麼？

學會停下腳步，故意迷路。觀察你怎麼評價自己和周圍的人。我敢打賭你很久沒這麼做了。花至少兩個月的時間，瓦解舊習慣，重新發掘自己，現在可沒有趕回程班機的壓力。

財務現實：只會愈來愈好

談到迷你退休所需的財力，會讓迷你退休更吸引人。

在一間不錯的飯店住雙人房兩天，或是在乾淨的青年旅館待一週，跟在漂亮的溫馨公寓住一個月，花費都一樣。如果你換地方長居，外國的花費可以用（通常代價更低）你取消的美國帳單替代。

這是我最近旅遊的實際每月花費。

將南美洲和歐洲的花費並列時，可顯示奢華程度只受你的創意和對當地的熟悉度所限，而非靠第三世界國家的低幣值。從以下的清單可知，我不是靠啃吐司和乞討存活——我活得像是超級巨星，這兩個旅程都能用不到我花費一半的代價達成。我的目標是享受，而非極限生存挑戰。

機票

- 免費，AMEX金卡和大通大陸航空聯名卡的禮物[81]。

住宿

- 入住布宜諾斯艾利斯相當於紐約第五大道的閣樓公寓，含清潔工、個人保全、電話、電費與高速網路：每個月五百五十美金。
- 住在有如蘇活區般時髦的柏林市普倫茲勞堡區，住寬敞的公寓，含電話和電費：每月三百美金。

三餐

- 每天在布宜諾斯艾利斯的四星級或五星級飯店用餐兩次：十美金（每月三百美金）。
- 柏林：十八美金（每月五百四十美金）。

娛樂

- 在布宜諾斯艾利斯最熱門的夜店「歌劇灣」，坐八人的VIP桌位，享用無限供應的香檳：一百五十美金（每人十八點七五美金，乘以一月四次，等於每人每月七十五美金）。
- 西柏林的熱門夜店入場費、飲料和跳舞：每人二十美金，乘以一月四次，等於每月八十美金。

課程

- 布宜諾艾利斯的西班牙語私人家教，每天兩小時，每週五次：每小時五美金，乘以每月四十小時，等於每月兩百美金。
- 兩位世界級專業舞者教授的私人探戈課程，每天兩小時：每小時八點三三美金，乘以每月四十小時，等於每月三百三十三點二美金。

●在柏林諾南德夫廣場，接受每日四小時的頂尖德文課程，即使我不去上課，也值回票價，因為學生證可讓我獲得公共交通工具打六折的優惠。

●在柏林頂尖的學校上每週六小時的近身搏擊課程：以每週兩小時的英文課交換。

交通

●布宜諾斯艾利斯地下鐵月票，以及每日搭計程車來回探戈教室：每月七十五美金。

●柏林的地下鐵、電車與巴士學生優惠票：每月八十五美金。

四週奢華生活的總開銷

●布宜諾斯艾利斯：一千五百三十三點二美金，包括甘迺迪國際機場出發的來回票，在巴拿馬停留一個月。近三分之一花在頂尖的西班牙語與探戈私人課程。

●柏林：一千一百八十美金，包括甘迺迪國際機場出發的來回票，並在倫敦停留一週。

你平日的每月花費，包括房租、車險、水電、週末出遊支出、派對狂歡、公共交通工具、瓦斯費、會員費、雜誌報紙訂閱、食物等，跟以上兩個數字相比如何？加總後，你可能會像我一樣，領悟到在世界各地旅遊，享受人生，反而可以省下大把金錢。

恐懼的總和：克服不願旅行的藉口

「旅行毀掉了所有樂趣！去過義大利後，根本沒建築能看。」

——方尼・布魯尼（一七五〇——一八四〇年）／英國小說家

但我有屋子和孩子。我不能旅行！
我的醫療保險怎麼辦？如果生病了怎麼辦？
旅行不會很危險嗎？如果被綁架或搶劫怎麼辦？
但我是女性——獨自旅行很危險。

大多數不旅行的藉口都是——藉口。我過去也是這樣，所以這並非自以為是的說教。我知道如果能說出不行動的理由，能讓自己更放心地安於現狀。

至今為止，我遇過下身癱瘓者和聾人、老人和單親媽媽、有屋族和窮人，這些人尋尋覓覓，找到了長期旅遊的最佳理由，改變自己的一生，而非執著於幾百萬個不該旅遊的無謂理由。

「問題與行動」會處理大多數的疑慮，但有一點特別需要事前打針強心針。

晚上十點了，你知道你的孩子在哪嗎？

在第一次出國旅行前，所有父母最大的恐懼都是害怕在匆忙中弄丟孩子。

好消息是，如果你能放心帶孩子去紐約、舊金山、華盛頓或倫敦，那麼在「問題與行動」中推薦的城市，你可以更不擔心。那些地方的槍枝和暴力犯罪，比大多數的美國大城市還少。若減少出入機場、換旅館的次數，降低接觸陌生人的頻率，改以入住第二個家的方式——迷你退休，發生問題的可能性更低。

但揮之不去的還是：萬一發生了呢？

單親媽媽珍．艾利可，帶著兩個兒子環遊世界五個月，對此的恐懼比大多數人強烈，她常在半夜兩點滿身冷汗驚醒：萬一我發生意外怎麼辦？

她想要孩子為最糟的狀況預作準備，又不想嚇壞他們，所以，如同所有好母親，她將預防措施設計成遊戲：誰能將路線、旅館地址和媽媽的電話記得最清楚？她在每個國家都有緊急聯絡人，將聯絡人的電話存進國際漫遊的手機，設為快速撥號。最後，什麼事都沒發生。現在她計畫搬到歐洲的滑雪小屋，讓孩子在文化薈萃的法國學習。成功一波接一波而來。

她在新加坡最害怕，回想起來，那應該是她最不需擔心的地方（她還去了南非）。她之所以擔心，是因為新加坡是第一站，還不習慣帶著孩子旅遊。她的憂慮只存在心裡，而非現實。

蘿蘋．明斯基魯默與丈夫、七歲的兒子，在南非旅遊一年。在二〇〇一年，阿根廷因為貨幣大貶值發生暴動，親朋好友都警告她不要去那裡旅遊。她做了研究後，認為擔憂毫無根據，照計畫去巴塔哥尼亞悠遊。她告訴當地人，她來自紐約，他們瞪大雙眼，嘴巴張開：「我在電視上看到大樓爆炸！我絕對不去那麼危險的地方！」別以為外國景點比家鄉危險。大多並非如此。

蘿蘋像我一樣，也相信一般人都用孩子當藉口，不想離開舒適的環境。這是拒絕冒險的好理由。要如何克服恐懼？蘿蘋推薦兩個方法：

1.首次帶著孩子去國外長期旅行前，先做幾週的測試。

2.在每一站安排一週語言課程，在抵達時開始，如果語言學校有提供機場接送，可以利用。語言學校的員工通常會代你租房子，在獨自探索前，你能先交到朋友，了解周遭區域。

但如果你擔心的不是弄丟孩子，而是怕被孩子氣到抓狂？

本書訪問的幾個家庭，推薦了人類有史以來最古老的利器：賄賂。孩子若表現良好，每小時能拿到約二十五到五十美分的虛擬貨幣，要是不守規矩，同樣也會扣二十五到五十美分。他們的玩樂、購物，無論是紀念品、冰淇淋等等，都要從自己的虛擬帳戶扣，沒有餘額就沒得買。通常這個方式成功與否，父母的自制力比較重要，而非孩子。

如何獲得五折到兩折的機票折扣

本書的主題並非省錢旅遊。

大多數的省錢旅遊書是寫給走馬看花的旅人看。對於迷你退休族，多花一百五十美金快速買到機票，以兩個月攤銷，比花二十個小時兌換某間不知名航空公司的累積里程，或是追逐不太可靠的低價方案好多了。

我研究兩週後，用一百二十美金買了一張到歐洲的單程候補機票。我開開心心地抵達甘迺迪機場，意氣風發——看看那些付票面價的傻瓜！但百分之九十的「適用」航空公司拒絕我的機票，沒有拒絕的公司在好幾週前已賣光機位。我最後得待在一間旅館兩晚，花掉三百美金住房。向AMEX客訴未果後，氣餒地在甘迺迪機場打訂票專線。我買了一張維京航空到倫敦的來回票，花了三百美金，在一小時後出發。同樣的機票在一週前要七百多美金。

旅遊了二十五個國家後，我發現幾個簡單的策略，能讓你省下百分之九十的花費，不需浪費時間或耗掉一番功夫。

（一）付大額的繆思產品廣告與製造費用時，用有紅利點數的信用卡刷卡。

我不會多花一塊錢，以得到幾毛的優惠。但這些成本是必要支出，所以我利用這些開銷。光是這樣，我每三個月就能得到一張免費的來回國際機票。

（二）事先購票（三個月，或更早之前），或是出發前買，將出發日和回程日訂在星期二和星期四之間。

太早計畫會讓我遊興全失，萬一計畫變動，代價可能很昂貴，所以我選擇在預計出發日的前四天或前五天前購買所有機票。飛機起飛後，空位的價值是零，因此起飛前夕的空位很便宜。

先用Orbitz（www.orbitz.com）與www.kayak.com。將出發日與回程日設在星期二和星期四，然後看預定日期之前的星期二到四票價，以及預定日期之後的星期二和四票價，選擇最便宜的出發日，用相同方法挑選回程日，找到最便宜的組合。在航空公司的網站確認價格，再到www.priceline.com以半價競標兩個最便宜的日期，每次競價，都將競標金額提高五十美金，直到你獲得更便宜的價格，或是確定不可能拿到更便宜的價格為止。

（三）可以買一張機票到國際樞紐機場，向當地的廉價航空買後續行程的機票。若是去歐洲，我通常會買三張機票。一張是加州到甘迺迪機場的免費西南航空機票（兌換AMEX紅利點數），到倫敦希斯洛機場最便宜的機票，然後買一張萊恩航空（Ryanair）或易飛航空（Easy Jet）的超值機票，抵達我的目的地。我曾經只花十美金，從倫敦飛往柏林，或從倫敦飛往西班牙。我沒有打錯數字。地區性的航空公司常以稅金與燃油的成本價提供機位。若是中美洲或南美洲的地點，我會找巴拿馬起飛的地區性航班，或是邁阿密起飛的國際航班。

多即是少：清空雜物

「人類有能力學會渴求任何能想到的物品。因為現代產業文化能生產任何東西，開設滿足無限需求的倉庫，現在正是時候！……這是現代的潘朵拉盒子，它的瘟疫散布到了全球。」

——朱利斯·亨利

「想要自由、快樂與充實，一定要犧牲許多常見但被高估的事物才能得到。」

——羅勃·亨利

我認識一位千萬富翁的兒子，他是比爾·蓋茲的朋友，管理私人財富投資與牧場。他在十年的時間內購買了許多豪宅，每間屋子都有全職的廚師、僕人、清潔工等後勤員工。在每個時區都有一間屋子，他的感想是：痛苦死了！他覺得自己為了員工工作，而且他們待在他家的時間比他還要多。

長期旅行提供你最棒的理由，修補多年來揮霍消費的傷害。現在，扔掉各種偽裝成必需品的雜物，免得你要拖著五件式新秀麗行李箱環遊全世界。那是人間煉獄。

我不是要你穿著長袍和涼鞋，對有電視的人嗤之以鼻。我痛恨自以為神聖的想法，把你變成清心寡慾的苦行僧並非我的目的。但是，我們也要面對現實：在你家中，在人生中，有數不清的東西是你沒用過、不需要，甚至也不太想要的。它們是在衝動之下，被帶入你人生的垃圾和漂流物，一直找不到好出口。不管你發現與否，這堆雜物造成你猶豫不決、分心失焦，耗掉你的注意力，讓無憂無慮的快樂變成真正的苦工。除非你拋掉它們，你根本不可能認清雜物多讓人分心——不管是陶瓷娃娃、跑車或破爛的T恤。

在我啟程進行十五個月之旅前，我十分焦慮，不知該怎麼將所有的財產塞進三十六公分高、二十五公分寬的租用置物空間。我領悟到幾件事：我絕對不會重讀留下來的商業雜誌，我百分之九十的時間都穿相同的五件上衣和四條褲子，我也該換家具了，還有我從來沒用過的戶外烤肉架或庭園桌椅。

即使明白丟掉我從未用過的每樣東西，其實是從資本主義醒悟的舉動，但要丟掉我曾經認為很值得花錢買的東西，還是很不容易。整理衣服的前十分鐘，就像是要選擇哪個親生孩子去送死。我的「丟擲」肌肉已經很久沒用了。將我從未穿過的漂亮耶誕服飾丟掉，是一場生死掙扎。跟我穿破的舊衣服分離也一樣痛苦，因為我對這些衣服仍有依戀。但等到我做出幾個痛苦的決定，意志堅定後，剩下的決定就十分輕鬆寫意。我將沒穿過幾次的衣服捐給慈善團體。使用Craigslist分類廣告網站，花不到十小時，就將沙發脫手，雖然有些家具賣出的價格不到原價的一半，或者根本是免費大放送，但有什麼好在乎的？我已經使用、摧殘它們五年，等我回來美國，我會買組新的。我將烤肉架和庭園桌椅送給朋友時，他的表情開心得像是耶誕節拆禮物的小孩，我給了他愉快的一個月。我覺得棒透了，手上多了三百多美金，至少能付在國外前幾週的房租。

我的公寓多了百分之四十的空間，而且沒有拆掉任何牆。最讓我感到震撼的不是實體的空間，而是多出的心理空間。我的腦袋過去似乎同時有二十個想法在轉，現在只有一個或兩個。我的思緒更清晰，我快樂多了。

我問了本書訪問的每個流浪者：他們對於第一次長期旅行的人有什麼建議。答案很一致：少帶一點。

過量打包的欲望很難抑制。解決方法是撥一筆我所謂的「安頓基金」。不必打包所有可能需要的用品，只帶最必要的基本用品，準備一百到三百美金，抵達之後在旅途上採購。我不帶盥洗用具，或是多於一週的換洗衣物。這麼做很刺激，在陌生國度想找到刮鬍霜或上衣就是一場冒險。

打包時，要假裝你一週後就會回來。以下是幾項必要的用品，依重要性排序：

1. 一週份的當季服裝，包括一件半正式的上衣和幾件褲子或裙子，以便在多種場合穿。

打包T恤、一件短褲與一件多用途的牛仔褲。

2.所有重要文件的影印本或掃描副本：醫療保險、護照／簽證、信用卡、提款卡等等。

3.提款卡、信用卡，以及約等於兩百美金的當地貨幣（大多數地方不接受旅行支票，而且太麻煩）。

4.小的鋼索腳踏車鎖，在行動或在青年旅館時，將行李鎖緊。如果需要，還能用小鎖鎖上置物櫃。

5.目的地語言的電子辭典（紙本辭典太緩慢，不能用於對話），以及文法手冊或講義。

6.一本綜合性的旅行書。

就這樣。要帶筆記型電腦嗎？除非你是作家，否則不要。電腦太礙手礙腳，也占掉太多心思。使用GoToMyPC，在網咖連上家用電腦，有助於我們想培養的習慣：讓時間發揮最大價值，而非殺時間。

波拉波拉的交易者

◎紐納武特巴菲島

喬許．史丹納茲[82]站在世界的邊緣，瞠目結舌地看著眼前。他的靴子深入近兩公尺深的海水冰層，獨角獸正在跳舞。

十隻獨角鯨（大白鯨罕見的表親）浮到水面，牠們一百八十多公分長的螺旋狀長牙指向天際。一千三百六十公斤的圓滾軀體再度沉入水底。獨角鯨能在深海潛水，有時甚至可以潛到九百多公尺的深度。所以要看到牠們再出現，喬許至少還要等二十分鐘。

喬許似乎很適合與獨角鯨（Narwhale）共處。獨角鯨的名字源於古挪威語，指的是牠們斑白灰藍的皮膚——Nahvalr（活死人）。

他微微一笑，最近幾年，他常常能愉快地微笑。喬許過去也是個活死人。

從大學畢業一年後，喬許發現自己罹患了口腔黏膜鱗癌。他計畫成為管理顧問，還計畫了許多事。突然間，所有計畫都不重要了。此種癌症的生存率不到一半[83]。死亡不分貴賤，而且毫無預警。

很明顯，人生最大的風險不是犯錯，而是後悔，留下遺憾。他沒辦法回頭，挽回花在討厭的事上的那幾年。

兩年後，喬許擊敗了癌症，啟程漫遊全世界，沒有歸期。他在旅程上自由接案寫作，好支付旅費。後來，他與人合作成立一個網站，為想成為流浪者的旅人量身規劃路線。執行長的職位沒有減輕他的漂泊癮。他能自在地在大溪地波拉波拉島的水上茅屋談生意，也可以在瑞士阿爾卑斯山上的小木屋簽約。

他曾在雷尼爾山的慕爾營地接客戶的電話。這位客戶需要確認一些銷售數據，他問起喬許話筒傳來的風聲。喬許的答案是：「我站在三千多公尺的高山冰河上，今天下午風一直往山下狂吹。」那位客戶說讓喬許掛斷電話，好去做他的事。

另一位客戶在喬許離開峇里島的寺廟時打來，聽到銅鑼的聲音。對方問喬許是不是在教堂裡，喬許不確定該怎麼回答，只能說：「算吧！」

看到獨角鯨後，喬許還有幾分鐘時間回去營地以躲開北極熊。二十四小時的白晝代表他有不少旅遊體驗，能和坐辦公室的朋友分享。他坐在冰上，從防水袋中拿出衛星電話和電腦，以平常的開場白寫電子郵件：

「我知道你們都受夠了看我這麼快活，但猜猜我在哪裡？」

問題與行動

「太了解結果是很致命的：清楚旅遊路線的旅行者，以及很確定情節發展的小說家，都會迅速感到厭煩。」

——保羅・索魯／《直到世界盡頭》作者

如果這是你頭一次考慮追求機動的生活型態與長期的旅遊冒險。我羨慕你！奮力一跳，踏入等待你的新世界，就像是將乘客角色升級為駕駛。

這一章的問題與行動著重於，為你的第一次迷你退休做準備時，該採取什麼步驟，以及你能使用的倒數時間表。等你完成第一次旅行後，大部分的步驟都可以跳過或縮減。有些步驟只要做一次，之後的迷你退休最多只需要兩到三週的準備。現在，先花三個下午進行。

拿出筆和紙——這很好玩的。

一、快速檢視你的資產與現金流量

拿出兩張紙，一張記錄所有資產與對應價值，包括銀行帳戶、退休帳戶、股票、債券、屋子等等。在第二張紙的中間畫一條線，右方寫下所有進帳的現金流量（薪資、繆思收入、投資收入等等），左方寫下支出的費用（房貸、租金、車貸等等）。你能夠刪掉哪些很少用的項目，或是讓你感到壓力、分心，卻沒帶來太多好處的項目？

二、想像你在嚮往的歐洲國家迷你退休一年，可能發生的慘劇

使用第三章的問題，評估你恐懼的最糟情境，衡量真正的潛在後果。除了十分罕見的情況，大多數狀況都能避開，不能避免的也能修補。

三、選擇你要迷你退休的地點。從哪開始？

這是個大問題。我建議兩個方案：

1. 選擇一個起點，四處看看，直到你找到第二個家。我買單程機票到倫敦後，就在歐洲流浪，最後我愛上柏林，在那裡住了三個月。

2. 在一個區域探索，在你最愛的地方住下來。我去中美洲與南美洲旅遊時就是這麼做。我去了幾個城市，各待一到四個月，之後回到最愛的城市——布宜諾斯艾利斯，待了六個月。

在自己的國家迷你退休也可行，但如果你周遭的人都背負著相同的社會價值包袱，轉變的成效有限。

我建議選擇陌生但不危險的外國景點。我玩拳擊、飆摩托車，做各種逞勇鬥狠的活動，但是我絕不涉足「法夫拉斯」（favelas）[84]，躲開帶著機關槍的平民、拿著開山刀的行人，以及社會動亂。便宜是很好，但彈孔就不太妙了。在訂票前，先查一下美國國務院的旅遊警告區（travel.state.gov）。

以下幾個是我最愛的起點，你也能選擇其他地方。強調的地區是美金能發揮最大效益的地方：阿根廷（布宜諾斯艾利斯、哥多華）、中國（上海、香港）、台灣（台北）、日本（東京、大阪）、英國（倫敦）、愛爾蘭（蓋爾威）、泰國（曼谷、清邁）、德國（柏林、慕尼黑）、挪威（奧斯陸）、澳洲（雪梨）、紐西蘭（昆士蘭）、義大利（羅馬、米蘭、佛羅倫斯）、西班牙（馬德里、瓦倫西亞、塞維爾），以及荷蘭（阿姆斯特丹）。在這些地方，你都有辦法只花一點錢過好生活。我在東京花的錢比在加州少，因為我對東京很熟。新近出現的時尚藝術區、類似十年前布魯克林的地方，在大多數的城市都能找到。只有一個城市找不到低於二十美金的精緻餐點。哪裡？正是倫敦。

還有幾個異國地區，我不建議流浪新手前往：非洲所有國家、中東或中美洲與南美洲（除了哥斯大黎加和阿根廷）。墨西哥市和墨西哥邊境猖狂的擄人勒索案，也讓此區難以登上我的最愛名單。

四、為行程做準備：倒數時間表

●三個月前——削減

在出發前先習慣極簡生活。自問以下問題，並付諸行動，即使你沒有計畫遠行：

我百分之八十的時間中使用的百分之二十物品是哪些？削減其他不常用的物品：衣服、雜誌、書籍等等。要心狠手辣——你隨時都能買回生活必需品。

哪些物品對我的人生造成壓力？包括需要維護（金錢和能源）的物品、保險、每月支出、會消耗時間或讓人分心的物品。削減、削減、再削減。如果你賣掉幾項昂貴的物品，還能資助一部分的迷你退休花費。不要將車子和屋子排除在外，你還是能在回國時再買回來，通常不會有任何損失。

檢查你的醫療保險對長期海外旅遊的保障。準備出租或賣掉你的屋子——經驗老道的流浪者最推薦出租，或是結束公寓租約，將所有財物搬進倉庫。

只要一猶豫，就自問：「如果有槍指著我的腦袋，我會怎麼做？」實際做起來沒你想像的難。

●兩個月——自動化

去除多餘的雜物後，聯絡定期向你請款的公司（包括廠商），用提供紅利點數的信用卡設定自動扣款。告訴他們，你要環遊世界一年，通常能說服對方接受信用卡，省得要天涯海角追著你跑。

信用卡帳單方面，可以設定支票帳戶自動扣繳，對於拒絕接受信用卡的公司，也用相同方法扣款。申請線上網路銀行與轉帳，將所有不接受信用卡或自動扣款的公司設定成約定轉帳帳戶。針對水電費或金額不固定的費用，將支票金額設定在比預期費用高十五到二十美金的數字，以涵蓋所有雜費。避免耗時的帳務問題，多餘金額可以累積在未來扣款。取消紙本的帳戶明細與信用卡帳單。所有支票帳戶都要申請銀行發的信用卡，一張是業務用，一張是個人用，並將預借現金金額設定為零以免濫用，將這些卡片留在家裡，因為它們可緊急應付超支的情況。

授權信任的家人或會計師代理[85]，給對方權利代你簽署文件（例如報稅單與支票）。最能毀掉旅遊樂趣的，莫過於因為傳真簽名無法通過，非得簽署原始文件不可。

● 一個月

找附近的郵局經理，將所有信件轉寄給朋友、家人或個人助理，要他們在每個星期一，將所有非垃圾信件的內容寫好說明，用電子郵件寄給你，每個月給他們一百或兩百美金當報酬。

施打目標旅遊區域需要或建議的預防針，在「疾病管制局」網站（www.cdc.gov/travel/）可找到這些資訊。記住，有些外國海關需要預防針施打證明才能通關。

在GoToMyPC或類似的遠距遙控程式設定試用帳戶，測試一次，確定沒有任何技術問題[86]。

如果零售商（或廠商）仍寄支票給你（客戶支票在此階段應由物流公司處理），你可以做以下三件事：給零售商直接存入帳戶的銀行帳戶資料（最理想的做法），要物流公司處理支票（其次的選擇），或是要零售商以PayPal平台付款，或將支票郵寄給你授權代理的人（最差的選擇）。若是最後一種狀況，提供代理人存款單，讓其簽名或蓋章，將支票郵寄給銀行。在代理人住家附近有分行的大銀行開戶比較方便（美國銀行、富國銀行、華盛頓互惠銀行、花旗銀行等等），讓他們能順道去銀行存入支票。如果你不想的話，不必將所有帳戶移到大銀行，開設一個專門收支票的新帳戶就行了。

●兩週前

將所有身分證明文件、醫療保險、信用卡、提款卡掃描成電腦檔案，印出多份副本，幾份留給家屬，幾份分別放在不同的包包內。將掃描檔案寄給自己，即使你丟掉了紙本副本，還能在國外下載掃描檔案。

如果你是創業者，將手機費率方案調到最便宜的方案，錄製以下語音信箱的問候語：「我現在正在海外出差，請不要語音留言，因為我在國外時不會檢查留言。若有重要的事，請寄電子郵件給我：XXX@XXX.com。感謝你的體諒。」然後設定電子郵件的自動回應，說明因為國際商務旅遊之故，可能要七天才能回覆（或是依你決定的頻率而定）。

如果你是雇員，可以考慮買一支四頻或GSM的手機，好讓老闆聯絡你。除非你的老闆會用電子郵件檢查你是否在工作，再去弄一台黑莓機。記得要取消「發信自黑莓機」的顯示，不然你就糗了！其他選項包括SkypeIn帳戶，將電話轉到國外的手機（我的選擇），或是Vonage IP信箱，這個服務能讓你用你家的區碼起頭的電話號碼，接聽世界各地的家用電話。

在迷你退休的目的地找一間公寓，或是在起點的青年旅館、一般旅館訂房，約訂三或四天。在抵達前預約公寓的風險比較大，還會比在旅館住三或四天找公寓的花費更昂貴。我建議如果可以，在起點預約青年旅館，不是為了省錢，而是青年旅館的員工和投宿的旅客比較了解提供長期居住的地方，也較樂意幫忙。

如果你想要安心點，可以投保外國醫療運送險，但如果你在第一世界國家，而且能在當地買保險提高保障，投保運送險通常是多此一舉。我在當地加保，因為如果你離文明世界有十小時的飛行距離，運送險毫無用處。我在巴拿馬會買運送險，因為那裡離邁阿密只有兩小時的飛行距離，但在其他地方，我不會浪費錢投保。不用過度反應：美國中部的荒涼偏遠地區情況也差不多。

●一週前

決定例行的批次工作處理頻率，像是電子郵件、網路銀行等等，以便淘汰任何無意義的假裝匆忙行為。我建議在星期一早上檢查電子郵件與網路銀行。當月的第一個和第三個星期一檢查信用卡，以及處理線上付款，如網路聯盟行銷。對自己的要求最難遵守，所以現在就要下定決心，你絕對會有想破壞規矩的強烈欲望。

將重要文件（包括你的身分證件、保險與信用卡／提款卡的掃描檔案）存在可隨身攜帶的迷你儲存裝置，必須能插入電腦的ＵＳＢ埠讀取。

將家中或公寓的一切東西搬入倉庫，打包一個小背包和提袋，準備冒險，先在親友家借住幾天。

●兩天前

假如你還有汽車，將車停入你家車庫或朋友的車庫，在油箱加入汽油穩定劑，拔掉電池的負極，防止漏電，將車子架在頂車架上，避免輪胎和衝撞損壞。取消所有汽車保險；失竊險除外。

●抵達後（假設你沒有事先預定公寓）

1.入住後的第一天早上和下午

參加能夠自由上下車的城市巴士導覽，在準備選擇的幾個社區參加腳踏車導覽。

2.第一天下午三、四點或傍晚

購買有ＳＩＭ卡的未鎖手機[87]，以預付卡買通話時數。發電子郵件給在Craiglist.com與當地報紙的網路租屋廣告刊登訊息的仲介與屋主，預約接下來兩天看房。

3.第二和第三天

找到公寓，先租一個月。除非你先在那裡睡過，否則別簽超過一個月的租約。我曾經預付兩個月的租金，結果發現市中心最繁忙的公車站與我的臥室僅有一牆之隔。

4.搬遷日

安頓下來，購買當地的醫療險。詢問青年旅館老闆和其他本地人買哪家保險。在回家的兩週前，克制自己不要買紀念品，或其他帶回家的物品。

5.一週後

淘汰所有你帶來的、但不常用的多餘廢物。可以送給更需要的人、寄回美國，或是丟掉。

工具與訣竅

腦力激盪迷你退休地點

● **Virtual Tourist**（www.virtualtourist.com）

世界最大的使用者旅遊論壇，提供客觀的資訊。七十七萬五千多名會員針對兩萬五千多個地點，提供建議和警告。每個地點都以十三個類別討論：活動、當地習俗、購物與旅遊陷阱。大多數迷你退休族都能在此蒐集到完整資訊。

● **Escape Artist**（www.escapeartist.com）

想要申請第二本護照、開設自己的公司、開設瑞士銀行帳戶，以及各種我根本不敢在這本書談的事嗎？這個網站的資源非常豐富精采。從開曼群島或監獄捎張紙條給我，無論你到時在哪裡。你也可以參考www.fourhourblog.com上的〈如何成為傑森．包恩〉（How to be Jason Bourne）。

● **Outside Magazine Online Free Archives**（outside.away.com）

《戶外雜誌》的所有期刊都能夠免費在線上查詢，包括冥想營到世界各地的熱門冒險地點，或是夢寐以求的工作到巴塔哥尼亞的冬日美景，裡頭有數百篇文章與美麗的照片，讓你有旅遊的衝動。

● **GridSkipper: The Urban Travel Guide**（www.gridskipper.com）

如果你喜歡電影《銀翼殺手》的場景，熱愛探索全球都市的酷炫角落和玩意，這個網站很適合你。這是《富比士雜誌》的前十三大旅遊網站，「兼顧高雅與低俗品味」（《弗洛摩旅遊指南》）。這句話的意思是：網站上的大多數內容都非普級。如果「世界最淫蕩的都市」投票會讓你感到不舒服的話，不要去看這個網站（也不要去里約熱內盧）。如果不會，你可以去看看全球城市的爆笑遊記與「一天花一百美金」的指南。

- **Lonely Planet: The Thorn Tree**（thorntree.lonelyplanet.com）
  全球各地旅行者的論壇，依照地區分類。
- **Family Travel Forum**（www.familytravelforum.com）
  這個論壇資訊很詳盡，主題是家庭旅遊。想在東歐世界賣掉孩子換點美金花嗎？還是想省一點錢，在泰國火葬奶奶？那麼這個網站不適合你。但如果你有孩子，計畫長途旅行，這個網站應有盡有。
- **美國國務院官方介紹網站**（www.state.gov/r/pa/ei/bgn/）
- **World Travel Watch**（www.worldtravelwatch.com）
  賴瑞．海貝格與詹姆斯．歐萊利的全球大事與旅遊安全事件週報，依照主題和地理區域分類。相當扼要，出發前一定要看。
- **美國國務院全球旅遊警示網站**（travel.state.gov）

迷你退休的計畫與準備——基本項目

- **環遊世界的相關問題與解答**（包括旅遊保險）（www.perpetualtravel.com/rtw）

這個問與答是旅遊者的救星。原先是由馬克．布洛希爾斯撰寫，多年來新聞群組的參與者不斷新增資訊，現在包含了預算規劃與文化衝擊調適等的實用資訊。你可以旅遊多久？你需要旅遊保險嗎？請假或辭職？這個網站應有盡有。

- **清除雜物**：1-800-GOT-JUNK（www.1800gotjunk.com）、免費循環（www.freecycle.org）及Craiglist（www.craiglist.org）

我使用Craiglist的「免費」分類，在某個星期六早上，只花了三小時就處理掉我在四年來累積的物品。有些可以賣掉的項目，我用零售價的三折到四折價格出清。我找上1-800-GOT-JUNK的高效率收費服務，處理掉剩下的東西。「免費循環」類似Craiglist.com，專門用於無償取得和免費送出物品，如果你沒時間，可以用此服務。切斷對你的所有物的依戀，你會漸漸習慣。我每六到九個月會清除雜物，清除管道包括捐贈物品給「善心協會」（www.goodwill.org），只要預先通知「善心協會」，他們可以免費上府帶走捐贈物品。

- **一袋上路**（One-Bag）：輕裝便行的藝術和科學（www.onebag.com）

《電腦》雜誌選為「前一百大必備網站」：輕裝便行，體驗輕快的生活。

- **美國疾病管制局**（www.cdc.gov/travel）

列出世界每個國家的建議疫苗與保健注意事項。有些國家需要接種證明才能通關——請提前接種，因為有些疫苗需要花好幾週時間訂購。

- **稅務規劃**（www.irs.gov/publications/p54/index.html）

更多好消息。即使你想永久遷移到另一個國家，只要你拿的是美國護照，你還是得繳稅給美國！不要怕——還是有些創意的合法避稅法，例如2555-EZ，給你八萬五千七百美金的免稅額度，前提是你在三百六十五天中離開美國的日子至少有三百三十天，意即在十二個月的時間，你最多只能在美國待三十五天。我二〇〇四年的旅行之所以延長為十五個月，部分原因正是如此。找個好會計，讓他們打理細節，省得麻煩。

- **美國資助的海外學校**（www.state.gov/m/a/os）

如果你不想讓孩子離開學校一年或兩年，你可以讓孩子就讀美國國務院在一百三十五個國家，開設的一百九十間初級與中級學校。孩子熱愛家庭作業。

- **在家教育一〇一及快速起步指南**（bit.ly/homeschooling101）

這是附屬於homeschooling.about.com/的專欄網站，逐步解說長期在海外旅遊時，可選擇的在家教育選項。孩子返回傳統公立學校或私立學校後，通常進度可以領先他們的同學。

- **《在家教育》雜誌**（www.homeedmag.com）

提供豐富資源給在家教育者、旅行的家庭及自學者，包括課程、虛擬支援團體、法律資源和精華區的連結。了解法條是有好處的：美國有些州提供每年最高一千六百美金，補助符合資格的在家教育費用，因為在家教育為國家省下在公立學校系統教育你的孩子的經費。

- **全球貨幣換算**（www.xe.com）

為免你興奮過頭，忘掉五英鎊不等於五美金，用這個網站將當地的花費轉換成你能夠感同身受的單位。試著不要抱怨太多次：「這些硬幣，每枚就值四美金？」

- **全球插座轉接器**（www.fourhourblog.com/franzus）

帶著沉重的連接線與變壓器很煩人——買個附電池保護的Travel Smart萬用轉接器。大小只有一疊撲克牌一半大，這是唯一一個我在世界各地使用，都沒出過問題的產品。注意，它是轉接器（讓你將電器插入各種插頭），不是變壓器。如果國外的插座電壓比美國高兩倍，你的電器產品會毀了自己。這也是在國外購買必需品，不要全數帶著的另一個理由。

- **全球電器指南**（www.kropla.com）

列出全球各國的插座、電壓、手機、國際電話碼，以及各種電器不相容的問題。

便宜的環遊世界機票

- **Orbitz**（www.orbitz.com）、**Kayak**（www.kayak.com）與**Sidestep**（www.sidestep.com）

包括全球四百多間航空公司的價格，Orbitz是我比價的起點，比完價後，我會在Kayak和Sidestep詢價。Sidestep非常適於搜尋出發地和抵達地位於美國境外的班機。

- **旅行動物園Top 20**（top20.travelzoo.com/）

莫斯科單程機票只要一百二十九美金？每週的旅遊特惠或許可以促使你扣下扳機。

- **Priceline**（www.priceline.com）

以Orbitz最低票價的五折價起標，競價時，每次提高五十美金的競標價。

- **CFares**（www.cfares.com）

可用免費或低價的會費獲得聯盟會員價。我找到從加州飛到日本的機票，只要五百美金。

● **1-800-FLY-EUROPE**（www.1800flyeurope.com）

我用這個網站找到從甘迺迪機場飛到倫敦的三百美金來回票，在兩小時後出發。

● **歐洲地區的廉價航空**（www.ryanair.com, www.easyjet.com）

免費的全球住宿——短期

● Global Freeloaders（www.globalfreeloaders.com）

這個線上社群集合世界各地的人，提供你全球的免費住宿。省錢又能交朋友，還能以當地人的觀點來看世界。

● The Couchsurfing Project（www.couchsurfing.com）

跟上個網站相似，但吸引的通常是較年輕、喜歡派對的成員。

● Hospitality Club（www.hospitalityclub.org）

這個完善的人際網路擁有來自超過兩百個國家的二十多萬會員。藉由這個網站認識各國的本地人，好獲得免費導覽或住宿。

免費的全球住宿——長期

● Home Exchange International（www.homeexchange.com）

交換住家名單和搜尋服務，共有一萬兩千筆交換公告，來自八十五個國家。直接發電子郵件給可能的住家，將你自己的家／公寓放在這個網站上，只要付一小筆會員費，就能無限瀏覽交換公告一年。

付費住宅——包括剛抵達的落腳處與長期居住

● **Otalo**（www.otalo.com）

Otalo是尋找假期租賃住宿的搜尋引擎，搜尋網路上眾多的假期租賃網站，超過二十萬間住宅。Otalo的運作類似Kayak.com，專門搜尋假期租賃住宅。這個網站搜尋各式各樣的租賃網站，將所有搜尋結果綜合在一個容易上手的搜尋工具裡。

● **Hostels.com**（www.hostels.com）

這個網站不只有青年旅館。我在這裡找到一間不錯的旅館，在東京市中心，一晚只要二十美金。我還用這個網站在八個國家找到類似的住房。考慮地點與評價（見以下的HotelChatter），而不是設施。四星旅館是給走馬看花者住的，這個網站能讓你在找到公寓或其他長期住宅前，體驗真正的當地風味。

● **HotelChatter**（www.hotelchatter.com）

這個網路日誌提供詳盡且誠實的全球住宿評論，你能在此獲得真正的情報。每天更新數次，你能看到氣憤投宿者的悲慘經驗，以及挖到寶藏者的分享。網站上也可線上訂房。

● **Craiglist**（www.craiglist.org）

除了當地有招租廣告的週刊外，如柏林的《Bild》或《Zitty》雜誌，我發現Craiglist是尋找海外出租公寓的最佳起點。我在寫這本書時，上頭已有五十多個國家的招租資訊。雖然如此，當地雜誌的招租廣告還是便宜了百分之三十到七十。如果你的預算有限，請青年旅館員工或當地人幫你打幾通電話談好價碼。提醒當地的幫手，在談成價碼前不要透露你是外國人。

- **Interhome International**（www.interhome.com）

總部在蘇黎世，提供兩萬多筆歐洲房屋出租訊息。

- **Rentvillas.com**（www.rentvillas.com）（800-726-6702）

給你不同一般的租屋體驗——小屋、農莊和城堡一應俱全，遍及歐洲各地，包括法國、義大利、希臘、西班牙和葡萄牙。

電腦遠端存取工具

- **GoToMyPC**（www.gotomypc.com）

這個軟體能讓你便捷地在遠端存取電腦檔案、程式、電子郵件和網路。你能在任何地方用網路瀏覽器，或使用Windows的無線網路電子產品即時工作。五年多來，我忠誠地使用GoToMyPC，在世界各國與小島上連結美國的電腦。這讓我可以自由地將電腦留在家裡。

- **WebExPCNow**（pcnow.webex.com）

WebEx是企業遠端連線的領導者，他們推出的軟體提供GoToMyPC大多數的功能，包括遠端電腦間的剪貼工作、從遠端電腦列印、轉檔等等。

- **DropBox**（www.dropbox.com）與SugarSync（www.fourhourblog.com/sugarsync）及JungleDisk（www.jungledisk.com）與Mozy（www.mozy.com）

Dropbox和SugarSync都提供備份和同步不同電腦的檔案的服務（例如：家中和旅行使用的電腦）。JungleDisk與Mozy（我使用Mozy）的功能較少，專門設計用於將檔案自動備份到它們的線上儲存空間。

免費和便宜的網路電話

● **Skype**（www.skype.com）

自從Skype問世後，我的國際電話都是以Skype撥出。你能用Skype打到世界各地的家用電話和行動電話，每分鐘僅要價兩美分到五美分，或是與世界各地的Skype使用者免費通話。每年只要花四十歐元，你就能得到一支美國電話號碼，冠上你家的地區碼，或是接聽轉接到外國手機的電話，將你的遠行化為無形。躺在里約海灘上時，接聽加州「辦公室」打來的電話，棒吧！Skype提供的聊天室也很適於和他人分享敏感的帳號和密碼，因為交談內容會加密。

● **Vonage**（www.vonage.com）與**Ooma**（www.ooma.com）

Vonage提供一個小轉接器，連接寬頻撥接器與正常電話。在旅行時帶著，裝設在你的公寓，接聽打給美國號碼的電話。使用Ooma不需繳月費，也不需要有室內電話，但它提供類似硬體，讓你在世界各地接上寬頻，撥打美國的電話號碼。

● **VoIPBuster**（www.voipbuster.com）與RebTel（www.fourhourblog.com/rebtel）

VoIPBuster和RebTel都能提供「匿名」號碼，在這兩個網站輸入朋友的海外電話號碼，它們都會給你一個冠上你所在的區域碼的本地號碼，寄給你的朋友。VoIPBuster也比Skype便宜，提供免費撥打到二十多個國家的通話服務。

國際多頻與ＧＳＭ手機

● **My World Phone**（www.myworldphone.com）

我偏好諾基亞的電話。不管你買的是哪支手機，一定要選「未鎖的」，也就是能交替使用任何國家的電信公司提供的SIM卡。

● **World Electronic USA**（www.worldelectronicusa.com）

對於每個國家的ＧＳＭ頻率和「頻寬」功能做了詳盡介紹。你在旅行（或在家）時要選購何種手機，都能取決於此。

偏遠地區使用的工具

● **衛星電話**（www.satphonestore.com）

如果你在尼泊爾山區或偏遠島嶼，想要享受手機的便利性（或麻煩），可以挑選用衛星，而非基地台收發訊號的手機。Iridium衛星電話的收訊範圍遍及全球，因此很受推薦，Globalstar次之，適用於三大洲。可租用或購買。

● **口袋大小的太陽能板**（www.solio.com）

衛星電話和其他電子用品的電池如果耗盡電力，就毫無用處，（或許可以拿來打水漂?）Solio的大小約兩盒撲克牌大，能夠展開為小型太陽能板。我很驚訝它能在十五分鐘內充滿手機電力，比一般插座快了兩倍以上。提供的轉接器幾乎適用任何產品。

到那裡後，你要做什麼——事業實驗等等

● **《邊緣》雜誌**（Verge Magazine），請參見〈限制閱讀〉的章節。

● **Meet Up**（www.meetup.com）

可以用所在都市和活動搜尋，找到世界各地與你興趣相近的人。

● **成為旅遊作家**（www.writtenroad.com）

可以環遊世界，寫下你的想法，還有錢拿？這是數百萬人夢寐以求的工作。由資深旅遊作家珍·里歐——《怪怪女的冒險》（Sand in My Bra and Other Misadventures）的作者，告訴你旅遊出版業的內幕消息。這是《弗洛摩旅遊指南》的平價旅遊最推薦的部落格，其中有很多很棒的文章，要你拋掉電子產品，以低科技的裝備旅遊。

英文教學（www.eslcafe.com）

戴夫的ESL Caf是最早出現、相當實用的網路資源，提供英語老師、想成為英語老師者，以及英語學習者使用。設有討論區，以及世界各地英語老師求才廣告。

讓你的腦袋變成一團漿糊（www.jiwire.com）

環遊世界，好讓你發送即時訊息給在國內的朋友。這個網站列出超過十五萬個無線網路熱點，好滿足你的資訊強迫症。如果這成為你非做不可的事，你要覺得羞愧。如果你覺得無聊，記住——這都是你的錯。我也曾有相同經歷，所以我不是在說教。即使我們再怎麼行，這種行為仍難以避免，但請活得更有創意。

嘗試全新的兼職或全職工作（www.workingoverseas.com）

這個百科全書提供放眼全球者詳盡的選擇，由《旅居海外》雜誌（Transitions Abroad）的國際總編尚馬克・哈希編纂與更新。

全球各地有機農場的工作機會（www.wwoof.com）

在十幾個國家的有機農場學習永續經營的有機農場技術，之後再指導別人，包括土耳其、紐西蘭、挪威與法屬玻里尼西亞。

用你不懂的語言聊天和寫電子郵件

- **Google聊天機器人**（bit.ly/imbot）

透過這個服務，你能即時用幾乎任何語言聊天。你能透過你的Gmail電子郵件帳號，發送即時訊息給世界各地的人。

- **Nice Translator**（www.nicetranslator.com）與**Free Translation**（www.

freetranslation.com）

將英文文章翻譯成十幾種語言，也能將其他語言翻譯成英文。正確度驚人，但是百分之十到二十的翻譯有誤，會讓你惹上麻煩或鬧出笑話。Nice Translator的速度更快，而且可在iPhone上使用。

在短時間內流利說外語

- **外語成癮者與加速學習法**（www.fourhourblog.com）

討論所有語言相關議題，包括詳盡的教學文章（如何喚起遺忘的外語、每週記一千字、熟悉語調等等），以及記憶法和最佳的電子資源，請點選www.fourhourblog.com的語言選單。學習外語是我的癮頭之一，我將技巧加以拆解重組，加快學習速度。在三到六個月內，流暢地以任何外語對話並非夢想。

找到語言交換夥伴與學習資料

- **LiveMocha**（www.livemocha.com）/**EduFire**（www.edufire.com）/**Smart.fm**（smart.fm/）

我特別喜歡它們的「大腦加速」（BrainSpeed）的學習遊戲。

- **About.com**（www.about.com）

你能在About.com找到多種熱門語言的精彩課程。

[註釋]

79. 本章所用的美金數據都是布希總統在二〇〇四年連任之後，這個期間是美金近二十年來，匯率最低的時候。
80. 當然，我指的是美妙的單車遊覽與著名的糕點。
81. 繆思通常不太需要維護，但有一或兩個策略性領域的花費通常很龐大：製造和廣告。選擇願意收信用卡付款的廠商，如果必須說服廠商，用下列說詞談判：「我不殺價，我只是請你收信用卡。如果你願意的話，我們會選擇你，不選某某競爭廠商。」這是「態度堅定」的另一個例子，不要用疑問句，可以讓你的談判立場更強硬。想
82. www.nileproject.com的創辦人。
83. www.usc.edu/hsc/dental/opfs/SC/indexSC.html
84. 巴西貧民窟，去看巴西電影《無法無天》，就知道那裡有多好玩。
85. 這個步驟關係重大，絕對不能授與你不信任的人。這麼做能方便你的會計師代你簽報稅文件與支票，你不用費時傳真、掃描，或花大把錢國際快遞文件。
86. 如果你在旅遊時，將電腦留在家中或親友家裡，需要這個步驟。若你攜帶電腦旅行，可跳過這一步，但帶著電腦旅行就像是海洛因毒蟲帶著一包鴉片去戒治中心。不要企圖殺時間，而是享受時間。
87. 「未鎖」指的是可用預付卡付款，而非電信公司的月費方案，如O2或Vodaphone。這代表手機也可用其他國家的電信公司服務（假設頻率相同），在大多數情況，只要花十到三十美金，把SIM卡換掉。有些可在美國使用的四頻手機能使用SIM卡。

15. 填滿空虛

剔除工作後，增添人生活力

「受外在事物吸引是理性心靈的解藥，因為理性經常是一團糟。」
——安．拉莫特／《一隻又一隻鳥：人生與寫作指南》

「我們沒有時間做所有想做的鳥事。」
——比爾．華特森／《凱文的幻虎世界》卡通作者

倫敦國王十字車站

我踉蹌穿過鵝卵石街道走進熟食店，點了義大利火腿三明治。時間是早上十點三十三分，是我第五次看時間，還有第二十次問自己：「我他媽的今天要做什麼？」我迄今想出的最好答案是：買三明治。

三十分鐘前我睡到自然醒，是我四年來首次不被鬧鐘吵醒。我昨晚剛從甘迺迪機場抵

達。我期待這天非常非常久：聽著窗外的鳥鳴，張開雙眼，甜甜笑著坐起，聞著剛煮的咖啡香味，伸個懶腰，就像在西班牙別墅的涼蔭下伸展身體的貓咪。美妙極了。但實際狀況如下：我倏地坐起，彷彿號角聲大作，抓起時鐘，罵了一聲髒話，穿著內衣跳下床，想要檢查電子郵件，突然想起得禁止自己這麼做，又再罵一聲髒話。我想找住在倫敦的昔日同窗，他是我在倫敦的導遊，然後想到他跟世界其他人一樣，都去上班了，繼續焦慮中。

接下來，我恍惚地四處遊蕩，參觀一個接一個的博物館，走進植物園，彷彿在夢遊一般，我避開網咖，感到輕微的罪惡感。我需要一張待辦事項清單，創造很有生產力的感覺，以拋開像是「吃晚飯」之類的事。

這比我想像中的難多了。

產後憂鬱症：很正常

「人類的構造是：做完一項工作後，得接著做另一項，才能感到放鬆。」

——安納托爾．法蘭斯／《希爾維斯特．波納爾的罪行》作者

我有了夢寐以求的金錢和時間……為什麼我很沮喪？

這是個好問題，也有個好答案。你要高興你現在就發現這回事，而不是等到臨終前才知道！富裕的退休人士也常覺得空虛和不安，原因跟你一樣：無所事事的時間太多。

但是，等一等……我們追求的不正是有更多時間嗎？這本書講的不是這個嗎？不，絕對不是。有太多空閒時間會滋長自我懷疑，導致心裡惶恐不安。剔除掉不好的事之後，好事不會自動發生，只會留下一片空白。減少以收入為目標的工作量並非最終目標——活得更精采，成就更多才是。

剛開始，實現長久的希望足夠滿足你，這麼做一點也沒錯。這個階段很重要：豁出去，實現你的夢想，這一點也不膚淺或自私。停止壓抑自己，擺脫不斷拖延的習性，確實很關鍵。

假設你決定享受夢想，像是搬到加勒比海，悠遊多座島嶼，或是參加非洲賽倫蓋提國家公園的狩獵旅行，這段旅程會非常美妙、難以忘懷，而你也該放手去做。然而，過了一段時間，也許是三週或三年後，你喝膩了椰鳳雞尾酒，不想再拍該死的紅屁股狒狒的照片。自我批評與存在意義的焦慮感會開始襲擊你。

但這是我一直想要的！我怎麼可能會厭倦？

不要抓狂，讓情況火上加油。所有長期勤奮工作的高績效者，在卸下重擔後都會有這種正常反應。你愈聰明，愈是功利取向，就會更感到焦慮痛苦。學習將時間不夠的心態，以享受無限悠閒時光的想法取代，就像從喝三倍濃縮咖啡，改為喝無咖啡因咖啡。

不只如此！退休者會感到沮喪還有一個原因，你也會遇到：社交隔離。

辦公室也有好處：免費的爛咖啡、與同事一起抱怨咖啡很難喝，八卦和安慰，以電子郵件傳送愚蠢的影片，交換更愚蠢的評論，以及殺掉幾小時的工作時間，什麼也沒達成，卻能輕鬆談笑的會議。工作本身或許是死路一條，但是人際互動的網絡──社會環境，是我們留在工作崗位上的原因。等你解放後，自動形成的團體消失了，使得你腦袋中的自言自語變得更大聲。

不要害怕自我存在或是社會挑戰。自由是你的新運動。剛開始，自由的新鮮感足以讓你無比興奮，每件事都顯得很有趣。等你學會基本功夫後，你會清楚的發現，即使是不錯的運動員，還是要嚴厲操練。

不要害怕。最大的獎賞尚未出現，你離終點線只剩幾公尺了。

挫折與疑慮：你並不孤單

「許多人說我們追求的是人生的意義。我不認為那是我們真的要找的，我認為我們要找的是感到自己活著的體驗。」

──喬瑟夫・坎伯，《神話》作者

等你刪除朝九晚五的工作，整裝出發，路上並非盡是鳥語花香、白沙藍海的天堂，雖然大多數都是。少了工作期限與同事的分心，人生的大哉問（如「這一切有什麼目的？」）更難以拖到以後再回答。面對無盡的選擇，你也更難做決定──我該怎麼過人生？你似乎又回到大學畢業前夕的日子。

如同所有領先時代的創新者，你會有猶豫恐懼的時刻。過了任你玩透透的階段，比較的心態將會襲上心頭。其他人仍然繼續朝九晚五工作，你也會開始質疑自己踏出苦窯的決定是否正確。常見的疑慮和自我鞭笞包括：

1. 我這麼做真的是為了追求更多自由，過更好的生活，還是我根本就瘋了？
2. 我退出爭名逐利的生活，是因為這種生活不好，還是因為我招架不住？我是不是在逃避？
3. 這種生活真有這麼好嗎？或許我在當人下屬，忽視其他可能性時，還活得比較好。至少簡單多了。
4. 我真的很成功嗎？還是只是在自欺欺人？
5. 我是否降低成功的標準？我的朋友現在賺的錢比三年前多兩倍，他們走的路是不是才是正途？
6. 為什麼我這麼不快樂？我可以做任何事，但我不快樂。我真的適合過這種生活嗎？

在我們認清這些想法的本質後，大多數都能推翻：這些都是「多比較好」與「錢多就是成功」的比較心態作祟，也是一開始讓我們陷入泥淖的心理。即便如此，這些想法仍然值得深入分析。

這些疑慮在內心中放空時會侵入我們的腦袋。回想你感到生氣蓬勃，專心一志的時刻。

通常那時你全神貫注在外在的事物：其他人或其他事。運動和性愛是兩個好例子。缺乏外在焦點，心靈會轉向內在自我，創造需要解決的問題，即使問題很模糊或不重要。如果你找到焦點，像是一個看似不可能的宏遠目標，強迫你成長[88]，疑慮就會消失。

在尋找新焦點的過程中，「大哉問」幾乎不可避免會冒出。無所不在的偽哲學家提出不切實際的問題，試圖回答永生的疑問，造成我們的壓力。兩個常見的例子是：「生命的意義是什麼？」和「這一切有什麼目的？」

還有許多許多例子，包括反思哲學到本體論的問題。對於這些問題，我只有一個答案——不予作答。

我不是虛無主義者。事實上，我花了十多年的時間研究心靈與意義的概念。這趟追尋帶我離開頂尖大學的神經科學實驗室，前去世界各地的宗教殿堂。最後我獲得的答案很讓人意外。

我百分之百深信，我們覺得有必要面對的大哉問，經過十幾個世紀以來的過度詮釋與誤譯，大多數使用的詞彙都太過模糊，使得嘗試解答這些疑問的行為，不過是在浪費時間[89]。這個發現一點也不讓人沮喪，反而是大解放。

想想看所有問題之母：生命的意義是什麼？

如果有人逼問我，我只有一個回答：生命是活著的有機體的獨特狀態或條件。「但這只是個定義，」發問者會反駁，「這不是我的問題。」那麼，你的問題是什麼？等到問題說明清楚，每個用字都明確定義後，已經沒有回答的必要。「生命」的「意義」問題，沒有經過清楚界定，是無法回答的。

在花時間思考導致壓力的問題前，不論是否為大哉問，先確定你對以下問題的答案都是「是」：

1. 我已經界定過這個問題，每個詞彙都只有一個意思嗎？
2. 這個問題的答案能夠付諸行動，改善現狀嗎？

「生命的意義是什麼？」這沒達到第一個問題的標準，因此也不符第二個問題的要求。超出你的影響範圍之外的問題，像是：「如果明天的火車誤點了怎麼辦？」這無法通過第二個問題，因此可以忽略。這些都不是值得回答的問題。如果你沒辦法界定問題，或付諸行動，請忘了這回事。如果本書的所有建議，你只聽從這點，便足以讓你的表現晉身世界前百分之一，將大多數的哲學煩惱拋出你的生活。

磨利你的邏輯，講究實際的思考，並非是無神論或缺乏靈性的行為，也非愚鈍或膚淺的表現，而是讓你聰明思考，讓你能專心將精力用在最能改變自己和他人的領域上。

一切的目的：好戲開鑼

「人類實際上需要的不是毫無壓力的環境，而是努力爭取值得的目標——自由選擇的任務。」

——維克多．法蘭克／大屠殺生還者，《活出意義來》作者我相信生命之所以存在，是為了享受生命，最重要的是喜愛自己。每個人都有自己的方式達成這兩個目標，方式也會隨時間改變。某些人的答案或許是幫助孤兒，其他人可能是創作音樂。我自己對兩者的答案是——愛人與被愛，而且永遠不停止學習，但我並不期望所有人認同此答案。

有些人批評自愛和享受的價值觀是自私或享樂主義，並非如此。享受生命，幫助他人——或說是喜愛自己、創造更多的善，這兩者是可以並存的，就像認為神的存在不可知的人仍過著謹守道德的生活，兩種理念並非互斥。姑且假設我們都同意這點，現在仍有一個問題：「我要如何將時間花在享受生活，並喜愛自己？」

我無法提供一個適用所有人的答案，但我訪問過幾十個心滿意足的新富族後，發現有兩個因素是最根本的：不斷學習與服務。

學無止境：磨利鋸子

「首次出國旅遊的美國人常感到震驚：即使過去三十年來文明進展，許多外國人仍講外國話。」

——戴夫・貝瑞

活著就是要學習，我看不到其他選擇，所以在做第一份工作的六個月內，我覺得必須辭掉工作，或讓自己被炒魷魚。我的學習曲線呈現水平，生活無聊透頂。

雖然你能在國內升級腦袋，但旅行和異國提供的獨特環境，能讓你進步得更快速。迥異的環境可作為對比，映照出你的偏見，讓你更容易修正缺陷。我每次旅遊到一個地方，幾乎都會先決定要學習哪些技能。以下是幾個例子：

- **愛爾蘭康瑪拉**：愛爾蘭語、愛爾蘭笛，以及愛爾蘭曲棍球——世界最快速的球賽運動（想像拿斧頭玩綜合長曲棍球與橄欖球的運動）。
- **巴西里約熱內盧**：巴西腔葡萄牙語與巴西柔術。
- **德國柏林**：德文與鎖舞（街舞的類型之一）。

我偏好語言學習與動態技巧，有時定居國外後才發現這些運動。最厲害的老練流浪者通常會結合心智與體能技能。注意，我常將在美國熟習的武術技巧帶到其他也有發展武術的國家。你能立即獲得社交生活，認識同道。不一定要選擇競爭性的運動，你可以選擇登山、下棋，或是任何能讓你放下課本，走出公寓的活動。運動正好能降低你運用外語的恐懼，培養長久的友誼，雖然你講的外國語跟泰山差不了多少。

語言學習特別值得一提。它沒有任何門檻，也是琢磨清晰思考能力的最佳方法。

想要了解一個文化，必定要懂得該文化的語言。除此之外，學習新語言還能讓你認識自己的語言：你的思維方式。外語流利的益處常被低估，難度卻相對被高估。數千個理論語言學家大概不會同意我的論點，但我從研究與親身研究十二種之多的語言中知道：（一）如果不用朝九晚五工作，成人學習外語的速度比孩童快[90]；（二）在六個月內，流利以外語會話是有可能的。如果每天練習四小時，六個月的時間還能縮短到不到三個月。解釋應用語言學和語言學習的八十／二十法則，已經遠超出本書範圍，但是在www.fourhourblog.com的「語言」專區有完整的學習指南。自從我在高中被當掉西班牙文後，現已學會六種語言，使用相同工具，你也能辦到。

學會新語言，等於獲得另一種質疑與了解世界的透視鏡。在回家時用外語罵人也很好玩。不要錯過倍增人生體驗的機會。

爲正確理由而服務：拯救鯨魚，或是殺掉鯨魚來餵孩子？

「道德只是我們對討厭的人擺出的態度。」

——奧斯卡．王爾德

你們應該料到我會在本章提到服務，這裡就是了。和前文一樣，我講的跟一般觀念有些不同。

對我而言，服務很簡單：採取行動，改變你以外的人的生活。這和慈善不同，慈善是對於人類福祉的利他關懷，對象是人類的生活。人類長久以來一直致力於排除環境與其餘的食物鏈，因此我們這一代面臨了滅亡危機，實在是活該。世界的存在並非專為滿足人類的舒適與繁殖需求。

但在我把自己綁在樹幹上，拯救箭毒蛙之前，我應該聽聽自己的建議：不要輕視別人的義舉。當洛杉磯也有孩子挨餓時，你怎能只幫助非洲的饑童？當遊民凍死街頭時，你怎能只想到拯救鯨魚？參加珊瑚礁滅絕的志工研究，對需要協助的人有何幫助？

先生小姐，拜託，需要協助的事很多，不要陷入「我的理念高於你的理念」的爭執，不管怎麼比都是沒有結果的。沒有質化或量化的比較可以區別它們。真相是：你拯救的數千人可能導致了餓死數百萬人的饑荒；你保護的一株玻利維亞樹叢也可能蘊涵癌症的解藥。最終的後果如何沒人知道，只要盡全力，祈禱有好結果。如果你讓世界變得更好——不管你對此的定義為何，你的任務就算達成了。

服務不限於拯救生命或環境，也包括改善人生。如果你是音樂家，用音樂讓數千人或數百萬人露出微笑，我認為這就算服務。如果你是好老師，以教誨改善孩子的一生，世界也因此變得更好。改善世界的生活品質，重要性不比挽救更多生命低。

服務是一種態度。找到最讓你感興趣的理念或工具，不要為你的選擇歉疚。

問題與行動

「大人總是問孩子長大後想做什麼，因為他們想要找點子。」

——寶拉・龐德史東

「在水上行走不是奇蹟，在綠色大地上行走才是。活在當下，覺得自己真正活著。」

——一行法師

但我不能僅止於終生旅遊、學習語言，或是為了理念奮鬥！當然不行。我的建議並非如此，這些只是好的「人生推進器」——讓你能接觸昔日生活無法擁有的機會與體驗。

「我應該怎麼過人生」的問題，沒有正確答案。直接忘掉「應該」的想法。下一步，也是最重要的一步，是追求一個目標，目標是什麼不重要，是有趣或讓人有成就感的事就行了。不要急著全職長期投入一項計畫。花點時間找到打動你的使命，而非第一個可以接受的工作替代品。這項使命會帶領你接觸其他事。

一、從零開始：什麼都不做

在我們擺脫擾亂心靈的搗蛋鬼之前，我們必須面對它們，其中之一是競速的癮頭。如果不中止持續不斷的過度刺激，內心的時鐘很難校正。旅行時想看幾百萬個景點的衝動，可能會加重這種傾向。

慢下腳步不代表完成的事會減少，而是能摒除不利生產力的分心與匆忙的感受。考慮參加三到七天的沉默短假，期間禁止一切媒體資訊與談話。

學會關閉腦內的雜音，讓你在做更多事前，能夠更深地體會欣賞：

- **生活的藝術基金會**（第二種課程）——據點遍布世界 www.artofliving.org
- **加州靈石冥想中心**www.spiritrock.org
- **麻薩諸塞州可里帕努瑜伽與健康中心**www.kripalu.org
- **紐約天湖木屋**www.sky-lake.org

二、選擇公益團體匿名捐贈

你可以藉此投入一份心力，享受行善的美妙，也不會摻雜掛名居功的虛榮感。行善純粹無私時感覺更棒。有幾個網站可以幫你起步：

- **Charity Navigator**（www.charitynavigator.org）

這個獨立的公益機構，能依你選擇的條件提供多達五千多個慈善單位。你能建立最愛的團體頁面一起評比。免費服務。

- **Firstgiving**（www.firstgiving.com）

Firstgiving.com讓使用者能建立網路募款頁面，慈善捐款透過你專屬的網路頁面捐出。我透過Firstgiving，並跟另一個公益團體「閱讀空間」（Room to Read）合作，在尼泊爾和越南建立學校，未來計畫在更多國家建學校，請見www.firstgiving.com/timferris與www.firstgiving.com/timferris2。如果你想要保護動物，可以點選相關連結，連上幾百個不同動物保護的網站，然後決定要捐贈給哪一個。該網站亦在英國設站：http://justgiving.com。

- **Network for good**（www.networkforgood.org）

這個網站提供訪客需要捐贈的慈善機構，以及從事志工工作的機會，也能在網站上設定信用卡自動扣款捐贈。

三、進行學習性的迷你退休旅行，同時在當地做志工

進行著重於學習與服務的迷你退休，若有可能，至少做六個月。時間愈長，愈能集中於學習語言，讓擔任志工的互動更有意義，也更有貢獻。

在旅行期間，將你的自我批評與負面的自我對話寫在日記上。每次你感到難過或焦慮時，至少問三次「為什麼」，再將答案寫在紙上。用文字表達疑慮能雙管齊下，降低它們的影響力。首先，自我疑慮最大的傷害來自於它曖昧不清的本質，用文字界定和分析（與強迫同事以電子郵件聯絡你有異曲同工之妙），迫使你整理思緒，釐清後你會發現，大多數的擔憂其實都是無稽。第二，寫下擔憂，似乎也能將這些念頭從腦袋移除。

但是，要去哪裡，又要做什麼呢？這些問題沒有標準答案。使用以下問題與資源，腦力激盪思考：

- 世界現狀有哪一點讓你最為忿忿不平？
- 無論有沒有孩子，你對下一代的生活，最大的擔憂是什麼？
- 什麼事能讓你感到最快樂？你要如何幫助別人擁有相同體驗？

不要限制自己待在相同地點。還記得蘿蘋嗎？她和丈夫與七歲的兒子在南美洲旅遊一年，一家三口在每個地點做志工一到兩個月，包括在厄瓜多巴紐市製造輪椅、復育玻利維亞雨林的野生生態，以及護衛蘇利南的革龜。

去約旦參加考古挖掘，或是參與泰國島嶼的海嘯救援工作如何？這些不過是《邊緣》雜誌（www.fourhourblog.com/verge）單期報導的數十項個案中的兩個例子。其他讀者親身體驗過的資源包括：

- 災難援助：www.hodr.org
- 希望計畫：www.projecthope.com
- 國際賑災：www.ri.org
- 國際賑災隊：www.irteams.org
- 國際航空大使：www.airlineamb.org
- 兒童公益大使：www.ambassadorsforchildren.org
- 國際援助物資運送：www.reliefridersinternational.org
- 全球之愛地球村計畫：www.habitat.org
- 體驗地球：全球生態旅行活動一覽www.planeta.com

四、重新檢視與設定夢想時間表

進行迷你退休之後，重新檢視在「定義人生」階段設定的夢想時間，依照需要重新調整。以下幾個問題能夠有所幫助：

- 你擅長什麼？
- 最適合你發揮的領域是什麼？
- 什麼事能讓你開心？

- 什麼事能讓你感到興奮？
- 什麼事能讓你有成就感，並感到喜悅滿足？
- 你有生以來達成的哪件事最讓你感到驕傲？你能夠再做一遍，或是更進一步嗎？
- 你喜歡和他人一起分享或體驗哪些事？

五、根據第一到第四步驟的結果，考慮嘗試新的兼職或全職志業。

全職工作並非都不好，只要是你想做的即可，所以我區別了「職業」與「志業」。如果你創造了謬思，或是將工作時數縮減到幾乎不占時間，你可以考慮嘗試兼職或全職的志業：真正的使命所在或你夢想的職業。我寫這本書的原因正是如此。我現在可以告訴大家，我是作家，而不是花兩小時解釋我這個毒販賣的是什麼藥。你小時候夢想做什麼？或許你現在能報名太空營，或是擔任海洋生物學家的實習助理。

重溫兒時舊夢並非不可能，事實上這是必要的。沒有任何枷鎖或藉口可以阻擋你。

【註釋】

88. 美國心理學家亞伯拉罕．馬斯洛以「馬斯洛需求層次」理論聞名，他將這個目標稱為「高峰經驗」。
89. 禪宗公案和冥想問題確實有其重要性，但是這些工具都非必要，而且超出本書範圍。大多數沒有答案的問題，都是因為問題的措辭欠佳。
90. Ellen Bialystok and Kenji Hakuta,《第二外語學習的語言學與心理學》。

16. 新富族的十三大錯誤

「如果你從未犯錯，那你一定不夠用心解決問題，這正是大錯特錯。」
——法蘭克·威爾切克／二〇〇四年諾貝爾物理學獎得主

「我學到世上沒有不可能的事，也幾乎沒有簡單的事。」
——義大利饒舌樂團「物件三一」的歌曲〈大吼〉

犯錯正是規劃生活型態的遊戲名稱，你需要不斷抵擋舊世界給你的誘惑，撇開以退休為目標的延後人生。以下是幾個你會犯的錯誤，不要氣餒，這只是過程的一部分。

1. **失去夢想，墮入為工作而工作的陳規**。一旦你覺得又陷入這個陷阱，請重讀序言與本書的下一章。每個人都會犯這樣的錯，但許多人都困在其中，再也爬不出去。

2. **事必躬親，時常檢查電子郵件好消磨時間**。界定好職責、問題與處理原則，限制自己親自做決定的次數——然後放手，為了所有人的心智健康著想。

3.**處理外包人員或同事可以解決的問題**。

4.**幫助外包人員或同事處理相同問題一次以上，或是處理不緊急的問題**。除了大問題之外，給他們可能狀況的處理原則。授權他們不需請示，有自行處理的自由，用書面文字強調你不理會處理原則已涵蓋的問題。以我為例，所有外包人員都能自行斟酌處理代價在四百美金以內的問題。在每月或每季結束時審核，頻率依外包人員而異，我會審核他們的決定對於利潤有何影響，依此調整原則，如果他們做了好決定或創意的解決方法，我會依此增加新原則。

5.**當你有足夠的現金流量投入在非營利的活動上時，卻還追著客戶跑，特別是不合格或是外國的客戶**。

6.**回覆不會帶來生意，或是可以用問與答、自動回覆回答的電子郵件**。想知道引導對方找到所需資訊與外包人員的自動回應範例，請寄電子郵件到info@fourhourworkweek.com。

7.**在你該過活、睡覺或放鬆時，卻還在工作**。區分你的作息環境，指定一個專屬的工作空間，不然你永遠無法擺脫工作。

8.**沒有每二到四週，對你的事業和個人生活，進行周詳的八十／二十法則分析**。

9.**無止境地追求完美，而非傑出或是夠好的成果，無論是私生活還是職場表現**。記住，這種行為常是另一個為工作而工作的藉口。大多數學習外語的過程也是如此：想有百分之九十五的正確度，只需六個月的專注學習，而百分之九十八的正確度，則需要二十到三十年的時間。全心在少數幾個領域表現傑出，其他領域夠好就行了。完美是很好的理想，也是該有的方向，但是請認清完美的本質是：不可能抵達的終點。

10. **誇大瑣事與小問題，以此為藉口繼續工作。**

11. **把不緊急的事看得十萬火急，合理化繼續工作的決定。**我得說多少遍？將焦點放在銀行帳戶之外的生活，即使在初期空虛的感覺很可怕。你覺得人生找不到意義？生而為人，你有責任創造人生的意義，不管是實現夢想，或是找到給你目標與自我價值的工作——最好是兩者兼俱。

12. **將一項產品、工作或計畫，當作是人生的一切與終極目標。**人生苦短，但也長得足以讓人悲觀或空虛。不管你現在在做什麼，工作都只是下個計畫或冒險的墊腳石。你走上的路，也是你要脫離的路。疑慮不過是採取行動的一個訊號。每當你開始懷疑或恐懼，休息一下，用八十／二十法則分析你的事業、私人生活與關係。

13. **忽略人生的寶貴友誼與親情。**結交笑口常開、不受工作所苦的樂觀朋友。若有必要，你可以獨自創造自己的繆思，但是千萬不要獨自過活。與親友分享快樂，能讓你的快樂加倍。

最後一章

你非讀不可的電子郵件

「忙人最應忙的莫過於生活，世上難事莫過於此。」

——塞尼加

「在過去三十三年，我每天看著鏡子問自己：『如果今天是我生命的最後一天，我會想做今天要做的事嗎？』如果連續很多天的答案都是『不』，我知道該做點改變……近乎全面的改變，外界的期待、驕傲，對於出糗或失敗的恐懼，在死亡面前，這一切都微不足道。保留真正重要的事物。避免落入害怕損失的思維窠臼，我只知道一個最佳方法：提醒自己隨時會死掉。」

——史蒂夫．賈伯斯／大學輟學生與蘋果電腦執行長，於二〇〇五年史丹佛大學的開學典禮致詞[91]

如果你對人生感到困惑，你並不孤單，數十億的人也是如此。當然，只要你了解人生不是一道待解的難題，或是需要破關的遊戲，這就不是一個問題。

如果你太專注於拼完這幅不存在的拼圖，就錯過了真正的樂趣。等你認清唯一的規則和限制都是我們自己設定的，你會突然豁然開朗，追求成功的重擔一掃而空。

所以，鼓起勇氣，不要擔心別人怎麼想，反正他們也不是很在乎你的所作所為。

兩年前，有位好友轉寄這首詩給我（兒童心理學家大衛・威勒佛所作），他在讀了這首詩後，放棄他不斷延後生活樂趣的計畫。我希望你們也會這麼做：

慢舞

你可曾看過稚子／在旋轉木馬上嬉笑？
可曾聽著雨珠／在泥土上拍濺？
曾經看著蝴蝶飄忽不定地飛翔？
或是凝視太陽沒入夜空？
你最好慢下步伐／不要舞動得如此倉皇。
時光匆匆／樂曲終將奏盡。
你的一天總是／飛快過完？
當你問候你好嗎？／可曾聽人回答嗎？
過完一天／躺在床上時／幾百件待辦的雜事／還在心中翻騰？
你最好慢下步伐／不要舞動得如此倉皇

時光匆匆／樂曲終將奏盡。
你可曾告訴孩子／明天再去玩？
急匆之間／沒注意到孩子的失望？
可曾失去聯繫／使美好的友誼慢慢枯萎，
因為你總撥不出空／打通電話問候？
你最好慢下步伐／不要舞動得如此倉皇
時光匆匆／樂曲終將奏盡。
若你匆匆趕到目的地／就錯過了路程上大半的樂趣
若你成日徬徨、匆忙／恍如將未拆的禮物扔在一旁
人生不是競速／慢下你的速度。
聆聽音樂／趁著樂曲尚未奏完。

【註釋】

91. news-service.stanford.edu/news/2005/june15/jobs-061505.html。

Last but
Not Least

更多精彩內容

部落格熱門好文

任壞事發生的藝術（三週沒維護部落格後）

好久不見！我剛結束一次久違的迷你退休，足跡遍及倫敦、蘇格蘭、薩丁尼亞島、斯洛伐克共和國、奧地利、阿姆斯特丹及日本。我在檢查邪惡的電子郵件信箱時，得到一些不太愉快的驚喜。為什麼？因為我放手讓它們發生。

我總是這麼做。

以下是迎接我的其中幾項驚喜：

- 我們合作的某間物流公司因其執行長去世而暫停營運，導致我們的月訂單少了超過百分之二十，而且網站設計和訂單處理流程也因此要緊急修正。
- 錯失廣播和雜誌的訪問，惹惱想採訪我的人。
- 失去超過一打的結盟合作機會。

我並非刻意惹火人，絕對沒有，但我清楚一件很重要的事：為了成就大事，你常常要放手讓壞事發生。這是一門該培養的技巧。

我暫時拋開一切，承受些打擊，為我換來些什麼呢？

- 我在歐洲看橄欖球世界盃，現場看紐西蘭黑衫隊打球，實現我這五年來的夢想。

●自我被電影《魔鬼司令》洗腦後，一直夢寐以求想擊發的各種槍枝，我都擊發過了。天佑斯洛伐克共和國及他們的國會。

●我在日本拍攝一齣電視影集的第一集，這是我畢生以來的夢想，如果排不上我幾年以來的最棒體驗，也是我這幾個月年最有趣的經驗。

●我和我的日本出版商「青心社編集部」見面，在東京接受媒體的訪問。《一週工作4小時》現在在幾間東京的大型連鎖書店登上排行榜第一名。

●我整整十天不接觸任何大眾媒體，感覺自己彷彿兩年沒碰電腦。

●參加東京國際影展，跟我的偶像——BBC影集《地球脈動》的製作人——混在一塊。

當你領悟到關掉生活的噪音，世界也不會毀滅，你將會體會到世上少有的自由解放。

只要記住：只要你無法專注，你就沒有時間。我有時間檢查我的電子郵件和語音信箱嗎？當然。大概只要十分鐘，但在那十分鐘內，我有處理可能迸出的危機的專注力嗎？沒有。

雖然「只是花一分鐘檢查信件而已」聽起來很誘人，我從不這麼做。我從經驗得知任何在收件箱冒出的問題，在你關掉電腦後，仍會在你腦海中盤踞數小時，讓你的「自由時光」因煩惱而煙消雲散。這是最糟糕的狀態，因為你既不能放鬆，也沒有生產力。要嘛就全神貫注在工作上，要嘛就全神貫注在其他事上，千萬不要三心二意。

缺乏專注力的時間是毫無價值的，所以要將專注力的重要性擺在時間之上。

以下幾個問題幫助你綁上提高生產力的遮眼布，看清事情的全貌。即使你沒有在環遊世界，仍要培養任小麻煩發生的習慣。如果你不這麼做，你將會找不到時間實現改變人生的大事，無論是重要的任務或是登峰造極的經驗。如果你撥出時間做這些大事，但又用雜事切割你的時間，你將不會有享受這些經驗的專注力。

- 你有哪個目標是達成後可以改變一切的？
- 在所有緊急要務中，你覺得現在「必定」或是「應該」要處理的事有哪些？
- 為了讓可能改變人生的大事，達到下一個里程碑，你可以放任「荒廢」緊急要務嗎？即使只有一天而已？
- 哪件事在你的待辦事項上盤踞最久？把這件事列為起床第一件要做的事，除非完成，不可中斷，也不能吃午餐。

「壞事」會發生嗎？沒錯，小問題會冒出來。有些人會抱怨，沒關係，他們很快就會釋懷了。但是，你完成的大事將會讓你認清這些小問題的本質——微不足道的小事，可以修復的小差錯。

將這場交易變成習慣，放任小小的壞事發生，好讓大大的好事發生。

二〇〇七年十月二十五日

我在二〇〇八年愛上和學習到的事

二〇〇八年是我人生中最精采的一年之一。我談成更多交易，我在這一年認識的人比我過去五年認識的人全部加起來還要多。我也因而對事業和人性有了許多出乎意料的洞見，特別是當我發現我抱持的很多預設觀點是錯誤的。

以下是我在二〇〇八年愛上和學習到的幾件事。

二〇〇八年的最愛讀物：《希臘左巴》和《塞內加：來自斯多葛學者的信》。這兩本書是我讀過最易懂的實用哲學讀物，我很有幸能讀到。如果非要選一本不可，我選《希臘左巴》，但是塞內加能帶領你更進一步。這兩本書都只需兩、三晚就能讀完。

不要接受陌生人的貴重餽贈或好處。這個業報將會回頭纏住你。如果你無法推辭，立即選擇一項禮物，將業報回歸於零。要在他們提出回報的條件前，盡速回禮。例外：願意引介你的重要貴人，而且這個好處對他來說只是舉手之勞。

你不一定要用相同方式敉平損失。我在聖荷西擁有一間屋子，但將近一年前搬出去，我每個月要付大筆的房貸。重點是什麼呢？我不在乎。但我並不是一直都如此。數個月以來，別人不斷勸說我將房子出租，強調不出租根本是把錢丟進水裡。他們的話動搖了我的意志力，但後來我領悟到：你不一定要用相同方式敉平損失。如果你在牌桌輸了一千美金，你應該繼續加碼賭到還本嗎？當然不要。我不想跟房客打交道，連物業管理公司都不想。解決方案是：讓房子繼續閒置，偶爾去住一下，在其他管道創造持續進帳的收入，例如當顧問和出書，支付房貸費用。

試圖取悅你沒好感的對象，是導致自我懷疑和沮喪的通病之一。想努力取悅人沒有關係，但要取悅正確的對象：只限你想並駕齊驅的榜樣。

慢食＝人生。無論是哈佛大學心理學教授吉伯特博士，還是賓州大學心理學教授塞利格曼博士，談到「快樂」（自我評估的幸福感）時似乎都同意一件事：與朋友和心愛的人用餐，與幸福感的增長直接相關。每週至少和能讓你大笑和開心的人用餐或喝酒兩到三小時（沒錯，兩到三小時）。我發現跟五人以上的團體聚會，結束後的愉悅感最高且維持最久。有兩個時間最適合安排這類聚會：星期四的晚餐（或餐後的小酌）以及星期日的早午餐。

困境不會磨練出你的堅毅，而是顯現出你的堅毅。

延伸：財富不會改變你，只是在你不需要彬彬有禮時，現出你的真性情。

重點不在於多少人沒搞懂，而是多少人搞懂了。如果你對某事很了解，也有自己的意見，不要藏在心裡。想辦法幫助別人，讓世界變得更好。不管做什麼，只要你認真想要做一件有點意思的事，總會有人覺得被冒犯了。管他們說什麼，你有看過任何人為批評者立雕像嗎？

延伸：你絕對沒像他們說得那麼糟。我的經紀人以前會寄給我每則攻擊《一週工作4小時的》的部落格貼文或媒體評論。出版八週後，我請他只要轉寄給我主流媒體的正面意見或是我必須回應的錯誤引述。同理，你也絕對沒像他們說的那麼好。變得有大頭症或是抑鬱低落，都是無濟於事。前者會讓你變得輕率，後者會讓你消沉。我要的是不受影響的樂觀態度，但仍要保持饑渴求知的態度。談到饑渴……

起床三十分鐘內吃一頓高蛋白質的早餐，吃飽後，出門散步十到二十分鐘，若能邊走邊彈手球或網球更好。這個習慣比早上吞下一堆百憂解還有效。（建議閱讀：請至www.fourhourblog.com閱讀〈三分鐘慢性碳水化合物早餐，如何不用撥，就「撥掉」水煮蛋的殼〉）

我厭惡賠錢的程度，大約比我愛賺錢的程度多五十倍。為什麼是五十倍？我實驗性地記下工作日誌，推論出我避免自己損失一百美金的時間，比我賺一百美金所花的時間高了五十倍。最可笑的是，即使我發覺其中的荒謬，我還是無法阻止自己避免賠錢。因此，我控制造成這種不理性反應的環境因素，而非依賴不可靠的自我約束。

我不應該投資我無法影響收益的上市股票。領悟到幾乎無人可以預測自己對風險的容忍度及對損失的反應後，在二〇〇八年七月，我將所有投資移到固定收益產品與類現金財務工具，我將百分之一的稅前收入投入天使投資，因為我可以在使用者介面設計、公關及企業結盟提供協助。（建議閱讀：請至www.fourhourblog.com閱讀〈重新思考投資（上）〉、〈重新思考投資（下）〉）

每當你感到焦頭爛額時，請反覆問自己一個好問題：你是快崩潰了？還是快突破了？

定期重溫貧窮的生活，嘗試在一到兩週的時間，將生活開支降到最低，並且送出百分之二十你最不常穿的衣服——讓你可以想得更宏遠，對「風險」無懼（塞內加）。

匱乏心態（造成忌妒和不道德的行為）源自於對於唾手可得的事物的輕蔑（塞內加）。

一小杯肯亞AA咖啡豆煮成的黑咖啡，撒上一點肉桂粉，不加牛奶或糖。舊有的解決方式通常比新的解決方式好。

為美好的二〇〇九年揭開序幕，我想要引用我多年來的心靈導師的電子郵件：

當每個人束手無策時，我回想到一九七〇年代時，我們經歷石油危機，加油站大排長龍、限額配給、聯邦高速公路的六十公里限速、經濟蕭條、稀少的創投資本（每年只有五千萬美金投入創投公司），以及卡特總統（他上電視對全國演說時得穿著毛衣，因為他調低白宮的暖氣溫度）所稱的「病態」。就是在那個時候，兩位沒有好好念完大學的年輕人：比爾．蓋茲和史帝夫．賈伯斯，各自創辦了公司，營運蒸蒸日上。不論是在好的年代，還是在壞的年代，機會一樣到處都是。事實上，當世人都已失去希望時，機會甚至更多。

美妙的一年又即將結束，無論二〇〇九年的展望如何，我們都能期待新的一年充滿機會和振奮人心的挑戰。

各位讀者，新年快樂

如何帶著三公斤或更少的行李環遊世界

拖著五件組新秀麗行李箱走遍全球是世界級的惡夢。在歐洲的時候，為期三週的時間，我看著一位朋友拖著行李箱上上下下十幾座地鐵和飯店樓梯（我全程狂笑，尤其是他憤而將行李箱拖下樓梯，甚至是扔下去的時候）。我想要為你們省下這個崩潰時刻。遊興和你帶的廢物量（分心的因素）呈反比。

周遊三十多個國家的經驗教會我極簡打包可以稱作一門藝術。

我上星期三從哥斯大黎加回來，然後又去毛伊島停留一週。我怎麼打包的？為什麼要這樣打包？（請參考www.fourhourblog.com的影片，這支影片解釋我如何打包以下清單的物品，為什麼要打包這些物品。各項物品的連結也包括在內。）

我將我施行的打包術稱之為「在地採買術」。

如果你要打包每項可能派上用場的物品（為何不打包幾本登山書籍呢？也許我們會去登山。為何不打包雨傘呢？也許會下雨。為何不打包晚宴鞋或西裝褲呢？也許我們會去高級餐廳），最後的結果必定是需要騾子來扛的量。我學到的經驗是每次行程都預留五十美金到兩百美金的「備用品基金」，用來買我一定要用到的東西，包括礙手礙腳的雜物，像是雨傘和容易溢出的防曬乳。另外，如果你能借到的東西，千萬不要買。如果你在哥斯大黎加要去參加賞鳥行程，你不需要自己帶望遠鏡，其他人會帶的。這是我去毛伊島的行李清單。

- 一件極輕量的土撥鼠牌（Marmot Ion）外套（只有八十四克！）

- 一件超透氣的酷吧牌（Coolibar）長袖上衣，避免曬傷。這件衣服在巴拿馬救了我。
- 一件聚酯纖維衣物。聚酯纖維是輕量、防皺、快乾的布料。熱舞舞者和輕裝者最愛的布料。
- 一個肯辛頓筆記型電腦鎖，也可鎖在各式包包和物品上。
- 一隻盔甲牌（Under Armour）襪子，用來裝墨鏡。
- 兩件尼龍材質背心。
- 一條ＭＳＲ快乾微纖維毛巾，在水中的吸水量可達毛巾重量的七倍。
- 一個密保諾（Ziploc）密封袋，裝著牙刷、旅行牙刷及可拋棄式的刮鬍刀。
- 一張飛行通關卡（www.flyclear.com）[92]，這張卡讓我在機場的通關時間減少約百分之九十五。
- 兩件旅遊專家（ExOfficio）輕量內衣。這間公司的廣告標語是「六週走遍十七個國家，只要帶一件內衣」。我覺得我應該帶兩件，畢竟兩件的重量跟一包面紙差不多。輕量的另一個好處是它們比一般棉質內衣舒服。
- 兩件短褲／泳褲。
- 兩本書；《寂寞星球：夏威夷》與《創業動力》（我高度推薦《創業動力》這本書，上網查一下）。
- 一副眼罩與一對耳塞。
- 一雙珊瑚礁牌（Reef）涼鞋。最好選擇有繞過腳踝的可拆卸鬆緊帶的鞋款。
- 一台佳能PowerShot SD300數位相機及一張2GB容量的ＳＤ記憶卡。老天！我無法用言語形容我多愛這台相機。這是我買過設計最好的電子用品。我現在不只用這台相機拍照和拍影片，也拿來替代掃描機。我現在在考慮更新款、更便宜的SD 1000。

- 一頂採收咖啡用的帽子，防止我蒼白的皮膚不被曬焦。
- 一個奇瓦（Kiva）鑰匙鏈伸縮旅行袋。
- 一支護唇膏、一支美格光（Mag-Lite）輕巧手電筒及一捲運動膠帶。運動膠帶總是在緊急時刻救了我，這跟普通膠帶一樣能用於修補物品，而且也不會太刺激，可以用於包紮傷口，適合我這位喜歡弄傷自己的人。
- 一個克拉克鎖（可用於行李、置物櫃、拉鍊或任何我需要鎖上／固定的物品）。標準的迷你鎖通常太笨重，無法穿過置物櫃的鎖孔。
- 一個在無線電屋賣場（Radio Shack）買的廚房計時器。我用計時器叫我起床有四年了，使用手機鬧鐘有個最大的問題：手機通常都要一直開機，即使你用震動模式，在你還不打算醒來前，還是有人可能會打電話吵醒你。使用計時器的好處是你可以知道你睡了（或沒睡）幾個小時，你可以實驗各種時間長度的咖啡因補眠法[93]。

二〇〇七年七月十一日

極簡選擇的生活型態：六個達成高產出及低壓力的配方

我壓力好大，因為……狗狗漫畫。

某個星期六的晚上九點四十七分，我在邦諾連鎖書店裡，只剩十三分鐘找可以抵我要退換的《紐約客狗狗漫畫集》（要價二十二美金的昂貴報紙）。暢銷書區？員工推薦區？新書區？或是經典區？我已經在書架前徘徊三十分鐘了。

這項我以為只要五分鐘就能完成的荒謬差事，已經開始讓我腦袋打結，我腳步蹣跚地穿越心理學書區。有本大部頭的書在我眼前冒出，非常符合我的現況——《選擇的弔詭：為什麼多等於少》。這本史瓦茲博士在二〇〇四年出版的經典之作，我不是第一次看到或讀過，但現在似乎是重溫書中原則的時候，其中兩點是：

- 考慮越多選項，購買後的失望越大。
- 獲得更多選項，你對最終結果的滿意度越低。

這又會引發另一個難題：結果比較好，但滿意度比較低，或是結果可接受，但滿意度比較高，哪一個情況比較好呢？

例如，你寧願苦思數個月，從二十間房子中挑出最佳的投資選擇，但在五年後你賣出這間房子後，不斷懷疑自己的選擇；或是挑一間投資獲利只有最佳選擇的百分之八十的屋子（仍然有獲利），但永遠不會自我懷疑的選擇呢？

很難決定。

史瓦茲也推薦購物後不要退貨。我決定留住這本愚蠢的漫畫書。為什麼？因為這不只事關滿足感，也比較實際。

收入是源源不絕的，但是其他資源（如注意力）不是。我曾類比過注意力和貨幣，以及意力如何決定時間的價值。

例如：如果你在星期六早上檢查電子郵件時，發現一個危機，而你無法在星期一早上之前處理，你的週休假日真的是自由的嗎？

即使看一下收件夾只需要三十秒的時間，但之後四十八小時你將會為此苦惱和沙盤推演處理方式，導致這兩天的假期實際上已從你生命消失。你有時間，但卻不專注，所以你的時間沒有實際價值。

因此，在考慮過以下兩個事實後，極簡選擇的生活型態將會很有吸引力。

1. **考慮選項所需的專注力不能用在實際行動上，也讓你無法活在當下。**
2. **專注力是高生產力和享受生活的必備元素。**

因此：

太多選項＝低或是零生產力
太多選項＝低或是零享受
太多選項＝腦袋打結的感覺

該怎麼做？你可以採用以下六個基本原則或配方：

1. **為自己訂下規則，讓你的決策程序盡可能自動化**（相關例子請參考：本章結尾，我將電子郵件外包到加拿大的規定）。
2. **無法採取實際行動時，不要開始掛心問題。**

例子很簡單：如果可能會遇到無法在星期一上班前處理的問題，就不要在星期五晚上或週末檢查收件夾。

3. 不要為了避免尷尬的對話，而遲遲不做決定。

如果有熟人問你下禮拜是否想去他們家吃晚餐，如果你不想，不要回答：「我不確定，下週再跟你說。」相反地，你的回答應該婉轉而堅定：「下禮拜嗎？我記得我星期四有事，但謝謝你的邀請。你就當我不會來，不要等我確認，但如果我可以來的話，我會再通知你，好嗎？」決策完成，將這事拋到腦後吧。

4. 若非人命關天或無法轉圜的情況，學著盡快做出決定。

設定時限（我從不花二十分鐘以上的時間做選擇）、選項數（我不會考慮三個以上的選項），或是金額門檻（例如：如果成本不會超過一百美金，或是可能的損失不會超過一百美金），我會讓虛擬助理幫我做決定。

這篇貼文大部分的內容是我在龐然巨獸般的亞特蘭大機場降落之後寫的。我可以花十五分鐘的時間，從五、六項交通工具挑出能幫我省下百分之三十到四十花費的選擇，但我直接招一台計程車。我用數字說明：我全部的注意力，已僅剩百分之五十，我不想再浪費百分之十的注意力，寧願將這點注意力用於這篇文章。因為時差的關係，我大概還有八小時才會睡覺，時間還很長，但在玩了一夜又飛越美國後，幾乎沒剩多少心力了。快速下決定能夠將注意力保留在重要的事情上。

5. 若沒有必要，不要追求變化性，因而增加考慮各種選項的時間。習慣可以創造出最有

必要的創新。

以我和運動員合作的經驗為例，很明顯地，那些維持最低體脂的運動員一直不斷吃相同的食物，幾乎沒什麼變化。長達近兩年的時間，我的早餐和晚餐都是相同的慢性碳水化合物菜單[94]，我只會在我想要飽足口腹之慾的時候嘗試變化：晚餐及週六的每一餐。我也將交錯變化性和習慣的模式，複製於運動及休閒的模式上。自一九九六年以來，我遵循相同的最省時運動法，搭配偶爾的實驗，以減脂和增加肌肉量（甚至是在四週增加十五公斤的肌肉量）。然而，因為休閒的目標是享樂，而非效率，我會每週嘗試不一樣的活動，像是去舊金山的「顛峰任務」攀岩館攀岩，或是在納帕山谷騎登山車，悠遊各酒莊品酒。

不要將應該要保持固定習慣，達到成效的活動（如：運動），跟需要變化性來增加樂趣的活動搞混（如：休閒）。

6. **後悔是事後諸葛的決策模式，減少抱怨以降低後悔的次數。**

提醒你自己注意自己抱怨的次數，然後遵循簡單的方法，將抱怨次數歸於零，例如：《不抱怨的世界》作者、心靈大師鮑溫鼓吹的「二十一天零抱怨的實驗」：在手上戴一個手環，每次一抱怨，你就將手環換到另一隻手上。這個實驗的目標是二十一天不抱怨，若你脫口抱怨，就要重新計算不抱怨的日數。省思自己是否開始抱怨，有助於預防事後諸葛的思考及負面情緒，這些行為除了耗掉你的注意力外，完全無濟於事。

不要迴避做決定——做決定不是問題。觀察優秀的執行長或公司頂尖的員工，你會發現他們做了許多決定。

思考（在各種決定間猶豫不決，考量優劣利弊的過程）才是最耗心力的。思考的總時間，而非做決定的次數，決定你的注意力帳戶餘額（或負債）。

假設你遵守以上原則，長期下來，要多花百分之十的成本，但「決策流程」所耗的時間平均可以縮短百分之四十（亦即十分鐘的決策時間只縮短為只要六分鐘）。你不只能將更多時間和注意力，用在可以創造收入的活動，你還能更為享受你的生活，體驗到更多樂趣。你可以將多出的百分之十成本視為投資及「理想生活稅」的一部分，不要想成是損失。

擁抱最少選擇的生活。這個微妙且少有人使用的哲學工具，可以使產出和滿意度大幅成長，也不會讓你心力交瘁。

開始測試以上幾個原則吧，開始嘗試快速且有轉圜餘地的決策。

二〇〇八年二月六日

不辦清單：九個要停止的習慣

「不辦清單」通常比待辦清單更能提升表現。

原因很簡單：你不做的事決定你能做什麼事。

以下是創業家及員工應該努力戒除的習慣。每一點都有詳細說明。每次只需注意一項或兩項，就跟你的優先排序工作一樣。

1. **不要接聽陌生號碼的來電。**

你可以給別人驚喜，但不要讓別人給你驚喜。這只會造成工作被打斷，或是處於劣勢的談判立場。讓來電進入語音信箱，你可以考慮使用中央總機語音留言服務[95]，你可以聽來電者的語音訊息或是收到語音留言的內容的簡訊，或者使用Phonetag.com（語音留言的內容會被轉為電子郵件）。

2. **不要一大早或睡前收電子郵件。**

前者只會打亂你當天的工作安排，後者只會讓你失眠。電子郵件可以等到早上十點，你已完成至少一項重要工作之後再收。

3. **不要答應出席沒有具體的議程或結束時間的會議（電話討論也一樣）。**

如果已列出目標並擬好要討論的主題／問題的議程，明確界定預期達成的結果，沒有任何會議或電話討論會超過三十分鐘。要求對方提供預期目標及議程，讓你「充分準備，節省雙方的時間」。

4. **不要讓對方閒聊。**

接起電話時，不要問「你最近好嗎？」而是要說：「有什麼事嗎？」或是「我正在忙，但你先講一下有什麼事吧？」把事情做完的大前提之一是：切入正題。

5. **不要持續不斷檢查信件——「批次化」並在固定時間收信。**

這點我已經不厭其煩講過很多次。不要上癮般地不斷點開收件夾，專注在首要的待辦工作，而不是回覆自以為緊急的問題。設定周詳的自動回覆，每天檢查收件夾兩次或三次。

6.不要花太多時間服務低獲利、高維護成本的客戶。

成功沒有一定的法則，但試圖取悅每個人，絕對是通往失敗的不二法門。對你的客戶群做兩種八十／二十分析，第一是找出為你創造百分之八十或以上利潤的百分之二十客戶，第二是找出耗掉你百分之八十或以上時間的百分之二十客戶。分析完成後，將最愛抱怨且最沒有利潤的客戶群，歸到自動導航模式，以電子郵件通知他們公司的政策有變，分項列出新規定：來電次數限制、電子郵件回應所需時間、最低訂單量等等。如果他們不能接受新政策，建議他們向其他供應商下訂單。

7.不要加班處理堆積如山的工作，學著排定優先順序。

如果你沒有排序，每件事都會顯得十分緊急和重要。若你每日都定下一件最重要的工作，其他事情幾乎都不會顯得那麼重要。大多數時候，你只是要放手任壞事發生（晚點再回電，回電時道歉；繳交延遲費用；失去不講理的客戶等等），以做好重要的大事。處理堆積如山的工作的方式不是要弄得手忙腳亂，或是花更多時間工作，而是界定那些事可以全然改變你的事業和人生。

8.不要無時無刻隨身攜帶手機或叫個不停的智慧型手機。

每週至少放一天的無手機假。關機，或是更絕的，直接將手機留在車庫或車子裡。我至少每個星期六都會這麼做。若你上餐廳吃飯，我建議你將手機留在家裡。就算你晚一小時回電或是隔天早上回電又怎樣？有位讀者如此回覆同事的抱怨——他的同事全天候工作待命，也認為他該比照辦理——「我不是美國總統，沒人非得在晚上八點找到我不可，懂嗎？你沒辦法找到我，那又怎樣，發生了什麼事嗎？」答案是：什麼也沒發生。

9. 不要用工作替代非公務的關係或活動。

工作不是你人生的全部。你的同事不應該是你唯一的朋友。好好安排你的私人生活，並用你準備一場重要會議的態度保護它。不要告訴自己「我要在週末完成工作。」重讀帕金森定律的章節（第九七—一〇〇頁），強迫自己在有限時間內完成大量工作，免得每小時的生產力跌到谷底。保持全神貫注，將最重要的幾項工作完成，然後收工。將週末花在收發信件上，是浪費你在地球上的短暫時光。

專心將事情做好才是潮流，但只有消除不斷出現的噪音和雜務才有可能達成。如果你無法決定該做哪件事，那就專心挑出不該做的事。不同方法，相同目的。

二〇〇七年八月十六日

獲利宣言：在三個月達到（或倍增）獲利的十一條法則

獲利率達成通常需要更好的規則和效率，而非更多時間。

公司剛成立時，財務目標應該很簡單：以最短時間及最低的心力達到獲利。不是獲得更多客戶、更多營收、更多辦公室或是更多員工，而是獲利。

我訪問十多個國家的績優執行長（以每位員工產出的獲利為標準），歸納出十一條「獲利宣言」的基本法則……回歸初衷，准許挑戰非常規，以達成非常的結果：在三個月或更短的時間內，達到穩定獲利或是倍增獲利。

遇到業務繁重或獲利下降／停滯時，我都會重新省視以下原則。希望它們也對你有幫助。

1. 利基市場是新潮流——貴氣侏儒娛樂公司法則

幾年前，有位投資銀行家因為違規交易而入獄。他之所以會被抓到，部分是因為他舉行的豪華遊艇派對，通常都有侏儒表演秀。侏儒派遣公司老闆布萊克接受《華爾街雜誌》訪問時說：「有些人就是熱愛貴氣的侏儒娛樂。」利基市場是新潮流。在此告訴你一個秘密：你可以同時囊括利基市場和主流市場。iPod廣告不會主打熱舞的五十歲阿伯，而是主打時髦苗條的二、三十歲年輕人，但是每個人和每個爺爺奶奶都想要感到年輕時髦，所以他們會戴上iPod Nano，稱自己是蘋果粉絲。你在行銷時塑造的使用者形象不一定是唯一購買你產品的族群——通常是大多數人認同或希望能成為一份子的族群。目標使用者並非你主打的市場族群，沒有人想當平凡無奇的普通人，所以不要分散焦點，討好每個人，最後反而吃力不討好。

2. 重讀杜拉克——有統計的項目才會被管理。

以偏執狂的精神統計各種項目。因為管理大師杜拉克說過：有統計的項目才會被管理。除了一般的營運數字，其他有用的追蹤數字包括「每筆訂單成本」（含廣告、運費及預期收益、退費與壞帳）、廣告預算（在能損益平衡的前提下，可花在廣告上的最大預算）、媒體效率比，以及客戶終身價值預估（客戶回頭率及回訂率）。考慮將直接回應廣告指標應用在你的事業上。

3. 通路定價——預先做通路規劃

你的定價可以升級嗎？許多公司在營運初期必須直接銷售給客戶，等到要進入市場通路時，才發現他們無法負擔經銷商和通路商的費用。如果你的產品利潤是四成，而通路商要求七折批發價，那麼你永遠只能停留在直銷階段……除非你能提高定價和利潤。盡可能事先將通路費用反映於定價上，否則你就要開發新的或「特級」商品。因此，在定價前要先規劃通路。訪問其他有通路經驗者，測試你的假設及找出隱藏成本：你要支付聯合廣告的費用嗎？需要對大宗採購提供折讓嗎？需支付上架費或高曝光架位的加價費用嗎？我認識一位美國大廠的前執行長，他得將公司賣給世界前幾大的飲料製造商，才有辦法將商品放到大通路商的入口架位上。在定價前，先測試你的假設，做足功課。

4. 少即是多——限制通路數量以增加利潤

通路管道越多越好嗎？不是，毫無限制地在各個通路鋪貨，只會造成各種頭痛問題，且傷害你的利潤。通路商A降價和促銷的線上商店B競爭，削價的惡性循環會持續下去，直到雙方在此產品都無法賺到足夠的利潤，一同停止訂貨，導致你必須推出新產品，因為削價戰後，產品幾乎都無法回到原價。為了避免此情況發生，你應該考慮和一間或兩間主要通路商合作，利用獨家優勢談出更好的條件：折扣限制、預先付款、高曝光架位及行銷協助等等。從iPod、勞力士到雅絲蘭黛，這些能持續維持高利潤的品牌通常都由限定通路起家。記住，你的目標不是獲得更多客戶，而是更高利潤。

5. 零票期——創造需求 vs. 貨款票期

專注於創造末端使用者的需求，讓你取得講條件的優勢。通常只要以未售出版面折扣價的價格，買下商家雜誌廣告，你就可以獲得優勢。除了科學和法律的領域，大多數「規則」都只是常規。因為你所在產業的每間廠商都容許貨款票期，不代表你就該這做。提供長票期是導致創業失敗的常見原因。向通路商道歉，說明你剛創業，資金拮据，需要先付款，引用「公司政策」也是很有用的理由，不要破例。不然，三十天的票期變成六十天，然後再變成一百二十天。對剛開始營運的公司來說，時間是最昂貴的資產，追繳逾期貨款的時間會導致你沒時間創造更多營收。如果客戶詢問起你的產品，經銷商和通路商都得訂購你的產品。答案很簡單：將資金和時間用於策略行銷及公關，得到更多籌碼。

6. 重複曝光通常是不必要的——好的廣告第一次就會見效。

採用可以追蹤的直接回應式廣告（網站點擊率或專線來電率），這類廣告能從數據看到效果。不要只用影像式的廣告，除非可以用預購優惠降低成本（例如：「只要你預購二百八十八個單位，我們會在某某刊物的全頁廣告特別主打你的店面／網址／電話……」）不要聽信廣告業務的說法——只有在三次、七次或二十七次曝光後，客戶才會上門。設計良好且訴求正確的廣告只要刊登一次就會出現效果。如果廣告效果是正負參半（如回應率高，但購買率低，或是低回應率，但購買率高等等），代表你可能只要做一點小改變，就能創造強勁的投資報酬率，你可以改變一個控制變項，再做一次小規模的實驗。取消任何無法用可追蹤的投資報酬率證明其價值的廣告。

7. 花小錢賺大錢——犧牲利潤以求安全

除非你的產品和行銷都已經過測試，可以不用變更就能上市，不然不要大量製造產品，增加利潤。在初期的測試階段，小量生產原型產品的單位成本為十美金，而售價為十一美金，這樣的成本結構是可接受的，也是為了限制風險。若有需要，在測試階段可暫時犧牲利潤，避免可能導致過度生產的致命性錯誤。

8. 後發制人——讓對方自己砍價

在採購時千萬不要先出價。聽到對方的首次出價後，表現出驚訝的樣子（「三千啊！」然後沉默不語，覺得不安的業務員會試圖中斷沉默，立即降價），讓對方自己砍價（「這真的是最低價嗎？」至少可讓業務員再降價一次），接著再「下殺」。如果業務員自己砍到兩千美金，但你只想付一千五百美金，你就出一千兩百五十美金，他們可能會回約一千七百五十美金的價格，你可以回答：「這樣吧——我們找個中間點，趕快收工。我會用聯邦快遞寄給你支票，明天送到。」最後的結果呢？就是你想要的價格：一千五百美金。

9. 過動 vs. 生產力——八十／二十法則與帕列托法則

忙個不停並不等於高生產力。拋開創業家引以為傲的工作狂倫理——用頭腦分析。八十／二十法則又稱為帕列托法則，指的是你百分之八十的預期成果，來自於你百分之二十的活動或產出。每週一次停下來，別忙著救火，用一個下午看看數據，確定你自己將心力貢獻於高收益的領域：哪些百分之二十的客戶／產品／區域創造出百分之八十的利潤？它們能創造高利潤的原因為何？投資幾個強項，複製成功模式，不要浪費時間補救你所有的缺點。

10. 客戶不總是對的——「開除」需高維護成本的客戶

客戶大不同。將八十／二十法則用於時間分配上：哪百分之二十的人消耗掉你百分之八十的時間？將高維護成本、低獲利的客戶歸到自動導航模式：處理訂單，但不向他們推銷，不連繫，然後「開除」高維護成本、低獲利的客戶，通知他們因為公司業務變革，公司擬定新的政策：聯繫的頻率和方式、標準化定價及下單流程等等，並說明若公司新政策無法滿足他們的需求，你很樂意介紹其他供應商。「但如果我的最大客戶耗掉我所有時間呢？」記住（1）如果你沒有時間，公司無法升級（通常也適用於人生），永遠侷限於這個客戶上；（2）只要你一再忍受，所有人（即使是好人）都會無意地浪費你的時間。設定好規定，將雙方無意義的溝通往返降到最低。

11. **截止期限比追求完美更重要——先測試可靠度，再測試能力**

技術的重要性被高估了。產品完美、但逾期交貨，跟品質普通、但準時交貨相比，前者更容易倒閉。在雇人之前，不要只看他們炫麗的作品集，還要測試他們在短時間內準時交件的能力。只要你有現金流，你都還可以再改善產品，小缺點還能包容，但逾期交貨的後果通常是致命的。前美國總統凱文．柯立芝曾說：世上最常見的非有才華的失敗者莫屬，我想補充：第二常見的是聰明人以為他們的高智商或履歷，代表他們有逾期的豁免權。

二〇〇八年六月二十四日

聖杯：如何外包收件夾，再也不用檢查信件

你能想像再也不用檢查信件的生活嗎？

如果你能雇人花無數個小時檢查你的收件夾，不用自己來呢？

這不是幻想。過去十二個月，我嘗試訓練其他人取代我，以我的方式回信。不是模仿我，而是以我的思維思考。

原因如下：我每天從各個帳戶，收到一千多封電子郵件[96]。我沒有像以前一樣每天花六到八小時讀信，而是每隔好幾天或好幾週才檢查一次……總共只需晚上四到十分鐘的時間。

我先解釋基本原則，再提供外包收件夾的訣竅及使用的範本。

1.我有多個電子信箱帳號，每個帳號都有專用用途（部落格讀者vs.媒體vs.朋友／家人等等）.tim@……這是我給初識者的預設帳號，由我的助理收信。

2.百分之九十九的電子郵件都可歸類至預先設好的詢問項目，可以制式的問與答內容回應（我的「規則」檔案請見文末，隨你剽竊、改動和使用）。我的助理會在太平洋標準時間的早上十一點和下午三點處理信件，清空收件夾。

3.對於需要我指示如何處理的百分之一郵件，我每天會在太平洋標準時間下午四點打電話給我的助理。

4.如果我正在忙或是在國外旅遊，我的助理會將待辦事項條列，留言在我的語音信箱，我也會條列方式，用電子郵件回覆。我其實比較偏好語音留言，因為我發現這可以強迫我的助理預先準備，留言更為精簡。

每天晚上（或是隔天一大早），我會聽取助理的留在Skype語音信箱的留言，同時用Skype留言或電子郵件寫下指示（1.鮑伯：告訴他……2.秘魯的荷西：跟他要……3.在北卡羅納州演講：確認……等等）。這套新流程需要多少時間？只要四到十分鐘，我不用再花六到八小時分類郵件，不斷回覆相同答案。

如果你只有一個電子郵件帳號，我建議你使用收件軟體，像是Outlook或Mail，不要用Gmail之類的網路信箱，原因很簡單：如果你看到收件夾有新信，你會點開來看。如同匿名戒酒團體的格言：如果不想滑倒，就不要去濕滑的地方。這是為什麼我有個私人的帳號，用來寄信給我的助理及和我的朋友聯絡。這個信箱幾乎是空的。

電子郵件是大家最不願意授權給他人的工作。我認識的各行業頂尖人士，包括財星五百大的執行長、暢銷書作家、名人，他們願意授權各項工作，就是不願意授權電子郵件的收發，因為他們認為只有他們自己能夠檢查信箱。「沒人可以幫我收發我的信件」的預設撼不可動，或是堅不可移的自豪——「我親自回覆我收到的每封信」，就是這類心態讓他們坐在電腦前八到十二小時。這一點都不有趣，而且會讓他們無法做更有影響力或報酬更高的活動。

想通這個道理吧，就算我不得不認清這個事實。收發信件不是只有你會的獨特技能。

事實上，收發信件跟其他工作都一樣：一個程序。你評估和處理（刪除 vs. 封存 vs. 轉寄 vs. 回覆）電子郵件的過程，只是一連串你問自己的問題，無論是有意識的，還是無意識的。我有份稱之為「費里斯規則」的文件，如果我寄送一份備註檔案給我的助理，郵件主旨是「加入規則內」，我的助理就會擴充這份文件。跟一位虛擬助理相處一到兩週後，你就會歸納出一套白紙黑字的規則，說明你的腦袋如何處理電子郵件。通常這些規則會顯示出你的流程有多麼隨興。我將「規則」列於下方，節省你時間。

幾個訣竅：

1.安排會面和會議需要許多時間。請你的助理用Google日曆紀錄你的行程。我將行成輸入Palm Z22個人數位助理（PDA）或是iCal，然後使用Spanning Sync和Missing Sync同步Palm OS及其他裝置。我在旅行時都會帶著超輕量Sony VAIO筆記型電腦，使用能同步各種日曆和郵件網站的CompanionLink，來登入Google日曆。我建議將會議或電話集中在一或兩日，每個行程之間相隔十五分鐘（二〇〇九年更新：我已經淘汰Palm Z22，現在使用十三吋的MacBook筆電及BusySync應用程式同步化iCal及Google日曆）。

2.如果你登入助理的信箱，回覆郵件，記得要密件副本給助理，讓他們知道你已經處理過。

3.預期可能的小問題。人生充滿各種妥協，如果你想要成就大事，就要放手讓小差錯發生。這是無可避免的。你只能二擇一：防堵各種問題，但一事無成，或是接受一定程度的小差錯，專注在大事上。

你已經準備好測試聖杯了嗎？請看以下步驟。

1.決定你要使用哪個電子郵件帳戶，你希望的回覆方式（或是只要分類或刪除信件）。

2.找一位虛擬助理。

3.助理的可靠度比技術還重要，先測試其可靠度。請前三位首要人選在短時間內（二十四小時以內）完成一項工作，再雇用他們，讓他們進入你的收件夾。

4.設定二到四週的試用期，測試助理的能力及解決問題。再次提醒：問題是難免的。新人大約要花上三到八週的時間才會上手。

5.界定你理想的生活風格，找其他事情作，腦袋不要都在想你的收件夾。填滿你空出的時間。

費里斯規則[97]

問與答格式注意事項——有些問題是我提供虛擬助理的標準問題，有些是助理加上的問題，他負責彙整這份文件。

密碼

Google 日曆 http://calendar.google.com 登入：XXX 密碼：XXX	www.SpamArrest.com 使用者名稱：XXXX 密碼：XXXX
Google 信箱 http://mail.google.com 使用者名稱：XXXX 密碼：XXXX	www.Amazon.com 使用者名稱：XXXX 密碼：XXXX

www.NoCostConference.com
使用者名稱：XXXX
密碼：XXXX

www.PayPal.com
使用者名稱：XXXX
密碼：XXXX

讀者獨享資源
http://fourhourworkweek.com/wms/members/members/php>>
登入讀者獨享資源頁的密碼是：XXXX

團隊工作

我通常會指定高階助理管理四到五名負責例行公事的基層虛擬助理，基層助理的薪資大概是高階虛擬助理的一半。高階虛擬助理擔任的是行政經理的角色，在某些情況，甚至是營運執行長的角色。

- 下載：www.alexa.com的網頁流量分析工具列。
- 學習統計、排列潛在商機及合資機會。
- 截止期限極為重要。要時時注意，而且準時交件。
- 如果提姆說：「打給我」，就一定要打給他，不要寄電子郵件。這點很重要，因為提姆時常出外旅遊，不一定能讀電子郵件。
- 即使時間很晚了，他還是醒著。如果他不想接你的電話，他就不會接。但當天要你打電話時，務必要回電給他。他比較偏好講電話，不喜歡看電子郵件。

- 購買且閱讀《英文寫作指南》，學習正確的文法和標點符號。我們代表提姆和重要的客戶打交道，正確的寫作技巧和留言，反映出提姆的團隊素質。
- 熟讀他的書和網站，根據其內容回答問題。

聯絡資訊

提姆・費里斯

〔通訊地址〕

提姆的手機（限你專用）：〔私人手機號碼〕

給別人的號碼：〔GrandCentral語言留言服務的號碼〕

Skype：XXXXX

帳單地址（私人）：〔帳單地址〕

採購

詢問〔高階助理〕提姆的美國運通號碼。她會告訴你是否可採購這筆項目。

問與答（偏好）

1. 你對合資企業的看法為何？

我可以接受，但我的品牌和信譽是最重要的。我不會和不誠實或業餘的人合作。若對方的網站上有這類文字：「參與這個獲利驚人的法拍屋投資計畫，你睡覺時錢都會滾進來！」一定出局。我不能跟可能是騙子或江湖郎中的人來往。你只要自問：如果一間知名公司的執行長得知此情形，他會對我失去興趣嗎？如果答案為肯定的，就不要合作。

對於符合資格的人，我要知道他們的經歷。一般而言，我不會找新手合作，除非對方在其他領域有絕佳的紀錄和聲望。

2.你只做營利的工作嗎？

沒有，我也會尋求能帶來聲譽（哈佛、政府單位等等）、高曝光率，以及與擁有某些世界頂尖技能的人才認識的機會。

3.你怎麼處理垃圾信件？

我使用SpamArrest垃圾防堵服務及Gmail，我現在沒有垃圾信件的問題。

4.你的最佳回應率（收到電子郵件後，在四十八到七十二小時內回應）為何？

當天回覆。我會教你如何快速回覆。

5.所有郵件你都會回覆嗎？

會的。但我希望你先過濾郵件，盡可能自行回覆，然後在希望我看過的郵件上，以Gmail的標籤標記「提姆」（注意，我在前文要虛擬助理用語音留言，告知我待辦事項）。

6.你會將活動放Google日曆上嗎？

會，但我期待之後能逐步移交給你負責。

7.我們要「管理」你的工作，或是你授權給我們處理？兩者我們都能接受，但我們比較偏好管理。:-)

我會給你工作項目清單。我需要你確認是否收到指示（「收到，會在X p.m.完成」就夠了），如果是需要分成多階段完成的大型計畫，我希望你定期回報進度。

8.你的團隊包括哪些成員？

現在包括我、出版團隊及幾位公關人員。我之後可能會讓你參與我的其他業務，但現在這樣就夠了。

9.助理要和哪些人定期合作？

請見上題。百分之九十是我，其他可能的對象有我的公關、技術人員、網頁人員及我的出版經紀人。我打包票以後還會有更多人，但現在的名單就這些。

10.誰幫你做決定？

一百美金以下的金額你可以運用你的判斷力自行決定，並向我回報。

11.你有休息日（沒有任何公務會面）嗎？

先嘗試週五不排會面，但我們還是見機行事。〔更新：我現在只有在週一和週五排公務會面。〕

12.在這之前，誰負責處理你的公務會面？

我。我將近四年沒有任何面對面的會面，但本書出版改變了這一點:-)

13.向我們解釋你的「最佳」工作行程規劃（電話訪問之間的間隔、一週排多少會議、旅遊喜好等等）？

● 我是夜貓子，所以盡可能不要在太平洋標準時間的早上十點前打給我。

● 嘗試將所有電話訪問和會面「壓縮」在一起，讓我可以一次處理完，不要早上十點排一場，下午一點一場，然後下一場要等到四點。將所有會面連成一串，上下場次間隔十五到二十分鐘。我偏好在太平洋標準時間下午一點前做電話訪談（早上十點到下午一點）。每通電話的長度控制在十五到三十分鐘，永遠都要明確告知結束時間。如果有人想要跟我「熱線」，請寄給他們以下文字：「為了善用雙方的時間，提姆希望在通話之前，能有清楚的議程及目標。您能寄一份條列式清單，說明您要在電話中討論和決議的主題嗎？」意思大概是這樣。

14. 除了公務行程外，你希望我們幫你安排私人事務嗎（例如：在母親節幫你訂一束花給媽媽）？

當然。

15. 我們要幫你代回的電子郵件有哪些？

請見前文。

16. 你希望我們用你的署名回覆，或是用「提姆．費里斯客服人員」之類的署名回覆？

後者，最好在你的名稱之後加上「提姆．費里斯的執行助理」的頭銜，若你有其他提議，也歡迎提出。

17. 你希望一天檢查電子信箱幾次？

剛開始，一天兩次應該就可以了，先設定你所在時區的上午十一點和下午三點檢查信箱。

18.你的工作時間為？

太平洋標準時間的早上十點到下午六點，通常在晚上十一點和早上兩點之間也會工作〔在你大吼「不是一週工作四小時嗎？」之前，請注意這裡的工作時間可以替換為「活躍且可講電話的時間」。我手上有很多計畫，且不提倡閒閒無事。我非常活躍。本貼文在www.fourhourblog.com的第六個評論有更深入的說明，或是重讀本書〈填滿空虛〉的章節〕。

19.你喜歡使用即時通訊軟體嗎？

不是很喜歡，除非是已預先約好的會談。你可以停留在線上，如果我需要交辦任何事，我就會上線〔我通常使用Skype，因為訊息有加密且我可以避免使用另一個即時通訊軟體〕。

20.若要問你簡單的問題，你偏好使用電話或電子郵件？

當然是電話。有急事時，千萬不要用電子郵件聯絡我。我恪守自己的建議，不常檢查我的信箱。

21.你最喜歡什麼顏色？

像七月杉樹葉一般的綠。

22.如果需要提姆回應收到的電子郵件，在下班前打給提姆。

23.電子書：告訴對方他們可以在www.powells.com下載電子書。

24.將所有來自Expert Click專家評論網站的電子郵件標記給提姆讀取，不用回應或轉寄。

25.在提姆收到Linked-in職業社群網站的邀請信，並登入Linked-in後，可以將這些Linked-in信件封存或刪除。

26.關於健康營養補充品產業的創業問題（或是迅思創業相關的問題），請參考Gmail內的範本集，標題為：「祝賀詞及一般業務諮詢——迅思範本」。

27.語言相關的詢問，請參考Gmail內的範本集，標題為：「讀者詢問語言學習資源的問題——語言範本」。

28.如果提姆在回應他的電子郵件時，打了「轉述」這一詞，代表我們可以對收信者說：因為提姆正在旅行，無法親自回應你的郵件，我在跟他通電話時，他請我轉述。這可以簡化流程，因為我們不需要改變回應者的對話脈絡。

〔這是為了避免助理將我用第一人稱做的回答：「請告訴他我……」轉為第三人稱「提姆說他……」，直接「剪下和貼上」可以節省助理好幾小時的時間。〕

29.如果有人的電子郵件寄發給一堆人，而我是收件者之一，通常可以直接忽略或刪除。當然，你要仔細讀過，但如果內文出現這類文字，像是「我認識的幾位有影響力人士」或是其他類似句子，讀起來就像某人不願花時間特別指名我，別理他們。當然，提姆的私人信箱有出現在副本內，那就另當別論。

30.提姆的電子郵件信箱是……這個信箱不得公開或提供給任何人。如果你想要寄副本給提姆，請使用密件副本，保護我的信箱不外洩。

31.將普林斯頓大學師生的信件標記給我（提姆標籤）。〔注意：因為符合條件的信件太多，我已經改變規則。」

32.如果你拒絕某人後，他們還是不放棄，你可以再回覆：「提姆很欣賞你的堅持，但他真的無法……」之類的答案，然後將未來的請求封存。這是一般通則，當然，你可以自行判斷。有些人不知道努力不懈哪時會變成死纏爛打。

33.針對我寄給你，要你放入Google日曆的行程，請建立一個規則，在放入日曆後，請回應「已排入行程」。行程若未放入日曆可能會造成大問題，所以這是檢查和確認的步驟。

34.如果提姆沒有特別要求，或是對方沒對我們提出任何請求，在電話會談後，不需要跟對方追蹤後續。

35.將所有演講邀請寄給某某某，並務必確保他有回覆收到（另外也請參考第三十八和三十九條）。

36.外語版權的詢問（如購買權，或是本書是否已翻譯為某個語言等等）請轉寄給〔我的出版社的負責人員〕。

37.接藍燈書屋某某職位的人是某某某。

38.在接任何演講活動前，請先向提姆詢問、確認日期，他有可能已安排旅行。

39.在日曆上登記演講或訪談活動時，請記得詢問對方想討論的主題，再填寫於Google日曆的活動說明欄位內，好讓提姆可以事先準備。另外，也要向提姆索取備用的電話號碼，以免對方無法找到他。〔除非我在國外，不然我都請對方打電話給我，這也是防止我忘記邀約的保護措施之一。〕

項行程。

40. 在Google日曆的行程主旨上放上你的姓名縮寫，好讓我們知道是哪位虛擬助理填入這項行程。

41. 將演講或訪談邀約寄給提姆審核前，先準備好相關資料，包括：取得其網站的流量排行、可能的活動日期、對方以往舉辦活動的連結、他們的預算，以及其他已同意出席的演講者。然後將這些資料寄給提姆參考。

42. 若收到PX速讀法的詢問，請如此回答：

〔姓名〕，您好，

感謝您對於PX速讀法的興趣，然而，PX速讀法的頁面只是給別人測試其產品概念的範本。我們不確定提姆是否願意，或者何時會販售PX速讀法，但現在沒有販售的計畫。我們仍相當感謝您的來信。

〔很多讀者沒看到PX速讀法範例網站的免責聲明，仍嘗試訂購還未生產的產品。這種信我收到不少。〕

43. 下載eFax電子傳真軟體，收提姆的傳真。他的傳真號碼是……

44. 你可以這樣回應活動或演講的邀約：

感謝您的來信及對提姆的邀請。我在網路上查詢此活動後，發現該活動的舉辦日期為：

二〇一四年四月十五日及十六日在奧瑞岡州波特蘭市（只是舉例）。在我將這個邀約轉發給提姆之前，您可以先回答幾個問題，以讓我們的決定更為周詳嗎？

- 你希望提姆全程參與此活動嗎？
- 專題演講的時間有多長？或是會以提問的方式舉行？
- 除了演講費以外，你還會提供車馬費及住宿費嗎？
- 你的專題演講的預算多高？
- 是否已有其他演講者同意出席？

在我接到您的回覆後，我會跟提姆討論出席的可能性，再次感謝您的邀約。

〔姓名〕敬上

這份電子郵件屬於：□可公開於部落格　□事先請示　□私人

〔姓名〕
《一週工作4小時》作者提摩西．費里斯的執行助理
（www.fourhourworkweek.com）
（藍燈書屋／王冠出版公司）
官網：www.fourhourworkweek.com/blog
二〇〇八年一月二十一日

轉職爲遠距兼職人員的提議

這是讀者奧圖．布魯克邁爾向公司申請遠距工作的提議，內容皆屬實，最後他成功地搬到阿根廷，同時保留他的工作，而且將工作時數削減為每週五到十小時。

奧圖．布魯克邁爾／二〇〇八年七月

背景

為〔公司名稱〕工作兩年多後，我對於公司的同事和業務培養出極高的忠誠度。我相信在我擔任行銷企劃一職時，為本公司貢獻不少。我以創意及成本低廉的解決方案，改變我們製造和銷售節慶卡片的方式，我舉辦一場比賽，吸引更多可用於行銷和出版的照片。我想要提議繼續為〔公司名稱〕執行以下工作，但轉為遠距及兼職工作。我計畫在二〇〇八年九月搬到阿根廷，住六到十二個月。我的目標是進修西班牙語，生活在異文化及全然陌生的環境，以讓我更容易接受新的思維方式。

我很樂意討論可讓此提議成真的不同方案。如果〔公司名稱〕願意斟酌，我有幾個提議方案。我們可以測試此安排幾個月，看看合不合適，我想這應該是最好的做法。

職責一：圖像設計及平面廣告企劃

責任：規劃平面印刷品的進度，和不同專案團隊合作完成。

目標：如期完成平面印刷品。

責任：與專案經理和外聘的圖像藝術家／設計師合作完成設計專案。

目標：平面印刷品的設計適合目標觀眾，正中紅心且有吸引力。平面印刷品具有專業品質，並在規劃進度時間完成。

責任：保持和印刷廠的關係，將製作專案平面印刷品的成本和時間，在不影響品質的前提下降到最低。

目標：平面印刷品在預算內印製完成，除非行銷主任核准超支金額。

遠距兼職的辦公方式：我會使用電子郵件和網頁同步分享服務ConceptShare，持續在遠距統籌這些設計專案。我現在也是遠距和印刷廠及設計師合作，因此我不需要實際出面處理雙方之間的聯繫。至於專案主任和行銷團隊的會議，我會使用免費的影音會議服務Skype參與。我們通常會開會一或兩次，討論行銷文宣的變動，其餘的設計工作則用電子郵件和ConceptShare完成。

職責二：特別行銷專案經理

責任：蒐集及更新合適的行銷影像資料庫

目標：準備及取得行銷文宣及網站所需的圖像

遠距兼職的辦公方式：我可以在網路資料庫（如iStockphoto.com）搜尋影像，遠距完成此項工作。如果研討會攝影競賽的實驗進行順利的話，我可以使用Aptify協同作業商務軟體、電子郵件和Skype，管理這個流程。

責任：發掘及執行新可能性，以充分運用行銷文宣。

目標：研究概念的可行性及效果。

負責公司挑選的設計專案，在預算和時間限制內交件。

遠距兼職的辦公方式：我會使用電子郵件和Skype溝通新點子和機會，將行銷文宣的效用發揮到最大。我最近提議，在寄發秋季文宣時，郵寄一張本公司所有專案的期限給最近參與研討會的結業生。這樣學生可記住所有專案的截止期限，也可能增加有意加入此研討會的申請者。

職責三：網路行銷企劃

責任：進行線上廣告，追蹤成果。

目標：降低線上廣告的成本。依公司要求，向行銷主任報告網路行銷的成效。

遠距兼職的辦公方式：我很熟悉線上廣告的運作方式，可以繼續遠距協助這方面的業務。透過臉書廣告、Google關鍵字廣告、部落格廣告，以及助理凱莉在蒐集和輸入資料的協助。我有運用臉書和Google關鍵字廣告的經驗，且曾為部落格廣告設計過圖像。在海外刊登管理新廣告不難。

責任：蒐集合適的網頁照片，並定期更新。

目標：提供精美且定期更新的照片，用於專案及行銷上。

遠距兼職的辦公方式：使用上文提到的圖片素材資料庫，我一樣可以在網路資料庫蒐集資料（如iStockphoto.com），遠距完成此工作。當我人在國外時，研討會攝影競賽也可以作為蒐集圖像的管道之一。

為了更有效率地追蹤本公司製作平面文宣的成本，我認為〔公司名稱〕會發現將此工作改為兼職的好處。我很喜歡在〔公司名稱〕工作，希望能在異地繼續為公司工作。感謝您考慮我的提案。

文中提到的軟體和程式說明：

- ConceptShare：www.conceptshare.com。ConceptShare讓你在線上建立安全的工作空間，分享你的設計、文件和影片，邀請他人觀看、評論及相關建議，不限時間地點，不用開會。〔公司名稱〕已經使用此網站幾個月，測試其可行性，而且也在阿根廷的數台電腦測試過了（感謝我妹妹在造訪阿根廷時為我測試）。
- Skype：www.skype.com。Skype是免費軟體，讓你可以透過網路免費聊天。你也可以用Skype撥打一般電話，打國際電話的費率相當低廉，每分鐘只要〇・四美分。Skype也有視訊通話與多方會議通話的功能。你僅需線上下載Skype軟體（免費）並為每台電腦購買附麥克風的耳機（十美金）及網路攝影機（預算依需求而定）。我已經和我妹妹測試過此軟體，在阿根廷的她及在美國的我都可以順利使用。
- iStockphoto：www.istockphoto.com。iStockphoto是提供免授權費的影像及圖像設

計素材的網站。這是我為〔公司名稱〕尋找照片時使用的眾多網站之一。我們已經採用幾張來自此網站的圖片，用於設計我們的行銷文宣。

研討會攝影競賽：這個競賽是我提議的點子，並和凱莉一起籌劃。這個競賽也是個實驗，用於蒐集更多可用於我們的行銷及出版工作的相關照片。因為我們發現親自拍各類照片素材，他人似乎覺得有點侵略性，所以我們嘗試新方法，以取得符合需求的照片。所有參與二〇〇八年夏季研討會的學員，都可以繳交他們在研討會期間拍攝的照片，每張中選的照片都能換得五美金的亞馬遜網站禮券。

【註釋】

92. 這間公司在二〇〇九年六月申請破產保護。
93. 人體攝取咖啡因後，約需三十分鐘，咖啡因才會作用，因此在喝完咖啡後立即補眠十幾分鐘不會影響睡眠品質，在睡醒後又能更為清醒。
94. 關於早餐的內容，請在www.fourhourblog.com搜尋「慢性碳水化合物」（slow-carb），或是用Google搜尋「慢性碳水化合物」和「費里斯」(Ferriss)。
95. 中央總機已被Google收購，併入Google Voice。
96. 我在寫這篇文章時，數量已減少到一週兩千封到三千封，謝天謝地。
97. 這份文件的內容可在部落格找到，你可以去部落格複製這些規定，自行使用。

一週工作四小時的生活

案例研究、訣竅和秘方

搖滾明星的生活禪和藝術

提姆，你好：

故事是這樣的，我是住在德國慕尼黑的音樂家。我創立了我的獨立廠牌，經營得很辛苦。除了辛苦經營我的音樂事業外，我越來越找不到靈感，靈感慢慢枯竭（發生好幾次）。雖然在音樂產業存活仍很困難，但我現在發現要做自己想做的事一點也不難。所以這就是我現在做的事：只做我想做的事，包括恪盡父職、製作音樂、作曲、處理業務、旅遊、學習語言（主要是義大利文）、騎單車等等。我怎麼達到的，待我一一道來。

1. 我花了兩個月的時間（二〇〇八年九月到十月）詳讀《一週工作4小時》的每個步驟，並閱讀你的部落格，重新規劃我的人生（嘔心瀝血的規劃成果）。

2. 我開始外包最讓我困擾的工作（因為很困擾，所以在我的待辦清單停留最久）。我外包了：

- 研究，大部分都跟音樂產業相關（外包研究省下我一天二到三小時的時間）。
- 網站維護（像是臉書和Myspace之類的社群網站）。在二〇〇九年，我計畫在這些網站進行大多數的行銷活動，我在超過二十五個網站登錄我的藝術家身分。
- 我的虛擬助理（getfriday.com——你書中推薦的網站）每週更新及檢查這些網站的貼文，蒐集電子郵件和意見，將過濾後的訊息製作成一份報告寄給我，包括我需要回應的一些內容（一天省下一到兩小時的時間）。
- 雇用線上外包人員幫我修提供給媒體的照片（省下五小時的工作時間及五百美金）。
- 管理寄發表演日期、相簿更新等資訊的郵寄清單（省下每次郵寄所需的一小時時間）。
- 我開始測試我的繆思（在網路販售用音樂學語言的產品）。產品仍在測試中！
- 我決定開一間服務電影公司的線上版權公司，他們只要點一下滑鼠，就能購買電影配樂的版權，不用花數個月的時間談版權契約。預計在二〇〇九年上線（即將開始測試）。

一般人都對於我外包部分的雜務工作，活得像個百萬富翁（我覺得我們很像百萬富翁，但論財富還差很遠），感到非常意外和神奇，因為我看起來不像企業家，比較像是退休的龐克音樂家，哈哈。

我第一位外包助理首次交出讓我滿意的成果後，我就知道我可以實現這種生活。我在線上外包工作網刊登工作，一天後就收到成果。我幾乎是手足舞蹈，高唱：「這就是我要的生活！」

我的生活最大改變是：我可以好好規劃我的生活。

我上半天的時間照顧我的稚女（二十個月大，下半天由我太太照顧），其餘時間處理生意及做我想做的事。若論收入，我跟之前差不多，但我有更多空閒時間，思路更清晰（所以，我猜我更富足了）。

我可以在任何地方工作（沒有老闆），每週工作二十四到三十小時（包括辦公時間及在音樂工作室的時間），而且我現在只做我喜歡做的事。我還在逐步最佳化我的辦公效率，以減少辦公時間（現在大約一週十小時）。我的夢想是關掉我的辦公室，改為無紙化，用筆記型電腦取代我的辦公室。

我剔除所有會讓我鬱悶或疲憊的工作（每週省下約十小時的工時），我只接我真正喜歡的工作（音樂創作／製作），將愛抱怨和愛罵人的傢伙列為拒絕往來戶（拯救我的心情）。

我剛開闢了我的部落格——「搖滾明星的生活禪和藝術」（juergenreitor.com），分享我對人生所做的改變（主要是幫助音樂人找到光明）。

我錄製了我的音樂專輯，而且所有歌詞都是我填的，這是我人生首次的創舉！今年春天，這張專輯就會由我的自有廠牌「歐坎音樂藝術製作」。

我今年將展開迷你退休生活，在紐約度假六週，五月時將在西西里學兩週的義大利文。我會在九月回到西西里，單車旅遊二到三週。現在正在計畫冬天度假的地點，還在考慮去墨西哥、中美洲或澳洲。

我學會在三十分鐘內用傳統刮鬍刀刮鬍子，完成我多年來的心願。刮鬍子現在對我來說是相當刺激的儀式，好玩極了！我在四月將會參加給專業咖啡愛好者的進階課程（我是咖啡癮君子！），成為「咖啡大師」。我幫助妻子辭掉教職，完成她在德國慕尼黑開咖啡店的夢想，店名叫「薇拉夫人」，在二〇〇八年十月開幕。生意很好！（www.frauviola.wordpress.com）

你算得出這一切的價值嗎？我想用不著我多解釋了吧！

《一週工作4小時》的處世觀讓我可以安心地專心和女兒玩耍，享受我的「自由時間」，不用害怕錯過什麼好機會，或是浪費我的人生。整體而言，我推估以上這些改變讓我的生產力至少增加百分之七十，對自己的懷疑減少百分之八十。

給剛起步者的建議：

1.從小處著手，放眼大目標。2.列出讓你開心及讓你厭倦的事。3.剔除後者，專注在讓你開心的事。4.堅持做讓你開心的事，無論別人怎麼說。這是你的人生，用你覺得適合的方式去過活。5.當然，要熟讀《一週工作4小時》！

尤肯・瑞特

徵求喜愛藝術的人

我爸爸帶著一家人從墨西哥移民到美國，從小看著他當清潔工，辛苦賣命工作二十年。

在二〇〇七年四月，在連續數週出差，遠離家人和我愛的人，我單獨在旅館房間檢視我的人生，才發現三十三歲的我，也循著同樣的路工作到死，放棄我畢生的音樂和劇場之夢。

人生沒有偶然，當晚我收到老友推薦《一週工作4小時》的電子郵件。我在幾小時內狼吞虎嚥地讀完這本書，立即開始執行本書的關鍵原則。當我告訴他人這本書，以及我的計畫，每個人都說我瘋了。我將大部分的精力用在訂下我的夢想時間表、排除旁騖及自由逍遙。由於我為別人工作，我希望先以遠距工作的方式，達到自由逍遙的目標。雖然被拒絕過幾次，我仍然堅持不懈（學習協商的重要一課），終於獲得遠距工作的許可。這改變了一切。我從每天工作九小時以上，還要每週出差，削減到每週工作四小時及每月出差一週，我還獲得一萬美金的加薪，並且交出兩倍的生產力，跟我之前低落的生產力相比，是一大進步。

因此，我可以跟我原本遠距交往的女朋友一起住在西雅圖（我的家鄉）。我將多出來的時間用於實現我的音樂夢（我參加合唱團，創作民謠搖滾音樂）、戲劇夢（我將在這週末，在我獨力改編的戲劇演出）及認真健身。我現在在為第二場全程馬拉松做訓練。

我大多數的朋友都不敢相信我竟然可以將大多數的時機用於實現我的藝術夢，同時還能以一週工作四小時的工作時數，賺到全職薪水。最棒的是我能心領神會自由的意義。現實是可以協調改變的，而現在我的現實人生是我可以花上無數小時陪伴我的父親，他等了二十年，在退休後才享受到自由，而我在讀了《一週工作4小時》後，不到兩年的時間就享受到這樣的自由。

身為移民，我想要傳佈這個訊息，在二十一世紀，要在美國成功，我們不應該認真工作，而是要追隨《一週工作4小時》的原則，以更聰明的方式工作，實現新的美國夢精髓：享受人生最珍貴資源的自由……我們在地球上的時光。

貝倫

攝影圓夢

提姆，你好：

我想要告訴你，你的書《一週工作4小時》是我今年最大的啟發及改變人生的寶庫！我在十一月買了你的書。在這之前，我不知道什麼是「自動化工作流程」。我雇用一位兼職人員，但她的工作反而給我製造更多工作。我有時候得工作到凌晨三點鐘，一早七點起床。我很想旅遊，但現實似乎不太可能。我沒有時間或金錢。

有一天，我正在聽你的有聲書。我已經聽了很多章節，有時候會重複聽。我在跑步，突然停了下來，因為我聽到有人在網路上賣音樂檔案的案例研究。

我是攝影師，主要拍攝婚禮。我開始在想該如何在網路上販售數位影像。最後，我想出成立家庭攝影公司的絕佳點子。我立即開始動手，用我的iPhone在網路上保留一個網站空間。

兩個月後，我架設好網站，跟美國數千位攝影師聯繫，開始第一筆買賣。更棒的是，我現在進入家庭攝影的行業，還不用自己親自攝影。甚至更棒的是，我們是第一間沒有販售沖洗照片的家庭攝影公司，只提供數位檔案。還真的成功了！我現在把這個模式複製於我的婚禮攝影業務上。其他攝影師很不以為然，但我賺的錢比以前多很多，而且幾乎沒有成本，我則享有全然的時間自由。

我知道上述的說明相當語焉不詳，但這不是重點，重點是我現在的工作成效更好、更快。我有兩位員工，我關閉電腦和iPhone的新郵件通知。即使iPhone功能強大，我關閉來電鈴聲，取消電子郵件信箱設定，我只有固定檢查我的未接來電。

今天，我的未婚妻更愛我，因為我準時回家吃晚餐，把筆記型電腦留在辦公室。我從未想過我能過這樣的生活。現在，自動化的系統取代我，今年的展望比去年更好，營業額更高。

因此，我決定我該嘗試第一次迷你退休，我的目標是去瑞士阿爾卑斯山滑雪，在瑞士度假五天，花費不超過一千美金。我花五百美金買到來回機票，英格堡的單日滑雪票是八十美金。住宿免費，因為我使用了你建議的www.couchsurfing.com。我吃了一週的烤堅果、德國香腸、炸魚薯條，暢飲美味的啤酒。我真的辦到了。

我永遠忘不了這次經驗，也很興奮期待更多的迷你退休，這才是度過我的人生精華的最佳方式。

p.s.：我在五月十一號啟程去義大利度假一個月（有人雇用我飛去西耶納拍攝兩場婚禮）。我計畫要花比工作還多的時間度假。

馬克・卡菲羅（攝影師）

虛擬律師

我以前在矽谷的大型法律事務所工作，但有天早上我醒來後，決定要去旅遊一年學外語。六週後，我住在哥倫比亞卡利市。我從沒來過卡利市，幾乎一句西班牙語都不會講，但這樣才刺激。將近兩年後，我百分之九十五以上的時間還是在卡利市居住和工作（我剛剛買了一棟我在加州絕對負擔不起的美麗公寓）。我還聘用了一位全職的女傭兼廚師（每天工作五小時，每週五天），一週要付的薪資連四十美金都不到！

我開設一間虛擬法律事務所，與我的前老闆合作。無論我在世界哪個角落，我的美國電話號碼都會轉接給我（我來自紐西蘭，所以我也常回家看親友），我所有的美國郵件都寄到舊金山市場街掃描，讓我可以在線上閱讀。如果我需要郵寄信件，另一間在美國境內的公司幫我印出信件並寄出，不會因國際郵遞而有延誤。

收信／掃描服務的最佳選擇是「地球村郵遞」（www.fourhourblog.com/earthclass），他們提供不同方案，但每月的費用大約是二十到三十美金。你可以選擇一個或多個郵政信箱，或是使用實體地址。我的市場街地址其實是「地球村郵遞」的地址。

在美國境內印出和郵寄信件的服務，我採用「郵政專家」（www.postalmethods.com）。剛開始會覺得有些麻煩，但在你習慣後，其實非常方便。這個服務很便宜，因為你只有在寄出信件時才要付錢（四頁的信件花費只有一美金多，郵資包括在內）。

歡迎來拜訪我。哥倫比亞跟你平常接受到的資訊完全不同——我覺得深夜在那兒的街道上走動，比在舊金山許多區域安全多了。但不要告訴其他人，我們這些居民想要守住這個祕密。

與鳥兒一起乘風高飛

提姆：

我的創業導師在去年七月送給我你的書，對我的人生產生了莫大的影響。我讀到這本書的時間實在是再好也不過。當我在讀這本書時，再過幾週就要去參加我人生首次的標準距離三鐵賽。我訓練了五個月，覺得體能充沛，外表也精神，但更重要的一點是，朝一個具體目標努力及有紀律地訓練，讓我感覺到多年未曾感受到的創造力。我設下一個屬於領先群的完賽時間，而且，因為我對自己的體能感到很樂觀，我報了一場半程標鐵賽。

身處體能顛峰，並依照你書中的原則，我想出十幾個產品／業務的點子，準備要開始測試其中一個最好的概念。我打算開一條T恤產品線，命名為「鳥類學」，提供現代、科學的鳥類圖案T恤給青壯世代的賞鳥族。

選擇這個族群的原因可以分為兩個層面：

我白天的正職工作是在〔公司名稱〕，因而對這個族群／會員組織有深入的了解，像是美國約有七千萬的賞鳥族（根據美國魚類及動物管理局的統計數據，很驚人的人數）。賞鳥族相當熱情，對賞鳥似乎只會越來越狂熱，從不消退！這個族群通常分布於中產或中上階級，教育程度良好。

我今年暑假在哥倫比亞大學上了鳥類學（我註冊了一個生態保育的學程），我愛上課本的鳥類素描圖，想要到處貼這些圖片。

我將在下一週讓www.ornithreads.com網站上線，我在寫這封信時，我的三款設計的第一批貨已經在印製中。

我對這間公司的期望很深，正在嘗試將第一批貨賣到客戶手上，盡可能地學習相關知識。你的書對我非常有幫助，說明了創業成功的必要步驟，希望我的點子可以乘風飛翔，為我帶來自動入帳。

如果你最近會來紐約市，不管是來打書或其他目的，我很希望能跟你見面。

布蘭達・帝恩敬上

不在職訓練

從二〇〇八年八月到二〇〇九年一月，我使用《一週工作4小時》的概念遠距工作。我去了葡萄牙、西班牙、瑞典和挪威等歐洲國家，盡情衝浪和滑雪，最好的是什麼？我回家時，帳戶的存款比我在朝九晚五時期還多了三倍。我在〔世界知名的設計公司〕擔任軟體設計師，能將書中的概念付諸實現，改變我的人生。我將iPhone和Fring配對（Fring是透過iPhone的網路電話服務，它能讓你使用行動載具接聽電話，配給你在海外的本地號碼）。

在出發前的四個月，我讓自己從不坐在我的辦公桌，但總是在附近。我刻意在即時通訊軟體保持隨時在線上，如果有人走到我的位置找我，他們會發現我在其他地方，然後會到線上問我：「你在哪裡？」我的答案通常都很類似，在員工餐廳、在路口的咖啡廳，或是某位同事的辦公桌。兩個月後，神奇的事發生了，大家都用即時通訊軟體找我，不再到我的座位，讓我可以飛到九千六百公里之外都不被發覺。

還有另外一點要考慮……時區對於工作環境的影響。我注意到在挪威時（時差九小時）的工作時間是最完美的。從某個意義來說，我住在未來。我老闆起床時，也是我準備要睡覺的時候，所以我有時間探索挪威的峽灣、山脈及冰冷的衝浪祕境，全程不受打擾，也不用擔心接到海外的電話。這實在太完美了。如果我想的話，我可以探索一整天，回家吃個晚餐，和我的上司在線上交談二十到三十分鐘，了解我要做的工作。偶爾他極需一項工作完成時，他可以在他睡前指派工作給我，而我在他起床前完成。

威廉森

聽從醫囑

提姆，你好：

這是我的故事……我的追夢旅程在四年前開始，我正要考我的心理師執照考試，跟我朋友聊過後，我決定要去南美洲，當作給自己的獎勵。我們在醫院和診所的朝九晚五的工作已讓我們心力交瘁（有時候要到六、七，甚至八點才下班）。

我已經探訪過美國各地，也去過幾個歐洲國家，但我沒體驗過南美洲的文化。

我的旅程真的是棒透了，而且讓我見識到其他的生活風格和文化。在旅程中，我花許多時間和旅居當地的美國人聊他們怎麼運用退休基金和養老金，在那兒過著富裕的生活。有一點很明顯：大多數在當地的美國人都試圖在那兒「做個小生意」，資助他們在那兒的生活，但幾乎都以失敗收場。我推測是因為當地的消費力沒那麼強，沒有足夠資金（披索）維持「老外」開設的生意。

歸國後，我告訴朋友我需要全心全力發展出一套方法，讓我在海外也能從美國人身上賺到錢。網路電話才剛進入南美洲市場，南美洲和其他第三世界國家的網路服務也日漸成熟。

我的生意必須是可全然機動性的。我將業務需求縮減到兩個基本功能：穩定的網路電話及高速網路。

當時我在經營小規模的學術研究顧問業務，我透過電話和電子郵件幫助博士班學生完成論文、投稿和統計分析。我建立一個小網站，流量慢慢提升，但我仰賴其他管道做網路和行銷服務。我對搜尋引擎最佳化及網路行銷越來越熟悉，開始獨力做所有網路行銷工作，廣告我的網站（www.ResearchConsultation.com），大幅提升業務量。

接下來三年，我進行了無數次的「行動測試」——到哥斯大黎加、多明尼加、委內瑞拉和哥倫比亞旅遊，在海外改進我經營業務的方式。

我終於在去年十一月的感恩節前夕離職，發誓絕不回到朝九晚五的世俗世界。我原本工作的醫院剛剛導入生物識別系統，員工必須在醫院值班開始和結束時刷指紋「打卡」，以確保你有待滿八小時。這只是另一個暗示我該走人的徵兆。

我現在住在紐約市和哥倫比亞，經年累月在世界各地旅行：和客戶談話、管裡我的外包公司（美國人和哥倫比亞人），以賺入美金，同時用低廉的花費在海外生活。我也在研發其他網站和事業（社群討論區），希望這些新點子未來能夠更為自動化，每天所需的互動和管理越來越少。

我現在的生活如何呢？——今天我在南美洲，明天我會在任何一個有高速寬頻網路的地方。自從我離開上個工作，我的壓力明顯降低許多，我的生活品質也大幅改善。

我在紐約市的家人和朋友仍然認為我瘋了，直到今天，我也覺得他們說得對極了。

傑夫

逍遙家庭與全球教育

提姆：

我們一家人在二〇〇六年開始完全數位化的游牧生活，在世界各地旅行，在啟程後，我們才發現你的書和點子，立即愛上你的想法！我們的人生徹頭徹尾地改變，更為充足但又更為簡單。我們更為環保、苗條、健康、快樂，感情更為緊密。

我們在二〇〇四年五月做這個決定時，其他人都認為我們瘋了，但那些覺得我們發瘋的人，現在都認為我們很聰明。

找到合適學校的問題（即使有許多獲獎的優良學校供我們選擇）大概是促成我們改變的關鍵一刻（教育學家約翰・蓋托談學校無法讓人受教的評語，貼切地描述這個難題）。我們還想要更多團聚時光，同時也預測到房地產崩盤和經濟危機已近在眼前。

我認為未來將有更多家庭也會迷你退休，過著更慢的生活步調，當數位化游牧族，在世界各地旅遊。如果你們一家要出遊數個月，你要知道你能獲得的優質教育機會其實比你待在家還豐富（很少人知道這點）！

網路上有各式各樣的高品質資源，如Classroom 2.0及許多創新的教育家。我的女兒才剛滿八歲，她正在上約翰霍普金斯大學的資優中心線上課程（cty.jhu.edu/），獲益良多，這也是交友的好管道。現代人可以深入沈浸在一個文化，同時保有自己的家庭文化（若有家庭仍然擔心過時的五〇年代研究提出的「第三文化兒童」效應，他們必須知道這個概念並不正確）。

瑪雅・佛洛斯特[98]（Maya Frost）在她的書中，提供了豐富的青少年教育資訊，甚至對於進入大學的途徑，建立一套典範。我認為教育也是因網路而有全然改變的事物之一，家長需要詳細資訊才有辦法做這些重要的決定。

在西班牙時，我們在當地的學校有非常美妙的體驗，這間學校讓孩子深入沈浸在第二語言的環境、文化和文學中。《一週工作4小時》應該再增加各地學校的資訊，以及家庭要如何長時間體驗海外生活的祕訣。

我們也會聘用當地人，像是我為孩子請的佛朗明哥舞老師。我們也會用網路資源，例如孩子的鋼琴老師住在芝加哥，她透過Skype教住在西班牙的孩子彈鋼琴。

電子圖書館非常重要（尤其當你有個熱愛閱讀的孩子時）。learninfreedom.org/languagebooks.html提供豐富的語言學習資源，藏有許多教你如何教育雙語孩子的好書，即使你只會講一種語言！

神遊三人組

熱愛海外生活的一家人

財務謬思

我從史丹佛大學畢業後，在二〇〇六年七月開始在投資銀行工作，而且很病態地，我剛開始幾乎很享受那樣的生活。是的，那種生活風格很糟糕，但我學到很多，而且不斷升遷。我（以前）有A型人格，所以忙碌的生活對我有一定程度的吸引力。

然而，過了一陣子，我逐漸發覺這種生活不可能長久，我想要離開，但如同大多數人，我沒有立刻採取行動。

二〇〇七年五月，在連續四、五天加班到凌晨的某個深夜三點，我開車回家，撞上路邊的行道樹。如果你沒有在開車時打瞌睡、撞上固定物體的經驗，只要想像你在高空彈跳時睡著，醒來時離地將近兩公尺，安全索快要斷掉，你就能大概知道那是什麼樣的感覺。

「我在急診室」

這是我隔天寄給全辦公室的電子郵件主旨。幸運地，大家都能體諒我的狀況，告訴我可以放個難得的週末三日連休。幸運地，我活下來了，傷勢不嚴重，但那時我已下定決心要改變。

一、兩週後，我和幾個朋友共進晚餐，告訴他們這件事。其中一位朋友（最近才辭掉工作，追逐她的專業演員夢，同時在網路上販售資訊產品）說她最近讀了一本書叫《一週工作4小時》。

當然，我以為這是騙局，但我太痛恨我的生活，決定至少看一下內容。我書不釋手，一下就讀完，讀完後，我又讀一遍，確定我不是在做夢。在進入金融界前，我曾透過網路接過圖像和網頁設計工作，我也有科技背景，所以書中提的技術對我來說不難——我只是沒想到要取得這些資源這麼簡單。另外，我在大學時，曾在日本住過半年，我熱愛那兒的生活，而且長期的環球旅遊一直是我的夢想。

我花了一些時間思考你書中的概念，在二〇〇七年十月休了幾天假，再度造訪日本。當我回國時，我決定我該起步了。我的繆思：販售投資銀行口試教戰手冊。這是個利基產品，需求高，而且我可以寫得比市面上任何產品還要好。但有個問題，我得保持匿名，因為我還在投資銀行工作，而且用關鍵字點擊廣告太過昂貴，因為相關關鍵字的單次點擊費用很高。

在二〇〇七年十一月，我開始寫部落格：「合併與洽詢」（www.mergersandinquisitions.com），介紹投資銀行業生態及如何進入這一行，目標讀者是大學生、企管碩士生和在業界工作的專業人士。我在建立讀者群時，沒有時間去完成我的繆思

——口試教戰手冊。但是讀者請我提供諮詢的要求如雪片般飛來，所以我開始接履歷表修改的工作，接著開始提供模擬口試的服務。是的，聽起來不太像「繆思」，但我的價碼很高，在短時間內就可賺到一份薪水。在提供這些服務時，我不得不保持匿名，因為我不想在還沒建立新的收入來源前就被炒魷魚。很神奇地，即使我無法告訴任何人我的身分，我的生意仍然蒸蒸日上。

同時，我決定我不要繼續在金融業工作，而且要在二〇〇八年六月離職，所以我得在非常短的時間內建立我的收入系統。我的朋友、室友和家人幾乎都質疑我，說我的計畫不可能成功。我認為他們都錯了，還是繼續做下去——即使最糟的情況發生，我還是可以削減花費，搬到泰國教英文。

為了增加收入，我重新設計網站，以賣出更多產品和服務，在二〇〇八年七月到八月的兼職諮詢業務收入，已經從零花增長為全職薪水的金額，足以讓我去夏威夷和阿魯巴島度假，我浮潛、衝浪、鯊魚籠潛水，以及拜訪我在美國各地的朋友，同時以兼職的工作量賺進投資銀行家的月薪。

當經濟蕭條和衰退的情況加劇時，我的業務反而起飛，因為它是抗景氣循環的——在經濟不佳的年代，任何可幫人找到工作的服務都會供不應求。自我開業後，我幫助許多被遣散的投資銀行家和其他金融從業人員在其他地方找到工作。不過，我的工作量也變大很多，因為我很有效率地將時間換成金錢。因此，在秋天時，我開始發展我原本的產品概念——面試教戰守則，並且在二〇〇八年年底釋出，銷售量一飛沖天。

教戰守則銷售成功讓我多出許多時間，收入加倍，而且我大多數都能自動進帳。如果我從此不再工作，我可以賺進比我之前的月薪多兩到三倍的收入，而我只要一週為我的部落格寫文一或兩次（四到五小時），一邊提供限量的諮詢服務（十小時）。所以，你可以說我的收入增加了近三倍，但我的工作時數是以前的六分之一或九分之一，而且可以在任何地方居住、生活。

我承認我常常「工作」超過以上時數，但都是為了我想要做的相關教育專案，絕對不是我非得做不可。如果有一週我不想工作，我可以將時數縮減到五到十五小時的範圍，將空閒時間用於學習語言、運動或是去異國旅遊。

這樣的安排讓我在十二月到一月時，有了難忘的旅程，從中國、新加坡、泰國玩到韓國，經歷一些荒謬的冒險體驗。我幾個月後要搬到亞洲，之後我會無限期地環遊世界各地，在咖啡店裡經營我的生意。

順帶一提，我在亞洲認識不少新客戶，他們認為我的生意真是酷斃了。

你的書改變我的人生，大大改善我的生活風格，我想謝謝你為我帶來的一切。

德區薩

誰說孩子是羈絆？

我的第一個反應是以一到十的排序，設想如果我辭掉我薪資優渥、非常穩定的公職，會發生什麼「最糟糕的情況」？這個思考程序的威力實在是不可置信。

我辭掉我的工作、賣掉屋子，帶著兩個不到兩歲半的孩子，以及懷孕的妻子（迷你退休），去露營三個月。我們沿著澳洲東南海岸（非常龜速地）從雪梨開到阿德雷德。

跟家人在野外露營，無憂無慮，讓我的心十分清晰，我開始執行我策劃了十二個月之久的計畫。我買了無線網路分享器，創造一份給電機工程師的資訊產品，寫了與此產品相搭配的軟體。

我的達成方式為：（a）進行資訊節食；（b）每晚在露營區，從晚上九點工作到半夜，以不被打擾；（c）將所有我覺得困難或耗時的工作外包（如棘手的程式設計及書裡的圖片）。

四週後，我建置了自動入帳的資訊產品網頁，賺進一半的全職工作薪資，每週需要的維護時間不到四小時。

我原本的計畫是抵達阿德雷德後，在當地找個工作。但有了自動入帳的收入，我決定繼續拓展業績。現在我的收入已很接近我過去的薪資水準。這種感覺棒透了。

現在我們計畫慢慢地環遊世界，直到孩子準備上小學為止。

誰說孩子是羈絆？

芬恩

遠距工作

十三個月前，因為我不斷談論要扭轉我的生活，搬去阿根廷學阿根廷式的西班牙文，我姐姐的男朋友推薦我讀《一週工作4小時》。讀了這本書後，我停止高談闊論我的夢想，立即開始建立短期和長期目標。我買了一本筆記本追蹤我的每月目標和任務。我花了不少時間研究可能的遠距工作方案，開始告訴我的好友和家人我的新計畫，每個人都以為那只是我的空想，我不會真的執行。他們以為那是「有一天我要這麼做」，而我根本沒有訂下每日目標，達成最終目的。他們覺得既然我這麼熱愛我的工作，為什麼我要為了追求不確定的未來，放棄這個工作？我不這麼想。我不害怕，我很興奮有機會展開新生活——重新起步。即使我愛我的工作，我的人生還有其他我想完成的事。一開始我計畫在阿根廷教英文維生，但我內心深處還是想為我原本的公司工作，只是改成遠距進行。這本書給我自信，讓我相信這個目標是有可能的，不像我周圍其他人一概都說不可能。

我決定寫遠距工作的提案[99]，呈給我的老闆看，不管別人都建議我不要這麼做。如果我的老闆拒絕我的提議，我的存款足夠我在阿根廷生活半年，在那期間我可以想想我該怎麼賺錢。我不打算放棄活得更自由、更快樂的夢想，以及工作減量和更多屬於自己的時間的目標。所有條件都不利於我，但我計算了風險，而且相信我自己。在我遞出提案後，我已經準備好迎接最糟的結果。我身邊的每個人都屏息以待，準備在我被拒絕後鼓勵我。當我結束我和老闆的會談時，我不敢相信。她接受我的提議，還急著跟我談細節。她甚至面帶微笑告訴我，我的提案有多棒。當大家聽到結果時，都不可置信。在最初的震驚過後，我領悟到我真的可以這麼做，肩頭的重擔頓時消失。最困難的部分結束了，我現在可以想想未來新生活的更多可能性。

我設定在二〇〇八年九月搬到阿根廷。我在九月三日抵達，現在已經待了六個月。我住在阿根廷西北部的小省分胡胡依省的首府。我每週工作五到十個小時，發現我離開辦公室，獨自工作時，會專注許多。我請了西班牙語家教，每天上課兩小時，每週五天。我認識一群朋友，常跟他們在一起，練習西班牙文。我一週去健身房三次，一週上瑜伽課兩次——我在美國沒辦法這樣做，因為我沒有時間。我的飲食更健康，因為我有更多時間思考要吃什麼。我還有更多時間夢想更宏大的計畫，運用我多出的自由時光達成。我夢想開一間酒吧和咖啡店，或許幾年後，這將會是我下一個努力的目標。

我對於《一週工作4小時》的讀者的建議是：汲取我的經驗。我相當依賴我朋友和家人的建議，但有時候你得忽視你的至親好友的建議，才能達成目標。如果你相信只要努力，化不可能為可能，你就會夢想成真。

布魯克邁爾

關掉黑莓機

我今年三十七歲，經營Subway潛艇堡連鎖店，現在總共有十三間店。我已經做了七年，在讀到《一週工作4小時》前，我是「為工作而工作」之王。我從沒給自己過不同生活的「許可」，還是跟以前吃人頭路時一般忙碌。《一週工作4小時》解放了我。我頓時「醍醐灌頂」，開始治療我的工作上癮症。我以前總是黑莓機不離手，幾乎都是人到心不到——吃晚餐時，我忙著當低頭族，而不是好好和餐桌的人交流。度假對我而言只是改去另一個遠方的辦公室，持續不斷地和海嘯般的電子郵件搏鬥。《一週工作4小時》提供我新的典範，我開始將我的生意視為「產品」，其（原本的）目的是讓我可用低時數換取高收入。為什麼？因為我才能享受我的生活，可以自由掌控我的行程和活動。因此，我痛改前非，告訴我自己追求原本的產品目的，以下是我的行動：

將我原本「隨時待命」的工時，壓縮到四天，總共二十小時。我立即開始休週一，享受三天的長週末（週五休假將是下個重點目標！）。週二到週四，我從早上十一點工作到下午四點（每週二十小時）。壓縮的工時讓我沒有「豐沛」的時間可用，我被迫用八十／二十法則評估、過濾每項工作。我發現在百分之八十的工作中，有百分之五十純粹是浪費生命，剩餘的百分之五十可以丟給我的員工。太棒了！

我現在做的每件工作不是為了增加銷售，就是為了降低成本，除此之外都是「別人的工作」。你不可能「只有懷孕一半」，所以當我工作時，我真的在工作，當我下班時，我真的下班——下班後想找我，去買大樂透吧。我還是帶著黑莓機，但我取消了「自動同步收信」功能（不斷打斷你的生活，帶給人永無止盡的煩惱），現在，黑莓機只有在週二到週五，早上十一點到下午四點才會啟動。在這個時間之外，則保持關機。

我的電子郵件自動回覆設定在兩週內減少我百分之五十的信件量，因為寄給我垃圾訊息的人也受不了不斷收到我的自動回覆信，把我移除名單外——我愛死了！我將我簡短、精簡的「待辦事項」清單，以及有時限的工作項目登記在我的行事曆上。這些事項的重要性優於其他收信夾的分類，因為我已決定歸類為重要的事項一定要準時完成，其他工作可以再等等。

我可以繼續講下去，但總而言之，這是所有自營業者亟需聽到的訊息。沒有「老闆」和「明確切割」工作生活與家庭生活，你很容易掉入「為工作而工作」的窠臼裡，你的事業會變成牽引光束，蠻橫地將你拉往工作狂之路，請用《一週工作4小時》解毒！

安德魯
英國自營業者

一起看《星際大戰》吧

我女兒的幼稚園老師問了她這個問題時——「妳爸爸做什麼工作？」——我知道我追求一週工作四小時的目標已經成功了。當老師向我複述這個故事時，我女兒的回答真的引起我的共鳴。「你的女兒轉頭，抬頭很嚴肅地看著我說：『我爸爸整天坐在沙發上看《星際大戰》。』」

沒想到，這個簡單的問題和我女兒的答案，竟是我意識到自己是「一週工作四小時」族的關鍵時刻。我女兒回答她老師的答案還有更深層的意義。如果她知道該怎麼措辭的話，我相信她想說的是：「我爸爸只做他想做的事。」

我大約在兩年前讀了《一週工作4小時》，我那時和家人去海灘度假。我記得很清楚，因為我不斷將書中的段落念給我太太聽，煩死她了。我那時為一間位於喬治亞州亞特蘭大市的大型金融機構工作，擔任開發員與企業管理工程師。我部分的職責是維護我協助建構的複雜大型文件擷取系統。因為這些系統的重要性，公司期待我能隨傳隨到。雖然工作很穩定，但嚴重影響我的家庭生活。我有四個可愛的孩子，我努力盡父職，不在家庭生活中缺席。所以，以你的書和如海洋空氣般清新的觀點當後盾，我開始執行《一週工作4小時》的眾多原則。

首先，我先改變我收發郵件的習慣。我好好研究我的收信夾，使用《一週工作4小時》提到的幾個技巧，刪除所有垃圾和噪音。我建立批次化收信的習慣，並採用「三分類」（trusted trio）系統，將收信夾的信件清空。我還使用言簡意賅的原則來撰寫我的電子郵件，我努力讓我的文字盡量清楚、簡短，只有傳達收件者需要的訊息，而不是撲天蓋地。藉由電子郵件節食術，我刪除所有噪音和脂肪，就可以清楚看出哪些「行動」或「待辦事項」是重要的。

我下一個攻擊對象是電話和實體會議。我細細閱讀每則會議通知，開始婉拒出席。大多數時間我都說我太忙碌，無法參加。我會向對方索取會議紀錄，若有人要詢問我問題，我請他們用即時通訊軟體聯絡我。我出席的會議幾乎都是視訊電話會議，因為會議室不足，而且各分公司的距離遙遠，大部分的會議都是虛擬的。

削減我浪費的時間後，我有更多時間專注在重要的工作和任務上。我覺得我做得更少，但卻能完成更多事，成效更佳。重要人士開始注意到，我的工作效率前所未有地高。我讓我的主管有面子，所以他們停止問我問題，或是操控我工作的每個細節。我不斷向他們證明我可以不需人督導就能順利完成工作。我著手實現我的目標——虛擬工作的時間到了！

虛擬工作其實很容易達成。我和我的主管及其他管理階層的關係很緊密，我平日的工作幾乎都能遠距完成。我在家中裝潢美輪美奐的地下室設置一個專屬辦公室。辦公室與其他家庭生活空間分離，幾乎沒有干擾，內有獨立衛浴，甚至還有小冰箱及微波爐。我敢說我的家庭辦公室的設施不輸給我公司的高層主管辦公室。最重要的，我的妻子和家人完全理解我設下的規定，讓我的虛擬工作生活能大獲成功。

首先，我一週在家工作一天或兩天，但沒多久我發現每週五個工作天，我已在家工作四個工作天。當東南地區因為石油短缺危機，全國的石油價格飆漲到每加侖四美金，我的公司更能接受在家工作，在家工作成為正式的安排。我在一夕之間變成大家仿效的模範。當我周遭的人都在擔心沒油要怎麼開車去上班時，我還是一如往常在家認真上班。

在此時，我的計畫發展得比我預期還要好。使用《一週工作4小時》的技巧，我現在有更多時間恪盡父職。我成為小學家長活動的熟面孔，在學校餐廳和女兒一起吃午餐，尤其不會錯過炸雞日。我參加「聽我朗讀」的活動，每個月有幾次要到學校念書給孩子們聽。我載孩子去學校，迎接他們回家。我出席全家人生活的每一刻，這是金錢換不來的。我覺得我已達成我的目標。既然發生了，我覺得……

其他事情開始發生。在我渾然不覺時，學校或教會的人都莫名其妙地對我產生敬意。我之所以說莫名其妙，是因為周遭的人誤以為我是醫生或是白手起家的百萬富翁。我說真的，沒開玩笑。有個傢伙到現在還稱我為「醫生」，我猜這是因為大多數人對於什麼是「富裕」仍保有老舊的刻板印象。我似乎總是會出席學校活動或特殊日子，通常穿著休閒服，而且從不看時間或我的黑莓機。現在，有人提名我當家長會主席，我最近才剛當選本地的游泳／網球俱樂部的董事。最酷的是，我有時間做這麼多外務，但仍然可以很有效率地工作和做家務。當然，現在有很多機會之窗對我而開，這是前所未有的。

雖然我的人生有這麼多改變，我還是要回到我女兒回答她老師的話。老實說，我如果想「整天坐在沙發上看《星際大戰》」，也沒什麼不行。但是，我發現我將空閒時間用於做其他外務，其實是很有意義的：出席家人生活的每一刻，幫助我的社區，或是擔任教堂的志工。現在，我打算進展到下一階段，開始寫書。我正在籌劃寫作《虛擬員工手冊》，集結現代虛擬員工（像是我）必須知道的秘訣和工具。我們再拭目以待這項嘗試將會有什麼結果。有一點我很肯定，如果沒有《一週工作4小時》，我根本不敢奢想我現在能過這樣的生活。

希金斯

限制閱讀：只看重要的幾本書

「偽善者的特點是……但有誰不是呢？」

——詩人唐馬奎斯

我知道，我知道，我說過不要讀太多。因此，本章推薦的書籍只限於受訪者中的頂尖好手挑選的最佳好書，以及列出有人問我：「哪一本書對你的人生影響最大？」時，我會回答的書籍。

沒有任何一本書是新富族的必讀書籍。雖然這麼說，當你在某個階段卡住時，還是該參考這些書。每本書的頁數都已列出，如果你練習了第六章的「十分鐘內倍增閱讀速度」，你每分鐘至少應該能讀二點五頁（因此，一百頁可在四十分鐘內讀完）。

其他類書籍的推薦書單，包括應用哲學、授權與語言學習，記得瀏覽本書豐富的官方網站。

四大天書：待我說來

之所以稱為四大天書，因為在我寫《一週工作4小時》之前，我一定會推薦這些書給剛起步的生活型態設計者。這些書仍然非常值得一讀，建議的閱讀順序如下：

1.**《高人一等的祕訣》**（The Magic of Thinking Big）（一九二頁），大衛・史華茲（David Schwartz）著；趙夢蘭譯（台北市：中國生產力中心出版）

史蒂芬・凱依最先推薦我看這本書，他是無比成功的發明家，靠著授權產品賺了幾百萬美金，授權公司有迪士尼、雀巢和可口可樂。這是全球超人一等的大師最愛的一本書，包括傳奇的美式足球教練到著名的執行長，在亞馬遜網路書店有一百多筆五分的讀者滿分評價。傳達的主要訊息是：不要高估別人，更不要低估自己。每當我有疑慮時，就會重讀前兩章。

2.**How to Make Millions with Your Ideas An Entrepreneur's Guide**（二七二頁），丹・甘迺迪（Dan S. Kennedy）著

這本書提供各種將創意轉換為財富的方式。我在高中時讀到這本書，迄今已經讀了五遍，就像注入你的創業皮質層的類固醇。書中的個案研究非常精采，包括達美樂披薩、賭場與郵購產品。雖然有些案例已經過時了。

3.**《突破瓶頸》**（The E-Myth Revisited: Why Most Small Businesses Don't work and What to Do About it）（二八八頁），邁克爾・格伯（Michael E. Gerber）著；王甜甜譯（中國中信出版社）

格伯是說故事的大師，他經典的自動入帳分析，討論如何運用加盟店心態，以標準流程為基礎，而非依賴傑出的員工，創造可擴張的事業。對於想成為事業所有者，而非大小事一把抓的管理者，本書以寓言故事說明，提供了最佳的指南。如果你被事業困住，本書能夠迅

速助你脫困。

4. Vagabonding: An Uncommon Guide to the Art of Long-Term Word Travel（兩百二十四頁）羅夫・波茲（Rolf Potts）著

羅夫棒透了。這本書讓我停止編藉口，直接打包度假去。這本書每個部分都有討論到，尤其是關於挑選目的地、如何適應旅遊生活，以及回歸日常生活，格外有幫助。本書也包含著名的流浪族、哲學家與探險家的箴言，以及一般旅人的故事。在我十五個月的迷你退休期間，這是我優先攜帶的兩本書之一（另一本是下文推薦的《湖濱散記》）。

削減情緒與物質包袱

1. **《湖濱散記》**（Walden）（三八四頁），亨利・大衛・梭羅（Henry David Thoreau）著

許多人公認的簡約冥想生活的傑作。梭羅住在麻薩諸塞州鄉間小湖邊兩年，親手打造自己的小窩，實驗自給自足與極簡的獨居生活。這項實驗既空前成功，也是大挫敗，使得本書讓人如此著迷。

2. Less is More: The Art of Voluntary Poverty—An Anthology of Ancient and Modern Voices in Praise of Simplicity（三三六頁），葛迪恩・凡登布洛克（Goldian Vandenbroeck）編

這本書集結了極簡生活的輕哲學。我從這本書學到如何以最少實現最多，削減虛假的需

求，卻又活得不像苦行僧——差得多了。它綜合可以遵行的原則，以及各式各樣的小故事，包括蘇格拉底、富蘭克林與薄伽梵歌，以及現代經濟學。

3. **《僧侶與謎語：一個虛擬執行長的創業智慧》**（The monk and the riddle:the education of a Silicon Valley entrepreneur）（一九二頁），藍迪·高米沙（Randy Komisar）著；楊孟哲 譯（台北：先覺出版社）

這本好書是史邱教授送我的畢業禮物，我從中得知「延後人生的規劃」一詞。藍迪是虛擬執行長，是傳奇的「凱連納柏金斯」（Kleiner Perkins）創投公司的合夥人。有人形容他為「集合專業明師、沒有稱號的牧師、坦率的投資者、解決問題者與開門者。」讓真正的矽谷奇才告訴你，他怎麼用敏銳的思維與佛家的哲學創造理想生活。我見過他，他真的不是蓋的。

4. **The 80/20 Principle: The Secret to Success by Achieving More with Less**（二八八頁），理察·柯曲（Richard Koch）著

這本書探索「非線性的」世界，討論八十／二十法則的數學與歷史佐證，並提供實際的應用方法。

創造謬思及相關的技巧

1. **哈佛商學院個案研究**

www.hbsp.havard.edu（點選 school cases教學案例）

哈佛商學院之所以教學成功，其中一個祕訣是個案研究——在課堂上討論真實世界的案例。這些案例能讓你深入認識「二十四小時健身房」、「西南航空」、「Timberland戶外品牌」等幾百間公司的行銷與營運計畫。幾乎沒人知道，要讀到這些個案研究，不一定要花十萬美金唸哈佛，不需十美金就能買到（當然，我不是說前者是冤大頭）。這些個案研究探討了各種狀況、問題與商業模式。

2. **《致富頻道：我如何用有線電視創下一億美元業績》**（This business has legs: How I Used Infomercial Marketing to Create the $100,000,000 Thighmaster Craze: An Entrepreneurial Adventure Story）（二〇六頁），彼得．畢勒（Peter Bieler）著；張篤祥譯（智庫出版社）

這本書敘述了天真的（沒有任何貶意）彼得．畢勒如何從零開始——沒有產品、沒有經驗、沒有現金，在不到兩年間打造一億美金的零售帝國。這個真實案例令人耳目一新，笑點不斷，使用真實的數據，給你各個領域的實用建議，包括如何應付名人、行銷、生產、法務與零售。彼得現在也願意資助你的產品，提供媒體行銷費用的資金：www.mediafunding.com。

3. **《絕對成交！：談判大師獨家披露完全銷售祕訣》**（Secrets of Power Negotiating: Inside Secrets from a Master Negotiator）（二五六頁），羅傑．道森（Roger Dawson）著；吳幸玲 譯（麥格羅．希爾國際出版公司）

這本書讓我眼界大開，提供我立即能派上用場的工具。我用的是有聲書版。如果你還想知道更多技巧。威廉・尤瑞（William Ury）的Getting Past No與理察・薛爾（G. Richard Shell）的Bargaining for Advantage: Negotiation Strategies for Reasonable People都很精采。你只要讀這幾本談判書就夠了。

4. **Response Magazine**（www.responsemagazine.com）

這本雜誌的主題是數十億美金規模的直接回應產業，著重於電視、廣播與網路行銷，包括技巧教學的文章（增加每通電話的銷售額、降低媒體廣告成本、改善物流等）與成功的行銷案例研究（如佛曼烤肉架與「派對女孩」實境影片付費網）。業界最佳的外包廠商也會在這本雜誌上刊廣告。資訊源源不絕，價格更是實惠——免費贈閱。

5. **Jordan Whitney Greensheet**（www.jwgreensheet.com）

這是直接回應世界的祕密武器。喬丹・懷特尼的週報與月報會討論最成功的產品行銷活動，包括促銷、定價、產品保證與廣告頻率（了解花費，進而推估利潤）。這份刊物也提供持續更新的影片資料庫，你可以購買電視購物與插播廣告影片好研究競爭對手。高度推薦。

6. **《小，是我故意的：不擴張也成功的14個故事，7種基因》**（Small Giants;Companies that Choose to be Great Instead of Big）（二五六頁），鮑・柏林罕（Bo Burlingham）著；吳玉 譯（早安財經出版社）

《企業雜誌》的資深特約編輯鮑・柏林罕精選了幾間以頂尖為目標的公司，它們不會如同癌細胞一般盲目擴張。柏林罕做了精闢的剖析，包括Clif Bar高蛋白碳水化合物能量霸、Anchor Stream迷你釀酒廠、搖滾歌手安妮・迪芙蘭蔻（Ani DiFranco）的音樂獨立廠牌

「正義女郎」，以及來自各個產業的十幾間公司。數大不一定美，這本書證明了這點。

談成環遊世界之旅，爲逃脫做準備

1. Six Months Off: How to Plan, Negotiate, and Take the Break You Need Without Burning Bridges or Going Broke（二五二頁）Hope Dlugozima, James Scott, and David Sharp

這是頭一本讓我訝異不已的書，驚奇：「老天爺，我竟然能這麼做！」它一一列舉恐懼長期度假的理由，逐步教導讀者如何不放棄事業，請長假旅遊，或是追求其他目標。提供豐富的個案研究，以及實用的核對清單。

2. **《邊緣》雜誌**（Verge Magazine）（www.fourhourblog.com/verge）

這本雜誌原本名為《旅居海外》（Transition Abroad），是另類旅遊的資訊中樞，提供非觀光客數十種不可思議的選擇。紙本與網路版都能幫你初步篩選旅居國家。想在約旦考古，或在加勒比海做生態志工？各種選擇應有盡有。

取自雜誌網站：「每一期雜誌引領你和做不同事情，從中改變世界的人環遊世界。這本雜誌是給想要在海外當志工、工作、讀書或冒險者的資訊手冊。」

贈送章節

除了你手中這本書，還有更多因篇幅受限而沒加入的內容。使用本書隱藏的密碼，讀取我提供的祕訣。這些都是我花了多年集結的心血，以下只是幾個例子：

- **如何用一萬美金的價格獲得價值七萬美金的廣告**（包括實戰台詞）
- **如何在三個月內學會任何語言**
- **繆思的算術：預估任何產品的收入**（包括案例研究）
- **授權：拳擊有氧到泰迪熊**
- **簽約成功的實際授權範本**（光這篇就值五千美金）
- **線上環遊世界旅程規劃**

連結本書官方網站（www.fourhourworkweek.com），閱讀更多內容，包括一百多篇教戰守則及世界各地讀者分享的實際案例。我們期待你的加入。

【註釋】

98. 瑪雅・佛洛斯特（Maya Frost）：《拒絕考試的全球化學生》（The New Global Student）（Crown, 2009）
99. 格式可參考四〇五頁的簡潔實例。

致謝詞

首先，我要感謝我的學生，他們的意見與問題催生了這本書，還有睿智明師與創業英雄艾德・史邱，感謝他給我機會向這群學生演講。

艾德，在延後夢想是常規的年代，你給了勇於走自己的路的人一盞明燈。你的技巧讓我讚嘆得五體投地（還有凱倫・辛德瑞，她是史上最優秀的助手），如果有需要，我會非常樂意為你清板擦——我還沒把你鍛鍊成健美先生呢！

感謝傑克・坎菲爾，你鼓舞了我，也讓我看到輝煌的成就不一定會改變慷慨、友善的人性。這本書在經過你的指點後，才從空想具體成形。你的智慧、支持與誠摯的友誼，讓我感激不盡。

感謝史蒂芬・漢索曼，你是翩翩君子，以及世上最佳的經紀人。感謝你一看到這本書，就立刻「拿下」，讓我從寫作者升級為作家。我無法想像能遇上更好的夥伴，或是更酷的傢伙。我對於未來的攜手冒險期待不已。從談判技巧，到播不完的爵士樂，你總是讓我驚奇不已。你和凱西・荷明掌舵的五媒經紀社，採用新的經紀策略，以如同瑞士鐘錶般的精確度，將初次出書的作者，培養為暢銷作家。

感謝海瑟・傑克森，你別具心裁的編輯，以及充滿朝氣的鼓勵，讓這本書寫起來十分愉快。謝謝你對我的信心！我很榮幸成為你的作者。對於其他王冠出版社的成員，特別是那些我願意每週花超過四小時在他們身上的人（因為我愛他們）——尤其是唐娜・帕森納提與塔拉・紀卜耐德，你們是出版界最棒的人才。你們的腦容量這麼大，難道不會痛嗎？

沒有願意分享親身故事的新富族，這本書不可能寫成。我特別要感謝「惡魔博士」道格拉斯・普萊斯、史帝夫・西姆斯、「ＤＪ凡雅」約翰・戴爾、史蒂芬・凱依、漢斯・基寧、米契爾・勒維、艾德・穆瑞、尚馬克・哈希、蒂娜・佛西斯、喬許・史丹納茲、茱莉・塞可利、麥克・可寧、珍・艾利可、蘿蘋・明斯基魯默、麗堤卡・桑德瑞森、凡可戴許、朗・路易茲、朵琳・奧里昂、崔西・辛茲，以及數十位想在職場世界保持匿名的人。

我也要感謝ＭＥＣ實驗室的菁英團隊與好友，包括佛林特・麥克葛洛林博士、艾朗・羅森索、艾歷克・史塔克森、傑洛米・布魯金、賈賴・哈特曼、鮑伯・坎伯，還有更多更多的人。

本書從草稿到付梓的潤飾，過程非常折騰人，我的校稿者感受最深！我向你們鞠躬致敬，誠摯地感謝傑森・布洛斯、克里斯・安雪登、麥克・諾曼、艾伯特・波普、吉莉安・馬努斯、傑斯・波特納、麥克・梅柏斯、「神人」璜・曼努爾・坎伯佛特，還有我聰明的哥哥湯姆・費里斯，以及幫忙修飾最終成品的無數工作人員。我特別要感謝凱蘿・克萊恩，她敏銳的思緒與想法，改造了這本書，還有我的好朋友薛伍德・佛里，他也是難纏的大律師。

感謝我聰明的實習生：伊蓮娜・喬治、琳西・麥加、凱特・柏金斯・楊曼，以及蘿拉・

賀布特，謝謝他們總能趕上截稿期限，使我不致被壓垮。我推薦所有出版商要搶在競爭者之前，雇用你們！

感謝在撰寫過程中，指引我、鼓勵我的作家，我永遠都是你們的書迷，也不會忘掉你們的恩情：約翰．麥克菲、邁克爾．格伯、羅夫．波茲、菲爾．湯恩、波．布朗森、AJ．賈柯布、蘭迪．高米沙，喬依．鮑爾。

無數人士投入在世界各地建學校及資助一萬五千多間公立學校學生的計畫，我特別要感謝其中的幾位，他們是我的忠誠讀者和朋友：麥特．穆倫維、吉娜．特納帕尼、喬．波利許，大衛．貝里斯、約翰．摩根、湯瑪斯．強森、迪恩．傑克森、彼得．維克與「找工作網」(simplyhired.com)、亞尼克．西爾佛、都市部落格、麥克．波特、傑．彼得斯、亞倫．貝內特、安德魯．羅斯卡、優生服務公司、杜拉服務、諾妮．羅曼、喬瑟夫．杭金斯、喬．達克、馬力歐．米蘭諾維克、克里斯．戴格、荷西．卡斯楚、提娜．坎貝爾、丹恩．洛，以及所有相信善行資本主義是可行的人。

我誠摯感謝所有分享經驗，幫助創造這本增訂版的讀者和生活型態設計師。沒有你們，這本書無法出版，你們的慷慨帶給我的感動是言語無法形容的。我希望你們永遠不會停止目標遠大並敢於做不尋常的事。

感謝西夫．史帝夫．葛利克與教練約翰．普克斯頓，他們教我不畏恐懼，奮力爭取我的信念——沒有你們，這本書不可能成真，我也沒有今天的成就。祝福你們。如果年輕人能遇到更多像你們一樣的心靈導師，世界上的問題會少多了。

最後，也是最重要的，這本書要獻給我的父母：唐納與法蘭西斯・費里斯，他們指引我、鼓勵我、疼愛我、陪伴我度過所有難關。我對你們的愛筆墨難以形容。

國家圖書館出版品預行編目資料

一週工作4小時【全新增訂版】 / 提摩西・費里斯 著；蔣宜臻 譯. -- 初版. -- 臺北市：平安文化, 2014. 1 面；公分. --（平安叢書；第434種）（邁向成功；50） 譯自：The 4-Hour Workweek : Escape 9-5, Live Anywhere, and Join the New Rich
ISBN 978-957-803-895-0 (平裝)

1.時間管理 2.工作效率 3.自我實現

494.01 102026983

平安叢書第0434種
邁向成功 50

一週工作4小時【全新增訂版】

The 4-Hour Workweek : Escape 9-5, Live Anywhere, and Join the New Rich

作　　者—提摩西・費里斯
譯　　者—蔣宜臻
發 行 人—平　雲
出版發行—平安文化有限公司
台北市敦化北路120巷50號
電話◎02-27168888
郵撥帳號◎18420815號
皇冠出版社(香港)有限公司
香港銅鑼灣道180號百樂商業中心
19字樓1903室
電話◎2529-1778　傳真◎2527-0904
總 編 輯—許婷婷
美術設計—王瓊瑤
著作完成日期—2009年
增訂初版一刷日期—2014年01月
增訂初版十三刷日期—2023年09月
法律顧問—王惠光律師

讀者服務傳真專線◎02-27150507
電腦編號◎368050
ISBN◎978-957-803-895-0
Printed in Taiwan
本書定價◎新台幣350元/港幣117元